中国工程院重大咨询项目——秦巴山脉绿色循环发展战略研究（2015-ZD-05）
陕西省重点研发计划——绿色发展目标导向的秦巴山地区城市空间模式研究（2021SF-460）

城市空间绿色发展模式
基于秦岭地区商洛的研究

鱼晓惠　著

中国建筑工业出版社

图书在版编目（CIP）数据

城市空间绿色发展模式：基于秦岭地区商洛的研究 /
鱼晓惠著. —北京：中国建筑工业出版社，2021.7
　ISBN 978-7-112-26261-8

　Ⅰ.①城… Ⅱ.①鱼… Ⅲ.①城市空间—研究 Ⅳ.
①TU984.11

　中国版本图书馆CIP数据核字（2021）第126974号

　　本书依据绿色发展目标体系下城市空间模式为核心构建研究框架，结合秦岭地区商洛城市空间为主体研究对象，对人居环境建设的绿色发展评价因子、指标权重、评价标准与城市空间结构因素的关联等内容，进行推导和确定，确立城市空间绿色发展目标体系。以此目标为导向，分析城市空间结构的基本特征，选取城市集群区域、城区、城市住区三个空间尺度，分别从自然空间结构、经济空间结构、社会空间结构等视角，剖析不同空间尺度下城市空间结构，构建绿色发展目标的城市空间模式组织原则，提出城市空间的绿色发展模式，建构多层次的城市空间模式体系框架，为城市绿色发展空间组织提供新的思路。本书适用于城市规划、城市设计、人居环境、建筑学、环境设计等专业方向从业者以及对相关专业人员阅读参考。

责任编辑：张　华　唐　旭
版式设计：锋尚设计
责任校对：张　颖

城市空间绿色发展模式

基于秦岭地区商洛的研究

鱼晓惠　著

*

中国建筑工业出版社出版、发行（北京海淀三里河路9号）
各地新华书店、建筑书店经销
北京锋尚制版有限公司制版
北京中科印刷有限公司印刷

*

开本：787毫米×1092毫米　1/16　印张：21¼　字数：458千字
2021年8月第一版　2021年8月第一次印刷

定价：**88.00**元
ISBN 978-7-112-26261-8
（37743）

前　言

20世纪以来，全球各地生态环境恶化使人居环境建设面临挑战，探索兼顾生活质量、生态环境质量及经济社会效益的绿色发展道路，是21世纪的重要课题。秦巴山地区作为中国重要的生物多样性和水源涵养生态功能区，具有多样的生态类型和丰富的生态资源，是中国内陆地区生态系统安全的坚实基础。但是，伴随快速城市化发展带来的人口规模增加和城市用地范围的扩展，人居活动和生态环境之间的矛盾日益突出。这一区域中的一些重要城市如商洛，尽管人均生态足迹尚处于生态盈余状况，但城市发展中资源能源消耗增加，生物多样性水平逐渐降低，环境污染逼近临界，社会经济效益增长与生态环境效益增长不匹配，城市物质空间拓展与功能空间产生矛盾，这一系列问题都聚焦于城市空间的建设发展。面对生态环境保护与城市经济社会发展的双重需求，解析城市空间的系统、要素与所在的生态、产业经济系统的内在关系及相互作用规律，探求这一生态敏感区城市的绿色发展目标，并构建稳定、持续、动态趋向绿色发展目标的城市空间模式成为应对上述问题的重要切入点之一。

本书依据绿色发展目标体系下城市空间模式为核心构建研究框架。结合陕南秦岭地区城市空间建设的存在问题，以商洛城市空间为主体研究对象，对人居环境建设的绿色发展评价因子、指标权重、评价标准与城市空间结构因素的关联等内容，进行推导和确定，确立城市空间绿色发展目标体系。以此目标为导向，分析商洛城市空间结构的基本特征，选取商洛"一体两翼"地区城市集群区域、商洛城区、商洛城市住区三个空间尺度，分别从自然空间结构、经济空间结构、社会空间结构等视角，剖析不同空间尺度下商洛城市空间结构，构建绿色发展目标的商洛城市空间模式组织原则，提出绿色发展的城市空间模式。宏观尺度商洛"一体两翼"地区城乡空间一体多元模式，着重在于地区的生态空间与产业经济要素的循环运行，在城市集群区域的尺度下，建立系统的空间结构，促进城市流强度的提升，增进城市的外向功能量，使城市集群区域的空间联系逐渐紧密，一体化程度持续加强。中观尺度商洛城区空间复合流动模式，建立城市自然生态空间山水格局的城市"绿色支撑基底"，保障城市自然生态环境，维护城市基本生态格局，进行交通—土地复合化的城市建设用地开发，以基质连通形成"以点带面、以线带片"的流动空间效应，促进物质流、能量流的循环，形成人工系统与自然系统的互相协调。微观尺度商洛城市住区空间紧凑宜居模式，围绕"个体栖居空间""生态循环空间""经济循环空间"和"社会化空间"相互结合，与城市经济系统产生互动，通过自然要素的生态调节、资源利用与物质循环的紧凑节能、社会化空间的圈层关联，实现生活空间中的节能降耗和物质循环。在此基础上，建构多层次的商洛城市空间模式体系框架。

通过对绿色发展目标导向的商洛城市空间模式探讨，为生态资本地区城市空间绿色发展提供思路。通过确立城市空间的绿色发展目标体系，提出绿色发展的城市空间结构，建构城市绿色发展的空间模式，建立绿色发展理念与城乡规划之间的联系，为城乡空间发展规划研究做进一步的探索，并提供更多的依据。

目 录

4 绿色发展目标导向的商洛城市空间结构分析

5

**绿色发展的商洛城市
空间模式要素体系**

6 绿色发展的商洛城市空间模式

总结与展望

1 绪论

恩格斯认为"世界不是一成不变的事物的集合体，而是过程的集合体"[1]。城市作为人类社会生产与生活最重要的物质组成，是人类赖以生存和发展的重要介质，其形成、演化和发展构成一个连续的过程。在这个过程中，城市空间不断地拓展、分异、衰退及演化，成为城市发展轨迹的记录和时间的切面[2]。城市空间反映了城市自身独特的地域性，也反映出社会群体对空间选择的理念和整合能力，是城市社会的文化精神和文明观念的实践过程。

纵观人类文明的发展，先后经历了史前文明、农业文明和工业文明等阶段。工业文明在"经济至上"的价值观驱使下，推动了社会经济的飞速发展，也使生态环境和自然资源遭受了一定的破坏。20世纪以来，能源危机、土地退化、温室效应、自然灾害、环境污染等生态环境恶化问题愈加突出。人们逐渐认识到，探索兼顾生活质量、生态环境质量及社会经济效益的绿色发展道路，是21世纪面临的重要课题。

1.1 研究背景

1962年，美国生物学家蕾切尔·卡逊（Rachel Carson）在其著作《寂静的春天》中对传统工业文明进行反思，引发了社会各界对环境问题的思考和争议，书中提出，所谓的"控制自然"是生物学和哲学尚处于幼稚阶段的产物[3]。

环境污染并不是工业革命带来的特有副产品。14世纪初期，英国就出现过煤烟导致的空气污染，那时依靠自然的自净能力，污染危害并不大。工业革命后，环境污染的范围逐渐扩大，污染物趋向复杂，环境问题开始发生质的变化并演化为全球性危机，20世纪世界十大环境公害给人们留下了深刻惨痛的教训（表1-1）。

20世纪世界十大环境公害事件概况   表1-1

序号	时间	事件名称	污染类型
1	1930年	马斯河谷大气污染事件	有害气体烟尘造成大气污染
2	1943年	洛杉矶光化学烟雾事件	汽油燃烧后产生的碳氢化合物造成空气污染
3	1948年	多诺拉烟雾事件	有害气体烟尘造成大气污染
4	1952年	伦敦烟雾事件	有害气体烟尘造成大气污染
5	1953～1956年	日本水俣病事件	工业废水造成食物链污染
6	1955～1972年	日本骨痛病事件	工业废水造成饮用水源污染
7	1968年	日本米糠油事件	生产过程中有毒物质造成的食品污染
8	1984年	印度博帕尔事件	有毒物质爆炸扩散造成的环境污染
9	1986年	切尔诺贝利核泄漏事件	核污染
10	1986年	莱茵河事件	有毒物质造成的水体污染

（资料来源：作者根据相关资料整理）

工业革命之后的世界环境危机问题进一步加剧，大量废弃物及毒害物质的不当排放，使生态平衡遭到破坏；资源和原料的大量需求和消耗，使自然资源不断减少，生态足迹不断增加，人与自然的关系日益紧张，已经演变成一种全球性的危机。

1.1.1 绿色发展的全球共识

西方国家在环境问题发生的初期，也采取了一些限制性的措施应对污染。从19世纪60年代到20世纪70年代，许多国家陆续颁布了防治大气、水、放射性物质、土壤等污染的环境保护法规，以期通过行政管理及政策手段解决这一问题[4]。从根本上来看，这些制度和机制采取了"末端治理"措施，却难以平衡经济、社会和环境效益三者的关系，导致"被动式治理"模式下的环境保护收效并不理想（图1-1）。

面对"被动式治理"的低效及环境状况的继续恶化，20世纪70年代，人们将环境问题与社会发展观结合认识，环境治理运行模式从"被动的单项治理"发展到"主动的综合治理"，以此制定经济增长、合理开发利用资源与环境保护相协调的长期政策（图1-2）。

1992年6月，"环境与发展大会"提出了"可持续发展战略"，标志着对于环境污染问题的认识从单纯重视治理环境污染扩展到发展与社会进步的范畴。"可持续发展"主张经济发展应当充分审慎自然资源的承载能力，既是一种发展战略，又是一种在可预知期限内的发展目标。其基本战略目标概括为经济、社会和环境的三者的关系（图1-3）[5]，尽管这一发展理念有进步性，但在实践上没有形成扭转传统发展模式的全球行动[6]。

21世纪以来，气候变化成为全球国家的潜在威胁。世界经济发展的目标向提高福利与社会公平、降低环境与生态风险进行转变。2012年6月可持续发展大会提出"绿色经济"及"我们期望的未来"的主题，绿色经济是为了降低环境风险，同时又可以促进社会整体发展的经济方式，在经济核算中对自然资本和生态服务价值进行直接估价[7]。绿色经济概念提出以后，西方各国开始关注以"自然资本的非减化"为目标的强可持续发展[8]，强调真正的可

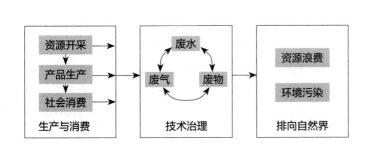

图1-1 末端治理的运行模式
（图片来源：根据冯之浚. 循环经济与绿色发展，作者改绘）

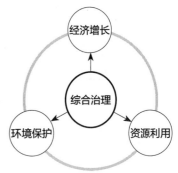

图1-2 主动式综合治理运行模式
（图片来源：作者自绘）

持续发展不能以自然资本的大量消耗为代价，在经济复苏和应对气候变化的双重要求下，形成了绿色发展的全球共识。绿色发展强调经济系统、社会系统与自然系统的共生性和发展目标的多元化，强调低资源消耗、低污染排放，实现经济增长与资源消耗、污染排放脱钩[6, 9]，强调"共同但有区别责任"的全球治理。

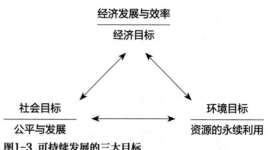

图1-3 可持续发展的三大目标
（图片来源：鱼晓惠. 西北黄土高原地区小城市有机生长规划方法研究）

伴随着21世纪快速工业化、城市化的发展进程，中国的能源和资源消耗出现快速增长趋势[6]。中国的初级能源消费占世界的比例由2000年的11%上升到2010年的20.3%，占世界消费增长的53%[6, 10]，绿色发展的必要性和迫切性日益凸显。中国已经意识到转变发展方式的重要性，2011年发布的《全国主体功能区规划》，针对国家重点生态功能区的功能定位，为具有生态战略意义地区的发展模式确立了绿色理念。

1.1.2 秦巴山地区的生态战略意义

秦巴山地区指中国秦岭与大巴山及其毗邻地区。秦岭是横贯于昆仑山和桐柏山—大别山之间的东西向山脉，西起甘肃临潭白石山，东经天水麦积山入陕西，至河南分为北崤山、中熊耳、南伏牛三支。巴山为西北—东南走向山脉，东与神农架、巫山相连，西与摩天岭相接，北以汉江谷地为界。地质构造学认为，秦岭、巴山同属秦岭—大别造山带（Qinling Dabie Orogenic belt）又称中央造山带（Central Orogenic belt of China），这一区域包括秦岭、大巴山、米仓山、大别山和积石山以北的广大地区。

以地理界限为主要依据，结合行政边界，秦巴山地区可以界定为，位于中国地理中心，包括秦岭、巴山两大山脉，地跨陕西、四川、河南、湖北、甘肃、重庆六省市。区域总面积30.86万km²，总人口6164万人（基本情况如表1-2、图1-4所示）①。

从地理区位关系来看，秦巴山地区是中华民族的诞生地和文化摇篮，是华夏文明的中央文脉和文化殿堂，是中国南北气候交汇区，也是南水北调中线工程的水源地。秦巴山地区位于我国大陆地理中心，北接丝绸之路经济带的西安、兰州两大起点城市，南毗重庆、武汉两大长江经济带港口城市，并延伸联系至海上丝绸之路，是"一带""一路"联系转换平台的良好承接地。这一地区涉及关天、成渝、江汉、中原、长江中游五大城镇群，是多个国家区域经济圈的叠加区，既是连通成渝—关天的内陆开放纽带，也是连接内陆—海上丝路的中部转换通衢。

————————————

① 该数据来源为中国工程院重大咨询项目——秦巴山脉绿色循环发展战略研究（2015-ZD-05）课题组。

秦巴山地区各省市区域分布情况　　　　　　　　　　　　　表1-2

省市区域	面积（万 km² ）	面积占比（%）	人口（万人）	人口占比（%）	分布情况
陕西	8.6903	28.16	1360	22.06	6个设区市
河南	4.0119	13.00	1176	19.08	4个设区市
湖北	4.1185	13.34	780	12.65	2个设区市、1个区
甘肃	5.6624	18.35	563	9.13	3个设区市、1个自治州
四川	6.1846	20.04	1735	28.15	5个设区市
重庆	2.1949	7.11	550	8.93	6个县
秦巴山地区	30.8626	100.00	6164	100.00	

（资料来源：中国工程院重大咨询项目"秦巴山脉绿色循环发展战略研究"课题组）

秦巴山地区各省市面积分布

秦巴山地区各省市人口分布

图1-4 秦巴山地区各省市概况
（资料来源：中国工程院重大咨询项目"秦巴山脉绿色循环发展战略研究"课题组，作者绘制）

从生态资源特征及生态区位来看，秦巴山地区是中国重要的生物多样性和水源涵养生态功能区，气候类型多样，垂直分异显著。全区地跨长江、黄河、淮河三大流域，是渭河、汉江、嘉陵江、丹江、洛河等84条河流的发源地，径流资源丰富。其中，汉江、嘉陵江流域面积占长江流域的47%，径流总量占长江流域的15%；作为中国南水北调中线工程水源涵养地和供给地，丹江口水库年入库总流量388亿m³，发源陕西的汉江、丹江，出境水量共277亿m³，占丹江口水库年入水量的71%。秦巴山地区也是中国的中央绿肺，平均森林覆盖率达57.3%。这一地区分布有6000多种动植物生物资源，种类数量占全国的75%，有120余种国家级保护动植物，是中国最大的生物基因库。2011年，《全国主体功能区规划》将秦巴山地区划定为秦巴生物多样性生态功能区，是25个国家级重点生态功能区之一，是国家生态安全战略格局的重要组成。2014年12月12日，中国"南水北调"中线工程正式通水，"南水北调"

中线工程起始端的陕南地区不仅是"南水北调"核心水源区的发源地，也是丹江口水库主要的蓄水区。秦巴山地区的生态价值对于保持中国国家区域生态平衡，确保国家和地区生态环境安全具有重要的作用。

秦巴山地区也是矿产资源的丰富聚集地，现探明矿产占全国总量的40%以上。20世纪六七十年代"三线建设"时期，秦巴山地区承载了国家工业化内地发展的基础条件。1999年实施西部大开发战略以来，区域内以农林产品加工、矿产资源开发和制造业等为主体的工业体系逐步建立，以旅游业、物流业、信息服务业等为主体的服务业快速发展，区域经济整体上进入了由工业化初期向中期的过渡阶段。但是，诸多的贫困人口仍然制约着这一地区的社会经济发展。《秦巴山片区区域发展扶贫攻坚规划》（2011—2020年）中，将秦巴山地区列为全国集中连片特殊困难地区之一。截至2014年年末，秦巴山地区贫困人口为1050万人，占全国贫困人口总数的14.96%，贫困人口发生率为34.41%。

秦巴山地区内共有90个县级行政区，城镇人口1467.18万人，平均城镇人口16.30万人/县。2018年年末，中国城镇化率为59.58%，秦巴山地区内各县城镇化率超过国家平均水平的有3个，仅占3.3%；区内县级城镇化率主要集中在30%~40%区段，而山区县级的城镇化率为32.5%，远低于全国平均水平。

秦巴山地区分布着多个水源保护区、水源涵养区、生物多样性保护区、自然保护区、原始林区、水土保持区等生态敏感片区，地区生态保护压力较大。一方面，南水北调工程对地区矿产资源开发、工业项目发展、城镇建设等进行限制，加剧了地区发展动力孱弱的现状；另一方面，受地区贫困影响，秦巴山地区内存在无序掠夺式开发行为，与地区水源地保护、生态环境保护之间矛盾突出，局部生态环境有恶化趋势。同时，随着城市扩张，城市周边的自建农宅侵蚀山体，对城市生态基底造成破坏；工业化发展带来的高污染影响日益严重，城市水污染、大气污染、固体废弃物污染未能得到有效控制；许多生态条件脆弱的人居聚落不合理扩张，区域生态承载力面临危机，人居环境失去自然保护屏障；城市建设空间的无序蔓延蚕食生态保护用地，使人居环境中的生态空间格局受到破坏，生态功能降低，城市生态安全存在隐患；脆弱的生态环境和易发、多发的地质灾害使城乡人居安全受到威胁。

这些问题表明，秦巴山地区的社会经济发展、生态环境保护现状与区域所处的生态战略地位尚不匹配。该地区虽处于中国城镇化的落后地区，但具有优质的生态资本，面临保护与发展的双重需求，其社会经济发展必将进行模式选择与转型调整，实施绿色发展，维护生态安全，也将成为这一地区人居环境发展建设的实际问题和关键领域。

商洛位于秦岭地区腹地，地形地貌结构复杂，有"八山一水一分田"之称。境内生态类型多样，森林覆盖率达62.3%，是陕西省植被最好的区域之一。商洛水资源较为发达，境内的丹江作为丹江口水库重要的水源补给，执行严格的水体保护措施，依据《丹江口库区及上游水土保持环境建设规划》《陕西省汉江丹江流域水污染防治条例》，保证其水质标准。2018年，商洛常住人口城镇化率为47.12%，城市土地资源有限，经济增长仍依靠资源能源消耗的增长方式。尽管城市生态优势突出，生态地位重要，但仍未完全转化为发展优势，实施绿色发展也是商洛的切实需求。

1.1.3 城市空间的无序扩张导致生态环境结构失衡

2018年年末，中国城市常住人口为8.3亿，城镇化率达59.58%[11]，城市发展迈入新的时期，进入城市型社会为主体的城市时代[12]。在快速城镇化的同时，城市空间发展也存在着诸多问题。"土地城镇化"快于人口城镇化，加剧了土地粗放利用，导致城市空间分布和规模结构不尽合理，环境保护、公共服务、城市交通、城市污染物处理与利用方面的现实矛盾凸显，城市历史文脉的承继作用衰减，城市治理运行效率不高。

城市建设用地增长弹性系数规律表明，中国近30年的城镇化进程中，土地城镇化与人口城镇化速度相差较大。1990～2000年，中国城市建设用地面积扩大了90.5%，城镇人口仅增长了52.96%，用地增长弹性系数为1.71；2000～2010年，城市建设用地面积扩大了83.41%，城镇人口仅增长了45.12%，用地增长弹性系数达1.85，均远远高于国际公认的用地增长弹性系数1.12的合理阈值[13]。过度膨胀的空间增长反映出城市发展过程中的不合理状态，导致城市空间结构与生态环境结构的关系逐渐失衡，城市生态功能用地被侵占，影响了城市生态系统的完整性。

秦巴山地区的一些城市空间结构由于无序扩张，无法适应绿色发展的要求，表现在以下方面：

（1）地区的生态价值、地理区位、资源禀赋均具有先天优势，但城市发展潜力未能释放，且区内生态破坏、自然灾害等问题频发。

（2）生态保护和生态资本的开发形成对抗。秦巴山地区富集的资源禀赋与落后的社会经济落差巨大，秦巴山地区GDP仅占全国的1%，财政收入仅占全国的0.4%，城市的经济效能较低下。

（3）以单纯经济增长需求为导向，进行人居空间拓展和建设，造成生态资源的数量、空间被压缩，生态环境结构逐渐失衡。城市空间结构呈现为以组织人居功能和物质空间的发展态势，人居系统、要素与生态因子、经济产业之间缺乏耦合，城市空间的景观生态格局被破坏，生物多样性减少，生态安全隐患增加。

（4）该地区的城市多处于山地环境，但河沟、沟谷、平坝、坡地等不同地理单元下的城市建设，均趋于内部物质空间高度聚合，建设地段人工界面封闭、连续，人工环境与生态系统的联动与响应逐渐衰减（图1-5）。

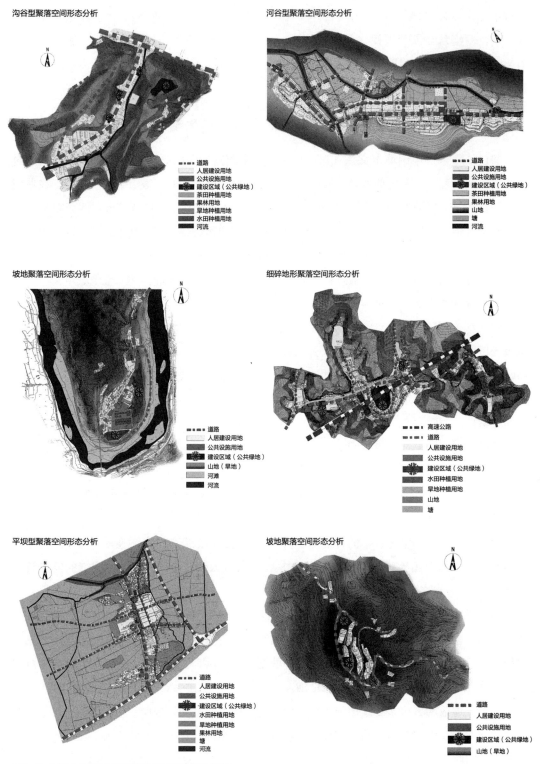

图1-5 秦巴山地区不同类型城镇空间结构分析图
（图片来源：作者自绘）

1.1.4 城市空间建设缺乏对绿色发展目标的深入关注

城市空间作为城市发展的物质载体，是人类各种政治、经济、社会、文化活动在土地资源利用上的综合反映。

我国城市规划最初是以城市建设用地为主要内容进行城市空间系统的组织。在确定的城市规划区内依据自然、经济和社会条件及发展的要求，对城市各项功能用地的开发在空间上进行综合布局，单纯基于建设用地的城市空间建设缺乏生态学视角的介入，影响了城市整体的生态系统平衡。

20世纪70年代，城市规划学界提出了生态城市概念，并用于指导城市规划实践，城市规划的策略与方法也开始向生态化与可持续发展方向发展。通过在城市规划区内进行生态分区，以调整自然、经济和社会各子系统及其组成要素之间的生态关系，实现城市空间结构与城市生态系统结构的耦合。

20世纪中叶以来，发达国家在解决环境污染问题时，结合经济发展实践，提出了循环经济理论，并形成了企业、产业及局部地区的循环经济发展范式，用以指导产业结构调整、资源利用、生态保护、公共政策以及产业空间布局的实践。特别是对于生态产业园区的规划建设，提出了以构建循环经济产业链为核心的空间组织原则。通过在规划区内对产业空间的合理布局，建立资源、能量、产品、废品梯级利用和循环流动的组织关系，实现生态产业园区内的物质生产及资源消耗的"减量化、再使用、再循环"，降低产业生产对城市生态系统的不利影响。

这些城市规划的理论和内容中涉及了关于城市空间组织的方法，但由于城市绿色发展目标的研究刚刚起步，城市空间布局规划以及城市开发管理等内容都尚未更多地纳入绿色发展的范畴，少数城市开展的"绿色城市（区）建设"也还停留在策略层面上，城市规划对绿色发展目标的应对在我国尚未形成理论体系，也缺乏成熟的方法进行指导。城市绿色发展是一个动态过程，要实现城市的绿色发展，必须系统化地探索城市空间绿色发展的目标与组织方式，这也是有效地解决生态敏感地区在快速城市化进程中伴生的复合、多样的城市环境问题和社会问题的关键之一。在秦巴山这一生态敏感地区如何构建适宜的城市空间绿色发展目标，使城市各项组成要素与城市空间结构能够以绿色发展目标为导向进行组织与布局，协调城市环境与生态系统的关系，是秦巴山地区绿色发展的重要研究课题。

商洛城市位于秦岭腹地，拥有丰富的生态资源和突出的生态价值，具有典型的生态敏感性，但生态优势并未给商洛城市发展提供动力支持。目前，商洛城市的经济发展与生态保护的矛盾逐渐突出，尽管人均生态足迹尚处于生态盈余状况，但城市经济发展中资源能源消耗较高，生物多样性水平逐渐降低，环境污染逼近临界，生态安全问题易发高发态势明显。除此之外，城市土地利用的社会经济效益增长与生态环境效益增长速度不匹配，自然生态空间分布不平衡，城市内部空间高度聚合，城市物质空间拓展与功能空间出现矛盾，生态环境保护与城市经济社会发展的双重需求，使现有的城市空间结构无法适应绿色发展要求。本书的研究依托中国工程院重大咨询课题《秦巴山脉绿色循环发展战略研究》，选取商洛城市作为研究对象，重点研究以商洛城市建设活动范围内的实质物质空间系统，构建城市空间绿色发展目标体系，探寻有利于城市绿色发展的适宜空间模式。使绿色发展目标得以落实到城市物质空间规划中，为秦巴山地区的生态环境保护、城市健康发展提供借鉴和依据，也为生态敏感地区的城市发展建设提供思路。

1.2 研究目的与意义

1.2.1 研究目的

21世纪的绿色发展已经成为社会共识。兼顾生活质量、生态环境质量及经济社会效益的城市环境成为城市发展建设的必需条件，绿色发展成为城市发展建设的新目标。

目前绿色发展的研究以宏观发展政策为主，多是针对战略性的公共管理策略与区域建设之间的关系展开，通过目标建构与综合评价，制定相应的政策工具。城市空间是地理空间类型中最大的资源消费地，也是最大的生产聚集地，更是最大的人口与文明聚集地，城市空间结构对绿色发展目标的影响十分重要。在城市规划领域内解决城市发展过程中出现的经济与生态系统之间的种种矛盾，需要将研究视角放在中微观的城市空间结构方面。

研究目的即以城市建设活动范围内的实质物质空间系统——城市空间结构为研究对象，构建商洛城市绿色发展目标体系，提出绿色人居空间结构，探寻绿色发展目标导向下的城市空间模式。

研究以商洛城市为具体对象，在绿色发展目标导引下，通过城市代谢系统的测度、城市空间结构的定量和定位研究、"绿色人居空间单元"设立等方法，分析绿色人居空间结构组织及特征，探寻宏观、中观、微观层面的城市空间模式，以实现持续提高城市生态环境质量，保持城市空间结构的完整性、连续性与适宜性，满足社会经济和生态效益综合提升的要求。

具体的研究目标为：

（1）建构商洛城市空间绿色发展目标体系，对城市空间发展进行引导；

（2）建立绿色发展空间模式组织原则，搭建绿色发展理念与城市物质空间的耦合；

（3）探讨以"绿色人居空间单元"为基础的商洛城市绿色发展适宜空间模式。

1.2.2 研究意义

1. 理论意义——绿色发展理念的城乡规划、人居环境基础理论的突破尝试

近年来在全球实现经济复苏和应对气候变化问题的双重压力下，世界各国广泛推行绿色发展理念。2013年12月中央城镇化工作会议明确将绿色低碳循环发展作为指导全国新型城镇化建设的核心原则，绿色发展已成为我国转型期的关键要务。

生态敏感区域的城乡建设对于环境变化具有重要影响，国内外许多地区都开展了不同类型和模式的生态城乡空间理论探索及实践，研究多集中于低碳生态城市的战略指导或生态城区的建设路径，而基于绿色发展目标的多尺度城市空间结构尚缺乏必要的探索与研究。

适宜城市人居生存、发展的地理空间环境类型多样。从生态学角度看，这些地理空间具有不同的生态因子构成特征和景观生态格局特征；从产业发展角度，这些地理空间具有不同产业发展的资源基础与空间基础特征。据此可以提出以地理空间、生态空间、产业空间特征为基础的"绿色人居空间单元"概念，耦合人居活动、产业活动和自然生态的空间关系。绿色人居空间单元的稳定、持续发展是维系城市空间绿色发展的基础。

空间模式是城乡发展演变规律研究和城乡规划的基础性理论。基于绿色发展目标，落脚于绿色人居空间单元，解析城市空间的系统、要素与所在的生态、产业经济系统的内在关系及相互作用规律，探求维系绿色发展目标的稳定、持续、动态平衡的城市空间模式，使绿色发展目标落实到城市物质空间规划中。一方面可为生态环境保护、城市健康发展提供科学依据与借鉴；另一方面可进一步深化生态敏感区域典型地区人居环境的研究。

2. 技术意义——建立绿色发展城市空间结构的目标和方法

良好的人居环境要求各系统协调健康发展。绿色发展理念与城市空间结构的关联研究是城市实现绿色发展目标的基础，但同时还需要技术、方法和目标准则来具体实施。

实现城市空间结构的绿色发展，需要建立空间绿色发展目标体系，确定一定规划期限内的科学合理目标，探索将绿色发展与城市空间结构组织方式结合，从而实现城市空间各系统的协调健康发展。研究将城乡规划学、景观生态学、城市代谢系统分析采用系统耦合、层次分析、灰色关联等方法进行联系，将不同领域内多层次、多学科的综合信息简化为具有可操作性、能应用到城市空间分析研究中的实践方法。

3. 现实意义——城市空间可持续发展与建设的重要参考

商洛城市位于秦岭腹地，拥有突出的生态价值和典型的生态敏感性。但在快速城镇化的同时，城市空间的建设也面临一些现实问题，如城市环境中生物多样性水平逐渐降低，环境污染逼近临界，生态安全隐患易发高发态势明显，城市土地利用的社会经济效益增长与生态环境效益增长速度不匹配，自然生态空间分布不平衡，城市物质空间拓展与功能空间出现矛盾等。本书选取商洛城市为研究对象，探寻绿色发展目标导向下的城市空间组织，为生态价

值突出、绿色转型基础优越的陕南地区城市空间的可持续发展与建设提供重要参考。针对这一地区城市空间的探索与研究，也为秦巴山地区其他城市在人居环境建设、区域生态安全平衡、地区协同发展、社会民生完善等方面提供思路与借鉴。

1.3　国内外研究综述

纵观国内外关于绿色发展的研究，相应研究呈现出多角度、多层次的特点。绿色发展多集中于发展策略及相应政策体系的研究，绿色发展与城市规划建设结合的理论与实践研究多集中于生态城市领域，也有一些研究重点集中于绿色城市方面。迄今为止，专注于城市规划体系内的物质空间层面绿色发展的成熟研究成果尚不多（表1-3）。

CNKI 数据库文献统计结果一览表　　　　　　　　　　表1-3

关键词	绿色发展	生态城市	绿色城市	绿色+生态城市	绿色+城市空间
数量（篇）	2908	2760	238	108	12

（资料来源：文献统计集合为1989~2018年CNKI数据库论文，作者统计）

1.3.1　绿色发展相关研究进展

1. 国外研究进展

工业革命以来，资本扩张的无限性与自然资源的有限性之间的矛盾越来越突出。诸多学者开始反思高投入、高消耗、高污染排放的增长模式，提出发展模式转型的思考。

1962年，蕾切尔·卡逊（Rachel Carson）出版著作《寂静的春天》，对传统工业文明造成的环境破坏进行反思；1972年，罗马俱乐部出版著作《增长的极限》，对西方工业化国家增长模式的可持续性提出了质疑[14]。但这些思考仍停留在污染的末端治理层面，面对一系列生态问题和挑战，世界各国从源头治理、生态修复等角度开始探索新的发展模式。1985年，Friberg和Hettne提出了"绿色发展"概念，提出绿色发展是建立在生态环境容量和资源承载力的约束条件下，将环境保护视为实现可持续发展重要支柱的一种新型发展模式，是在传统发展基础上的一种模式创新[15]。"绿色发展"概念提出后，得到了诸多响应。1987年，世界环境和发展委员会发布并出版了《我们共同的未来》的报告，强调通过新资源的开发和有效利用，提高现有资源的利用效率，同时降低污染排放[16]。1989年，英国环境经济学家戴维·皮尔斯（David Pearce）出版了著作《绿色经济蓝图》，提出"绿色经济"概念，强调对资源环境产品以及服务估价，实现环境保护与经济发展的一体化。绿色经济概念提出后，以"经济增长能够抵消环境与社会损失"为主旨的"弱可持续发展"观点迅速地在西方发达国家之间达成共识[17]。2002年，联合国开发计划署发布《2002年中国人类发展报告：让绿色发展成为一种选择》，提出绿色发展是经济增长与环境保护的统一和谐发展，是一种以人为本的可持续发展方式[18]。

2008年后，世界各国开始关注以"自然资本的非减化"为目标的"强可持续发展"，强调真正的可持续发展不能以自然资本的大量消耗为代价，联合国环境署（UNEP）提出"绿色发展倡议"和"绿色新政"，随后许多国家和地区据此提出绿色经济发展措施[19]。2012年的可持续发展大会提出"绿色经济"及"我们期望的未来"的主题，美国、欧盟、日本、韩国等国家把发展绿色产业作为推动经济结构调整的重要举措，"绿色发展"形成世界共识，国际经济发展趋势由"弱可持续发展"迈向"强可持续发展"（表1-4）。

国外绿色发展理念研究演进一览表　　　　　　　　　　　　　　　　表1-4

时间	研究主体	研究主题	核心内容	演进阶段
1962年	蕾切尔·卡逊（Rachel Carson）	《寂静的春天》	反思传统工业文明造成的环境破坏	污染末端治理的认识思想
1972年	罗马俱乐部	《增长的极限》	质疑工业革命后增长模式的可持续性	
1985年	Friberg和Hettne	绿色发展	建立在生态环境容量和资源承载力约束条件下的新型发展模式	"经济增长能够抵消环境与社会损失"为主旨的"弱可持续发展"
1987年	世界环境和发展委员会	《我们共同的未来》	建立新资源开发和有效利用模式，减少环境污染	
1989年	戴维·皮尔斯（David Pearce）	《绿色经济蓝图》	对资源环境产品以及服务估价，实现环境保护与经济发展的一体化	
2002年	联合国开发计划署	《2002年中国人类发展报告：让绿色发展成为一种选择》	绿色发展是经济增长与环境保护的统一和谐发展，是一种以人为本的可持续发展方式	
2008年	联合国环境署	"绿色发展倡议"和"绿色新政"	清洁能源技术和改善自然基础设施	"自然资本的非减化"为目标的"强可持续发展"
2012年	联合国可持续发展大会	"绿色经济"和"我们期望的未来"	贫困地区的"绿色转型"	

（资料来源：作者根据相关资料整理）

2. 国内研究进展

中国进入21世纪以来，中央政府提出"绿色经济""低碳经济"等发展战略，以此推动绿色发展逐步实施。"十二五"规划被认为是中国首个国家级绿色发展规划，规划中明确提出通过建设资源节约型社会、建设环境友好型社会、发展循环经济、建设气候适应型社会及实施国家综合防灾减灾战略，实现社会福利最大化、经济社会发展成本最小化的绿色发展目标[20]。"十八大"报告提出绿色循环低碳发展，表明中国的绿色发展从"未来共识"逐渐成为"现实需求"（图1-6）。

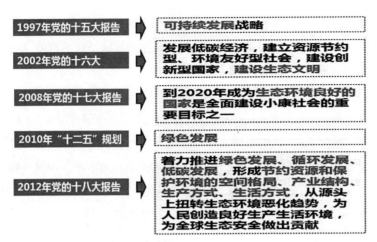

图1-6 中国绿色发展战略理念的演进
（图片来源：作者自绘）

在绿色发展理念被确定以后，诸多学者就中国实施绿色发展的战略、政策、机制及创新进行了广泛研究。胡鞍钢较为系统地阐述了绿色发展理论，提出了中国绿色发展的创新与实践路径[21]；刘纯彬等学者针对资源型城市进行研究，提出绿色转型内涵的理论框架[22]；季铸通过中国多个城市绿色发展指数的比较研究，提出绿色发展的战略意义[23]；张叶等学者从制度层面提出了中国绿色发展的路径与政策建议[24]；杨朝飞等学者对绿色发展的制约因素进行了分析，对中国绿色发展现状与路径进行了探讨[25]。在绿色发展理论与实践结合研究方面，张春霞阐述了绿色发展的现状、运行机理、约束因素以及应对策略[26]；孙伟等学者认为绿色发展需要强化战略规划，结合政府调控，发展绿色新兴产业，进行制度创新和模式创新实现绿色发展实践[27–29]。

1.3.2 绿色城市相关研究进展

1. 国外研究进展

绿色城市思想来自于埃比尼泽·霍华德（Ebenezer Howard）的田园城市和勒·柯布西耶（Le Corbusier）的光辉城市理论。尽管二者的城市结构并不相同，但在城市规模、公共绿地、人工环境与自然环境的和谐等方面都提出了绿色城市规划的思路。20世纪90年代，生态城市与可持续发展理论相继出现，催生了绿色城市理论的形成，1990年，David Gordon提出了绿色城市的概念、内涵以及实现策略[30]。21世纪以来，全球经济衰退加之气候变化的威胁，国际社会开始将目光转向崭新的绿色城市，将更高的生产力和创新能力与更低的成本和环境负面影响结合起来[31, 32]，并以此兼顾城市环境、经济发展和社会分化等问题，绿色城市理论进入发展期。2005年，世界各国50多个城市在美国旧金山签署了《城市环境协定——绿色城市宣言》，宣言提出了"绿色城市"发展纲领，包括水、交通、废物处理、城市设计、环境健康、能源及城市自然环境等内容，成为系统整体的绿色城市行动指南[33, 34]。

2008年开始，有关绿色城市的研究步入快速发展时期。联合国环境规划署（UNEP）将绿色城市定义为环境友好的城市，提出绿色城市应具备环境友好、城市社会公平和"绿色"政策三方面的特征[35]。经合组织（OECD）提出绿色城市应具备生态环境的低影响、城市经济的高质量增长、城市就业的提升等特征[36]。Beatley的研究在绿色城市基础上衍生了绿色城市主义的概念，要求绿色城市应有较小的城市生态足迹，城市居民拥有高品质的生活和邻里社区[37]。也有一些研究对绿色城市的发展目标提出了相应标准，涉及城市生态环境质量、公众健康与经济三方面[38]。随着低碳技术和互联网技术的发展，美国斯坦福大学发起了"绿色智能城市（Smart green cities）"项目，由互联网和云计算等技术推动城市管理和运行智能化，减少城市的碳排放，提高能源利用效率[39, 40]。Earth Day Network着重于基础设施网络对绿色城市的影响和价值，提出绿色城市是一个更健康、更实惠、更令人愉快的居住地，实行合理高效的能源分配，由绿色建筑物构成，通过绿色交通网络进行联系[41]。Global Green USA在绿色城市中提出了人和自然互利的社区创建实践，以低碳社区实现绿色城市化的目标[42]。

2. 国内研究进展

中国学者对绿色城市的内涵概念展开了丰富的研究。欧阳志云等学者通过绿色城市发展评价的研究，提出绿色城市满足人与自然健康发展的需要，追求城市整体综合功能最佳的目标[43]。面对中国严峻的资源环境危机和经济增长的现实状况，很多学者认识到城市发展需要进行绿色转型，包括通过采用低碳技术、提高城市宜居性、避免环境危机等[44]。余猛从资源利用和污染排放两方面将绿色城市界定为具有活力和健康的城市运行模式[45]，张梦、李志红等学者提出绿色城市是健康的城市发展形态和发展模式，以绿色经济和绿色居住环境二者为主要特征[46]，王如松认为绿色城市是以城市生态转型和绿色城市建设为导向，进行规划、建设和管理[47]，赵峥认为绿色城市是追求人与自然、经济、社会四位一体发展的模式[48]。

国内学者对绿色城市的评价测度和发展路径等也展开了研究，通过绿色城市的评价体系研究，提出促进城市绿色均衡发展的空间重构和路径设计思路[49-52]，也有学者从家庭碳排放[53]、废弃物循环利用[54]等研究视角提出能源消耗活动对绿色城市建设路径的重要性。针对绿色城市规划设计的研究，以绿色城市规划法则[55]、绿色社区[56]及城市实证研究[57]为重点，提出绿色城市建设的规划方法与实现策略。

1.3.3 空间模式相关研究进展

1. 国外研究进展

每一特定时期的社会、政治、经济、生态等因素都会作用于城市空间这一客体，城市形成与发展的历史表明，城市空间是一个"分散—集中"的演化与更替过程，伴随这一过程以及城市社会、经济、环境的发展变化，学者们针对城市空间模式进行了不断深入的探索与研究，在研究理论与方法上也反映出学科交叉与融合的特点。

工业革命后，对现代城市空间模式的研究最具代表性的是霍华德、赖特的分散论和柯布西耶的集中论，尽管这些理论的界限较为清晰，但他们都提出了将城市空间模式与自然、经济、社会融合思考的观点。

城市空间模式的研究与城市地理学有许多重叠之处，运用了城市地理学中的一些理论与方法，多以城镇的"点"与"面"来讨论其布局与结构体系。城市地理学的一些基础理论，如赖利（W. J. Reilly）的"零售引力规律"、克里斯塔勒（W. Christaller）的"中心地"理论等，为空间模式研究提供了理论依据与基本方法。

盖迪斯（P. Geddes）将城市空间模式与城市社会学进行联系，继承和发扬了法国社会学家拉伯雷的学说，创立了以研究人与环境关系为主要内容的"城市结构—工作—人"的空间模式[58]。美国社会学教授伯吉斯（E. W. Burgess）发展了城市社会学家帕克（R. E. Park）的学说，创立了"城市结构—功能"理论[59]。20世纪七八十年代，由于资本主义城市的社会矛盾加剧，阶级观点在城市社会学中得到部分运用，将新马克思主义理论引入空间模式及形态研究，经过列夫菲尔、卡斯特尔、哈维、马克·戈特德纳等学者的发展，提出"社会—空间"视角的理论框架[60]，在空间分析中运用城市社会学来探寻空间发展规律，研究重点聚焦于社会因素与行为对空间选择、空间结构、空间发展的相互关系及影响[61]。

城市经济学视角下的空间模式研究重点讨论城市经济决策与规律在地域空间上的呈现，通过空间区位的选择，研究社会发展与经济发展对空间的影响及其相互制约关系，为城市空间模式的经济因素提供决策与研究依据[62]。

20世纪70年代，城市生态学理论的成熟为城市空间模式研究提供了认识论的根本转变，开始将人作为环境内部因素进行探讨。城市生态学认为城市的物质环境是人类生活特定环境与社会所形成的自然生态系统，城市系统也是人类生态系统之一，人口流、物质流、信息流、能量流、资本流、技术流与产业、设施、资源、空间、环境是相互联系的完整系统。从区域层面来看，城市与周围腹地、城市与城市之间存在着生态系统关系，每一个城镇都是一个有生命的有机体，存在食物链、营养级和生存环境[63]。随着信息技术的发展，国外的城市空间研究在地理学和社会学的融合下，出现了"流空间"理论，重在提出动态化空间的概念，结合物质流、能量流和信息流的传递，探寻区域中城市空间分布的组织特征[64]。

2. 国内研究进展

20世纪90年代之前，中国的城市空间模式研究主要通过引入国外理论，在不同尺度下对我国城市的内部空间结构、区域城镇体系进行实证分析，处于探索阶段。其后，城市空间模式研究在理论和实践领域取得重要突破，诸多学者针对不同空间层次、不同研究领域，应用多种研究方法开展了多样的研究内容。

基于不同的空间尺度对空间模式的研究多以城市（镇）群、大中城市、小城镇为层次展开。李瑞、冰河在分析区域互动关系的基础上，提出利用数字技术，形成大、中、小城市"结构有序、功能互补、整体优化、全面发展、共建共享"的城乡一体空间的镶嵌体系[65]；史雅娟等通过实证研究中原城市群不同空间的集聚碎化程度、经济集聚力和交通网络对城市群空间的影响，提出了中原城市群多中心网络式的空间模式[66]；卓玛措等通过对青海省地域空间的分析，提出青海省城市空间发展点轴渐进扩散模式的空间组织形式[67]；陈玮玮等结合浙中城镇群的演进过程与发展现状，分析其空间结构特征，通过典型城镇群空间组织模式的借鉴，进行比较研究，提出浙中城镇群"多核心轴带都市区"的空间模式构想[68]。针对大中城市空间模式研究以实证研究居多，主要集中于北京（刘健，2004[69]；李国平等，2010[70]）、上海（熊世伟，2006[71]）、天津（周艺怡等，2009[72]；陈宇，2011[73]）、西安（穆江霞，2007[74]；邢兰芹，2012[75]；朱楠等，2014[76]；张中华等，2017[77]）、西宁（钱晨佳等，2003[78]）、大连（魏广君等，2010[79]）、福州（吴文英，2007[80]；郑雪玉，2010[81]）等城市市域空间及中心城区空间模式的研究。研究内容多以土地集约利用、生态空间保护、历史文化传承、城市功能的专业化分工与互补为重点，通过规划的干预、引导、控制过程，提出城市空间发展战略。小城镇空间模式研究以强调区域整体观的视角，探讨促进小城镇合理布局与健康发展的空间组织及规划协调（王艳玲，2006[82]；张瑞平，2008[83]）。

对城市空间扩展动力机制的研究有助于进一步深入认识城市空间模式的内在机制。如通过城市空间扩展的影响因素组合，来总结城市空间扩展的4种模式[84]；通过理论解释城市空间结构的演化动力[85]；从主体、组织、作用力和约束条件探讨城市空间结构的演化机制[86]；也有研究以具体城市为对象，探讨城乡接合部空间拓展的动力机制，并根据不同要素的不同组合结果，提出城市扩展的不同模式[87]；也有研究针对山地城市的空间扩展规律，归纳了山地城市空间扩展的典型模式[88]。

21世纪以来，学者开始对中国城市空间结构模式进行总结性研究。研究内容涵盖了物质空间、社会空间、经济空间等三个方面。在物质空间研究方面，孙斌栋等对上海多中心结构的形成进程进行了实证分析，从居住中心和就业中心两个角度对上海的多中心结构进行了测度[89]；王士君等学者提出转型期中国的5种城市空间结构模式，城市空间形态向多中心化、分散化、破碎化发展[90, 91]。

1.3.4 秦巴山地区城乡人居环境研究进展

秦巴山地区受特殊的地形地貌影响，人居环境的发展建设一直处于较低水平，直到2000年后，随着城镇化的快速发展，这一地区的人居环境研究才得到一些学者的关注。先期展开的研究多是集中于自然资源的优化配置及利用研究[92]，以期实现区域的特色经济及社会的可持续发展[93, 94]。2000～2010年，研究的重点集中于秦巴地区的旅游产业开发[95, 96]、扶贫发展[97]、生态环境治理[98, 99]等问题，对秦巴山地区的资源环境及经济社会的可持续发展提出了战略层面的思考与探讨。

2008年开始，秦巴山区的人居环境建设研究进入学者的研究视野。段德罡等人对秦巴山区城乡建设的震后恢复重建策略提出建议[100]；孙若兰、曹世臻从城市公共安全视角出发，基于综合防灾减灾思路对陕南山区部分城镇的城乡空间布局策略进行研究，提出防灾规划的应对策略[101, 102]；张研针对陕南的特色小城镇形象营造方法进行了研究[103]。2010年以后，对秦巴山地区城乡规划建设的研究开始得到发展，诸多学者对秦巴山区乡村聚落规划与建设策略进行研究，明确乡村规划定位与层级关系[104]，分析不同地形梯度下的乡村聚落分布特征[105]，提出乡村人居环境优化策略[106]，乡土聚落的规划建设的策略和适宜模式[107]；蔡晓兰对秦巴山地区的城镇化发展路径展开研究，提出构建以市（县）为中心，小城镇为支撑，中心村为基础的城镇群体系，进行空间和人口要素的积聚[108]；余琪等对秦巴腹心区域中心城市发展路径研究[109]；张宇钰以安康为例对生态城市规划建设提出对策建议[110]。2015～2018年，秦巴地区的经济社会和人居环境研究开始聚焦于绿色发展、循环经济和协同建设，如空间发展的战略研究[111-113]、人居环境的绿色发展研究[114, 115]、区域城乡的协同发展研究[116, 117]等，这些研究较为集中地针对秦巴山地区的绿色发展在多层次多视角开展，对地区的城乡人居环境发展提出了战略性的思考。微观层面的一些研究多是针对秦巴山地区的民居[118]、聚落[119, 120]和住区[121]展开，提出结合当地自然生态、经济社会发展、地域文化特征的空间营建方法与策略。2015年中国工程院启动"秦巴山脉绿色循环发展战略研究"重大咨询项目，课题以秦巴山脉为主要对象，同时对周边城市地区进行关联研究，经过24位院士、300余位专家和千余名研究人员的深入调查研究，通过搭建跨领域、跨地域的研究体系，形成了具有特色的秦巴山脉区域绿色循环发展探索路径、研究提出，秦巴山脉区域具有极为重要的战略地位，集中表现在突出的生态价值，特殊的区位价值和丰厚的文化价值三个方面。秦巴山脉区域面临保护与发展的严峻考验，集中体现为700余万名贫困人口脱贫与敏感区生态环境限制之间的矛盾；秦巴山脉生态保护和绿色发展与外围城市地区关系紧密，两者必须形成相互支撑的有机整体。据此，研究提出"生态保护建设战略""产业转型培育战略""文化保护传承战略""教育体系创新战略""空间整理优化战略"和"区域协同发展战略"等六大发展战略。同时，从水资源保护、绿色交通体系、农林畜药、信息化与高新技术、文化旅游、城乡绿色空间、矿产资源、政策体系等八个方面分领域提出绿色循环发展策略，并针对河南、湖北、重庆、陕西、四川和甘肃五省一市分地域提出相应对策、措施，从战略层面为秦巴山脉区域绿色循环发展进行了深度探讨。研究成果分领域、分地域具有行业针对性和地域侧重性的战略引导路径，为秦巴山脉乃至广大山区的绿色发展提供了独立思考。

目前，对于秦巴山地区人居环境的研究主要形成了西安建筑科技大学、长安大学、重庆大学为主的研究团队。西安建筑科技大学和长安大学团队的研究以陕西秦岭地区为主，以绿色发展战略、绿色空间、生态规划、空间营建为主题，探索秦岭地区城乡人居环境建设与发展。重庆大学的团队针对巴山地区开展探索，立足于地区的特殊地形、地貌，阐释了建构与地形地貌相吻合的三维界定绿色网络。这些研究为秦巴地区可持续发展的人居环境建设提供了科学依据和方法。

1.3.5 国内外研究趋势与述评

绿色发展的研究包括了循环经济模式、低碳技术应用、生态建设及创造保持人类身心健康精神环境的总和。绿色城市是建立兼具繁荣的绿色经济和绿色人居环境两大特征的城市发展形态和模式，目前的城市建设研究多集中在城市发展策略、城市建设法则、城市绿色空间、城市或社区中的绿色交通体系规划，对城市空间的绿色发展仍在探索期。

综合分析国内外研究情况，可以得出以下结论：①绿色发展的理论研究框架尚没有建立，各项理论研究呈现"分散漂移状态"，没有形成统一分析框架和理论体系；②资源利用效能与高质量增长是绿色城市经济层面关注的焦点；③合理研判发展目标与规模，强化技术创新与政策导向，是深化绿色发展实践的基本路径；④绿色城市理论的建设实践与生态产业经济的结合，绿色城乡空间结构模式及空间治理机制的创新可以成为绿色发展落脚于人居环境建设的有效融合路径。

纵观各学科理论，基于生态学的城市空间模式研究仍属于热点问题，最重要的理论和原则可归纳为三个方面：①基于系统与平衡的整体观思想，在研究城市空间模式的过程中，将城市空间视为复合生态系统；②遵循循环与再生的基本原则，在城市空间发展过程中最大限度提高资源利用效能；③重视适应与共生的相互关系，城市空间系统包括多种要素的生态关系，适应与共生可以维持系统的良性稳态。

城市空间模式研究是对解决城市空间发展建设问题的归纳与提炼，绿色发展的城市空间研究有助于实现城市空间的整体性、综合性、内生性、健康性生长。目前，绿色发展视阈下的秦巴山地区城市空间模式研究仍处于探索阶段，研究大多数是在宏观区域层面开展，以战略性的研究为主，侧重于对城市群的研究；微观层面多是围绕乡村聚落、移民安置、住区规划设计、传统民居进行研究，介于区域宏观层次及建筑微观层次之间的中间层次研究相对匮乏，对于中小城市空间模式研究仍有待拓展。

1.4 研究范围与内容

1.4.1 研究范围界定

本书研究的核心问题在于绿色发展目标体系下城市空间模式的构建，结合秦岭地区城市

图1-7 商洛"一体两翼"城市集群区域研究范围示意图
（图片来源：作者自绘）

空间建设的存在问题，以商洛城市空间为研究对象，根据城市所在地理空间类型、特点、地域相对尺度，探讨绿色人居空间结构特征，及其内在关系及模式。因此，通过城市空间绿色发展目标体系的提出，依据商洛"一体两翼"城市集群区域、商洛城区、商洛城市住区三种空间尺度建构系统构成，提出宏观—中观—微观多尺度框架的城市绿色发展空间模式。

　　商洛"一体两翼"城市集群区域为商洛市"一体两翼"中心城市建设规划中确定的空间地域，该地区总面积7940km²，以商州区为主体，丹凤县和洛南县为两翼的行政区域，这一区域人口规模和经济总量均占商洛市域的50%以上，是商洛市域的核心区域（图1-7）。

　　商洛城区为商洛市城市总体规划（2011—2020年）中确定的商洛城市中心城区区域（图1-8），该范围界定为，北至板桥镇岭底村、西至南秦水库、东至沙河子、南至沪陕与福银高速联络线南侧沟谷地区。规划末期中心城区用地面积54.13km²，其中城市建设用地面积38km²。中心城区外围为商洛城市规划区，总面积约275.8km²。

　　商洛城市住区为商洛城区内居住用地所在区域，主要以丹江、南秦河沿岸及金凤山、大赵峪山麓分布为主。依据商洛市城市总体规划（2011—2020年）中确定的居住用地分布，分为13个居住社区（图1-9）。

1.4.2 研究内容

　　研究以商洛城市空间为研究对象，根据城市所在地理空间类型、特点、地域相对尺度，提出"绿色人居空间单元"的概念，研究探讨绿色人居空间的结构特征、构成系统及组织机制，提出商洛城市绿色发展空间模式体系框架。根据规律认识、机制研究这一思路，重点开

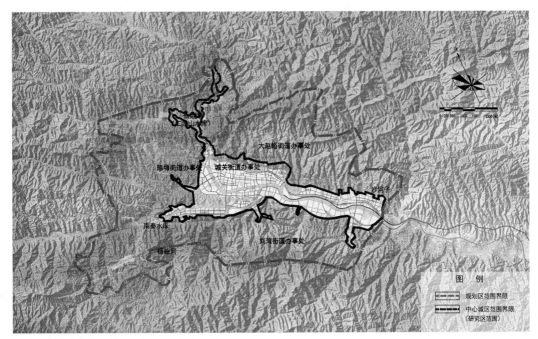

图1-8 商洛城区研究范围示意图
（图片来源：作者自绘）

图1-9 商洛城区住区研究范围示意图
（图片来源：商洛市城市总体规划（2011—2020年）（修改），西安建大城市规划设计研究院）

展四个方面的研究工作：

1. 商洛城市空间结构特征及核心研究问题

通过对商洛城市自然生态环境进行剖析与研究，研究城市空间结构的基本特征与相互关系，探寻商洛城市空间的结构特征及其演化规律，通过商洛城市空间效能分析，探究城市空间发展的矛盾，设定核心研究问题。

2. 商洛城市空间绿色发展目标体系研究

以绿色发展的定义、内涵、特征及其国内外的理论与实践入手，在认识论的层面解析城市空间与绿色发展的关系，在方法论的层面建构城市空间绿色发展的目标体系，提出有针对性的适合商洛城市的城市空间绿色发展指标因子、指标权重、指标特性等内容。

3. 绿色发展的商洛城市空间结构分析

城市空间发展是城市在动力机制的作用下，城市空间的推进和演化，绿色发展的城市空间是将实现全社会绿色增长的发展方式落脚于城市物质空间的探讨。

研究分析"宏观—中观—微观"三个层次的绿色发展商洛城市空间结构核心要素，为空间模式构建建立基础。由地理空间系统、人居环境系统、区域经济系统与景观生态格局的系统要素耦合构成"水平＋垂直"维度的商洛"一体两翼"地区空间结构；由自然生态基底、交通—土地复合基面与产业及基础设施基质的系统要素耦合构成"基底—基面—基质"的商洛城区空间结构；由个体栖居空间、生态循环空间、经济循环空间和社会化空间构成"节能降耗—物质循环"的商洛城市住区空间结构。

4. 绿色发展的商洛城市空间模式研究

以自然生态环境与人居环境两大系统在空间、结构、功能的统一为出发点，研究基于绿色发展空间模式的组织特性，从层级性、差异性、整体性、时序性提出商洛城市空间模式构建原则。

空间层级组织以城市大系统与子系统的内在层级特性，从商洛城市所处的自然地理环境出发，综合考虑自然空间结构、经济空间结构、社会空间结构的层级性，从"宏观—中观—微观"三个空间层次构成商洛城市绿色发展空间模式体系。空间格局组织依据绿色发展的需求程度构建不同类型的人居空间，从"浅绿—中绿—深绿—全绿"四个程度差异性体现绿色发展的人居空间格局，以此引导不同区域、不同规模与不同类型的人居空间绿色发展模式。时空阶段组织以商洛城市空间绿色发展目标的整体性，从"协调—发展—持续"三个目标阶段体现绿色发展的时序性。

建构多空间尺度体系的视角，从区域（商洛"一体两翼"地区）、城区（商洛中心城区）、住区（商洛城市住区）三个层面进行系统分析，探寻其间的自然生态空间结构、经济空间结构、社会空间结构等具体的空间模式，并结合空间组织规律与机制构建多空间尺度下的城市空间模式体系框架。

1.5 研究创新点

研究的创新可概括为以下三点：

1. 建立商洛城市空间绿色发展目标体系

目前，国内外针对"绿色发展"在国家、省际、城市等不同层面上提出了发展目标和指标体系，一些地方根据地区实际情况也在探索适宜的绿色发展目标，基于经济增长、政府管理层面的目标体系研究发展已相对成熟。在此基础上，研究构建针对城市空间适宜性理念和整体综合特征的绿色发展目标体系；并以商洛城市空间为对象，有针对性地对适合人居环境建设的绿色发展评价因子、指标权重、评价标准、因子指标与城市空间结构因素的关联度等内容，进行推导和确定。

与现有的诸多城市绿色发展指标比较，研究构建的指标体系弥补了现有指标体系中城市空间内容的匮乏，特别针对城乡生态空间协同、土地资源保护、绿色建筑、绿色发展社区等内容进行了完善，在城市空间的"绿色协调度""绿色发展度""绿色持续度"三方面，从城市生态环境质量层面、城市经济发展"数量"层面和城市社会进步的时间层面提出城市空间相关指标，为城市空间管控目标提供参考。

2. 依据绿色发展程度构建"浅绿—中绿—深绿—全绿"的人居空间格局

绿色发展目标的空间模式是不同层级空间构成完整的空间布局体系。商洛城市所处的秦巴山区，包含多种生态资源条件各异的地理空间，以此为基础形成了不同类型及规模的人居空间。结合生态基础和产业条件，以绿色发展程度为导向，研究提出"浅绿—中绿—深绿—全绿"的人居空间格局，以此引导不同区域、不同规模与不同类型的人居环境绿色发展模式。

3. 构建商洛城市绿色人居空间单元

研究引入系统的"单元"组织理念，从生态学、人类聚居学基础理论出发，遵循系统性和整体性的观点，将绿色发展体系中的功能空间整合在物质空间层面上，建立商洛城市绿色空间模式体系。在微观住区尺度下建立商洛城市绿色人居空间单元，以东西向500m、南北向300m尺度构成的街区地块（500m×300m）为控制规模。这一绿色人居空间单元具有系统的循环互动特性，使其空间结构和格局包含相对完整的生态链（网），服务人居生活的基础功能，并实现物质流、能量流的相对循环，商洛绿色人居空间单元由个体栖居空间、人与自然交融空间、社会化空间和经济系统互动空间共同构建，为人居环境视角下研究绿色发展问题提供了空间组织形式及规划管控的探索。

1.6 研究方法与技术路线

1.6.1 研究方法

1. 数据调查分析法

在类型化基础上，收集与研究相关的基础资料，通过对资料的研读和分析，进行系统评述与描述。为保证基础资料的客观与科学，本书在研究中采用典型研究对象系统调查数据分析方法。

2. 地理信息系统分析法

采用地理信息系统与生态结构理论，借助空间句法分析进行空间数据化和定量化，探寻城市空间结构特征，进一步剖析商洛城市空间整体与局部的内在联系与互动作用。

3. 生态网络分析法

生态网络分析是基于投入产出分析生态系统中物质、能量流动的分析方法，将代谢主体抽象为由节点、路径和流量构成的网络来模拟生态系统。城市代谢是基于环境负荷、居住需求、经济发展等的资源输入与产品、废物输出的生态系统模式。运用生态网络分析的方法，从商洛城市系统内部的生产、消费和循环等代谢环节进行量化分析，对城市代谢过程进行解析，通过城市生态层阶的结构揭示代谢系统内在组分的相互关系，考察商洛城市代谢系统的内部结构与特征。生态网络分析法集中于生态网络结构的拓扑特性、网络的结构与功能关系，将复杂的城市系统类比于生物系统的代谢过程进行结构解析，抽象并简化了城市网络中繁杂的资源流分布和能量流传递。

4. 定量、定位、定性耦合分析法

依据绿色发展目标评价与城市空间定量需求的特点，结合绿色发展目标因子评价、确定优化关联模型等方法，定量分析城市空间发展；定性和定位分析方法主要运用空间句法和叠加法，用来对空间结构进行空间模拟定位。将定量分析、定性分析、定位分析相结合，研究城市空间的结构关系及布局，通过耦合分析方法进行定量、定性、定位相结合进行空间结构评判。

5. 空间形态分析法

空间形态分析是研究城市空间的重要分析方法，针对城市物质空间环境从基地、节点、序列等一系列要素展开分析，并借助相应的空间分析辅助技术得以实现。研究中采用了空间句法、图底关系分析、空间结构解析等具体方法，对研究对象进行深入分析，提炼研究对象的空间组织特性。

6. 典型个案研究法

本书选取陕南商洛城市空间为具体研究对象，揭示研究区域城市的空间特征。通过对具体对象空间模式的深入探究，建构体系框架。由于研究对象的典型性，通过个案的深入研究提炼出理论框架、目标体系与技术方法的普遍适用性。

1.6.2 研究技术路线

在对相关理论及绿色发展建设实践分析的基础上，揭示城市空间绿色发展的内涵；通过商洛城市空间结构特征的剖析，探寻绿色发展目标体系；探讨绿色发展的城市空间结构组织及构成，提出商洛城市空间模式。

首先，对相关理论及绿色发展建设实践进行基础研究，展开研究对象——商洛城市的调查研究，进而结合现状调查、图纸分析等建立基础资料数据库，利用GIS技术对研究对象的空间结构要素进行分析，对其存在问题进行整理归纳，寻找城市空间发展的重要影响因素，揭示城市空间绿色发展的内涵。

其次，对初始基础分析数据、因子进行再次组合与重构，借助系统论相关方法，建构商洛城市空间绿色发展目标体系，定量、定位解析商洛城市空间结构特征，分析商洛城市系统的生态关系，揭示其内在特征。

再次，分析"宏观—中观—微观"三个空间层次的商洛城市空间结构核心要素。为空间模式构建建立基础。由地理空间系统、人居环境系统、区域经济系统与景观生态格局的系统要素耦合构成"水平＋垂直"维度的商洛"一体两翼"地区空间结构；由自然生态基底、交通—土地复合基面与产业及基础设施基质的系统要素耦合构成"基底—基面—基质"的商洛城区空间结构；由个体栖居空间、生态循环空间、经济循环空间和社会化空间构成"节能降耗—物质循环"的商洛城市住区空间结构。

最后，建构以绿色发展目标导向为基础、多空间尺度体系的视角，研究从空间层级、空间格局、功能空间、时空阶段4个方面提出商洛城市空间模式构建原则，基于人居空间的层级性特征，研究整合不同层级绿色发展的空间模式，提出商洛城市绿色发展空间模式。从区域（商洛"一体两翼"地区）、城区（商洛中心城区）、住区（商洛城市住区）三个层面进行系统分析。并结合绿色发展等相关理论，建立商洛绿色人居空间单元，由基本人居单元与自然地理单元共同构成绿色人居空间单元的时空基础，从生态单元与生态产业链（网）视角探讨绿色人居空间单元的内在规律。以此为基础，探寻不同空间层次城市的自然生态空间结构、经济空间结构、社会空间结构等具体的空间模式。结合"浅绿—中绿—深绿—全绿"四个程度的空间格局组织方式，通过集合包容层间组织，整合不同层次的空间结构要素及模式，构建多空间尺度下的商洛城市空间模式体系框架。

基于这一思路，研究技术路线如图1-10所示。

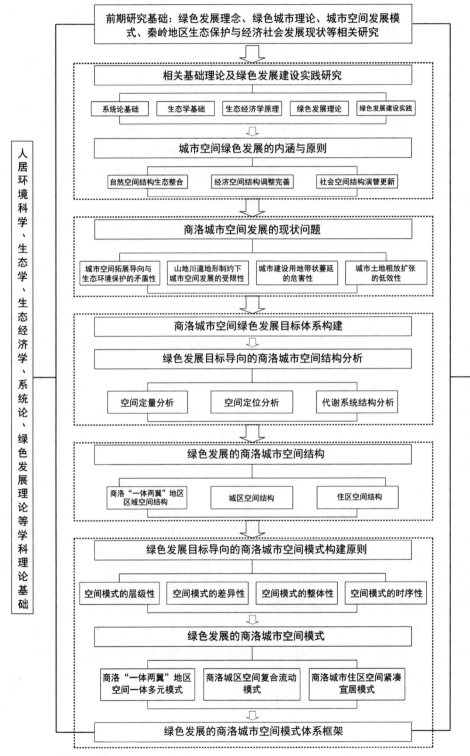

图1-10 研究技术路线图
（图片来源：作者自绘）

2 相关基础理论与绿色发展建设实践

生态文明是人与自然界和谐共处、良性互动、持续发展的一种文明形态或行为准则，它反映了人们在合理继承工业文明的基础上，用更加理智的态度认知自然生态环境，重视经济发展的生态效益，改善人与自然的关系。通过在各个层面对社会进行调整与变革，使社会系统与自然生态系统和谐共生。绿色发展是实现生态文明的主要途径与方式[122]，本书以系统论和生态学为基础进行城市空间绿色发展的目标、路径与方式的探讨。

2.1　研究相关的科学基础

2.1.1　系统论基础

城市空间发展涉及众多因子组成的复杂关系研究，系统论基础可以帮助研究认识系统中的关键要素。

系统论的创始人奥地利生物学家贝塔朗菲（Ludwig Von Bertalanffy），他提出系统论要研究各种系统的一般方面、一致性和同型性，认为系统是指由一定要素组成的，具有一定层次和结构，并与环境发生关系的整体[123]。他还提出了开放系统的观点，认为一个开放系统可以达到一个不依赖于时间的定态，这种定态称为流动平衡即稳态（Steady State）。一个处于稳态的开放系统，可以向外界做功，也需要从外界吸收能量。

此后关于系统的定义不断出现，这些定义中包含有要素、环境、边界、子系统、结构、功能等内涵特征，表明了要素、系统、环境三方面的关系（图2-1）。

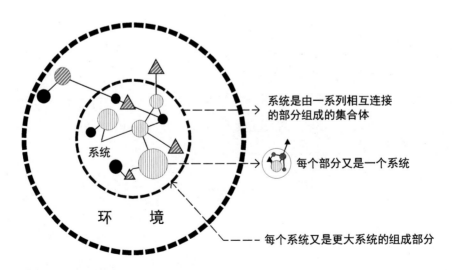

图2-1　系统的构成示意图
（图片来源：作者自绘）

1. 控制论系统

控制论思想与方法的出现使系统论思想从一般系统拓展到控制论系统，探讨系统所有内在组织结构及其与周围环境的相互反馈作用，系统受控的前提是必须有足够的信息反馈，以达成控制论系统的"可控制性"。城乡规划编制工作中针对城乡系统提出的规划目标，正是将城乡系统视为控制论系统进行研究，使系统向规划目标渐进或跃迁。

2. 整体性思想

整体性是系统的最基本特性，系统的整体性是在各要素的相互关系中生成或存在的。系统要素的组成研究往往是了解其整体性的基础，而要素关系研究则是了解其整体性的关键。道萨迪亚斯（C. A. Doxiadis）提出在人居环境的研究中，要探讨采用整体的全局观念[124]。在城市研究领域，都表明了整体论的观点，主张将城、乡、人工环境、自然生态等纳入统一系统进行考虑。

本书基于这一思想，在城市空间的多尺度层面，探讨城市空间系统所依托的自然生态要素及其与人居活动的相互关系，从多层次上认识及把握城市的空间发展。

2.1.2 生态学基础

生态学是研究有机体与其环境相互作用的科学，生态学中的环境是物理环境和生物环境的结合体[125]，生态学的诸多原理都能够反映出人与自然、人与社会的相互关系。

1. 生态位原理

生态位（Ecological Niche）指物种在群落中所处的地位。一种生物的生态位既反映该物种在某一时期某一环境范围内所占据的空间位置，也反映该物种在该环境中的气候因子、土壤因子等生态因子所形成的梯度上的位置，还反映了该物种在生态系统（或群落）的物质循环、能量流动和信息传递过程中的角色[126]。生态位的大小可用生态位宽度来衡量，指在环境现有的资源中，某种生态元能够利用的资源量。生态位反映了某一种群在某个确定条件下利用的特定资源。

生态位原理是构成高效稳态生态系统的基本原则。在城市环境中，不同生态要素的相互关系及共生作用，可以促进各种自然资源的高效利用，提高城市生态系统的整体效益。

2. 食物链原理

生态系统中的食物链原理揭示了物质、能量流动与转化的形式。食物链过程中，生物产品可以通过食物链环节转化为另一种类型的生物产品。基于这一特征，为了控制生态系统内物质和能量的循环与转换，生态工程采用食物链加环与解链的方式调节食物链结构，设计生产型食物链、减耗型食物链及增益型食物链[127]。可持续发展视角下的人居环境系统，不应有资源与废弃物、产品与副产品、有用物质与无用物质等二元论的物质划分概念，应从生态学构成的生产者、消费者、分解者环节建立生态产业链（网），进行资源的合理利用与配置。选定"关键种产业"作为生态产业链（网）的链核，其纵向联结第二、三产业，带动和牵制着其他产业、行业，根据各类产业作用和位置不同将其分为生产者企业、消费者企业和分解者企业，形成生态产业链。

3. 能量与物质的流动循环原理

生态系统中的物质循环是生命活动所需的各种营养物质通过食物链（网）各营养级的传递和转化。同一种物质在同一营养级中可以被多次利用，有机物被分解者转化为无机物后，再被生产者利用，如此循环（图2-2）。物质循环是生态系统的普遍现象，对于维持生态系统稳定具有重要的意义。

生态系统中的能量流动是能量通过食物链（网）在系统中的传递和耗散过程。能量流动开始于初级生产者对于太阳能的利用，最终经过一系列的物理、化学、生物过程而逐渐被使用、消耗与分解。能量在食物链中的传递和转变过程中，各营养级间能量转化的平均效率约为10%，致使营养级的能量呈阶梯状递减，形成生态金字塔结构（图2-3）。生态系统中的能量流动符合能量守恒和单向流动的定律，具有自组织的特性。

当前许多城市问题具有生态学实质，例如，城市的物质循环多为线性，且循环链多短，大量的资源缺乏多层多级的利用；城市生态系统的食物链构成比例失调，初期生产者的生物量过低，生态金字塔倒置，生态系统稳定性较差，对外部资源环境有很大的依赖性。研究这

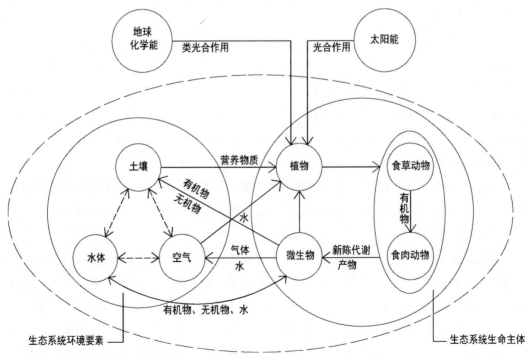

图2-2 自然生态系统的物质循环
（图片来源：作者自绘）

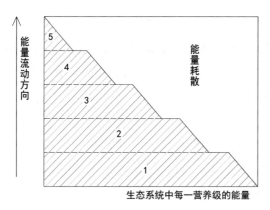

图2-3 生态金字塔结构示意图
（图片来源：宋永昌、由文辉、王祥荣主编. 城市生态学）

些问题，需要从生态学原理出发，寻求本质根源，调节各部分的相互关系，改善城市生态系统的结构，提高城市生态系统的功能。

2.1.3 生态经济学原理

生态经济学是研究和解决生态经济问题、探究生态经济系统运行规律的经济科学，旨在实现经济生态化、生态经济化和生态系统与经济系统之间的协调发展[128]。经济生态化是要求任何经济活动既要遵循经济规律和社会规律，又要遵循生态规律，使经济活动建立在不损害环境的基础上，从"线性经济"向"绿色发展"的转型也是经济生态化的过程。对于自然界中的物质，生态经济化不仅考虑其经济价值，还重视其生态价值，将生态资源的生态价值转化为经济价值。

1. 生态经济系统结构优化

生态经济系统是一个多层次的网络结构，包括链式结构、面式结构和立体结构。

链式结构是生态经济系统的一维结构，也是构成系统的基本单元，它是因子之间构成链节，物质、能量、信息等通过链接逐级流动和传递。食物链、生产链和交换链都是主要的一维结构链，综合构成生态经济生产链，即自然再生产（原料、矿物、能源）—加工—产品—交换—产品—消费—废弃物—生态系统，构成生态系统物质循环的一段过程。

面式结构是生态经济系统的二维结构，是链状结构的平面组合。由若干链状相互平行或相互交叉，组合成面式网状结构。面式结构的空间配置可表现为均匀分布、斑状分布和随机分布3种布局方式。

链式结构和面式结构只是生态经济系统的结构模型，在实际的生态经济系统中，独立的结构链和结构面是不存在的，系统要素总是交织在一起，构成网络状的多维立体结构。生态要素、技术要素和经济要素在不同的空间层次都具有各自的生态位，通过要素在空间上的配置构成多维结构网络。

优化生态经济系统结构是城乡规划编制工作的内涵之一，需要从地区生态条件和经济条件出发，通过对各类要素的配置时序、空间布局、数量导控进行分析与研究，使城乡人居环境生态经济系统结构具备稳定性、高效性和持续性。

2. 生态经济系统功能协同

生态经济系统包括物质循环、能量传递和信息流动三大功能。物质流、能量流、信息流作为生态经济系统的子系统，通过它们的协同作用使生态经济大系统达到最优的结果。

物质流、能量流和信息流都具有一定的熵。物质流和能量流的熵随流动而增加，信息流的熵随流动而减少[129]，通过信息流的熵减来弥补物质流和能量流的熵增，使熵值总体最小，以达到物质流、能量流和信息流的协同。对城市而言，城市生态经济系统是典型的人口聚落立体网络结构，生产链、交换链在多维空间中相互交织，物质流、能量流、信息流在其间传递、流动，构成立体循环体系。城市的物质流、能量流、信息流产生与发展的内在机制就是城市的空间结构，表现在城市自然支撑空间、人居建设空间和社会循环空间的组合结构，这三类空间的相互作用是该系统功能协同的重要考虑对象。

3. 生态产业关联分析

生态产业是依循生态经济原理组织的高效经济过程及和谐生态功能的网络型、进化型产业。基于生态系统的承载能力，通过两个或两个以上的生产环节或生产体系的系统耦合，使物质、能量多级利用、高效产出，资源、环境合理开发、持续利用[130]。生态产业运作以对社会的服务功能作为主要目标，将生产、流通、消费、回收、环境保护及社会文化建设进行纵向结合。

产业分类是产业研究的基础，根据产业研究和分析的目的需要，形成了多种分类标准、方法及内容（表2-1）。生态产业分类根据产业发展层次顺序及其与自然界的关系，采用三次产业分类方法，将生态产业分为生态农业、生态工业和生态服务业（表2-2）。

产业分类标准、方法及内容　　　　　　　　　　表2-1

序号	产业分类标准	产业分类方法	类别内容
1	产品最终用途	马克思两大部类分类法	生产资料的第Ⅰ部类、生产消费资料的第Ⅱ部类
2	物质生产特点	农、轻、重分类法	农业、轻工业、重工业
3	产业发展层次顺序及其与自然界的关系	三次产业分类法	第一产业、第二产业、第三产业
4	工业生产特点	霍夫曼分类法	消费资料产业、资本资料产业、其他产业
5	生产要素集约程度	生产要素集约分类法	劳动密集型产业、资本密集型产业、技术密集型产业、知识密集型产业

续表

序号	产业分类标准	产业分类方法	类别内容
6	统计标准	标准产业分类法	大项、中项、小项、细项
7	产业发展阶段	产业发展阶段分类法	幼小产业、新兴产业、朝阳产业、衰退产业、夕阳产业、淘汰产业

（资料来源：沈满洪主编. 生态经济学（第二版），作者略有改动）

生态产业的类型及主要内容　　　　　　　　　　　　　表2-2

序号	基本类型	主要内容	基本定义	具体内涵
1	生态农业	生态种植业、生态畜牧业、生态林业、生态渔业	根据生态系统内物质循环和能量转化规律，运用现代科学技术和系统工程方法，以保持和改善农业系统内的生态动态平衡为主导思想，合理安排生产结构和产品布局，努力提高太阳能的固定率和利用率，促进物质在系统内部的循环利用和重复利用，以尽可能少的原料输入获得尽可能多的产品输出，从而获得生态经济效益的农业发展模式	农林立体结构模式；物质能量多层级分级利用模式；生物物种共生模式；基塘结合循环模式；庭院生态农业模式；多功能贸工农综合经营模式
2	生态工业	矿产资源开采业、生态制造业、绿色化学、生态建筑、原子经济、生态工程、能源替代等	仿照自然界生态过程物质和能量循环的方式，高效应用现代科学技术建立的多层次、多结构、多功能、循环生产及利用的综合工业生产体系	工业代谢；物质减量化；清洁生产；生命周期规划、设计、评价；技术变革与环境；面向环境设计；工业共生系统；延伸生产者责任；产品导向的环境政策；生态效益
3	生态服务业	生态旅游、生态物流、生态教育、生态贸易、生态文化建设、生态设计、生态管理等	仿照系统的输入—转换—输出模式，减少对生态环境扰动，提升整体社会生态文化及生态意识、促进自然区域保护、可持续发展的服务业体系	社会公众及其生态行为；企业及其生态物流；政府及其生态环境监管

（资料来源：沈满洪主编. 生态经济学（第二版），作者略有改动）

生态产业关联分析也是投入与产出分析，采用投入产出表及投入产出模型对产业或部门间联系进行定量分析。可以从产业或部门间的联系程度，利用直接消耗系数和完全消耗系数来分析其间的直接联系和完全联系；也可以通过计算产业间的直接消耗量在总直接消耗量中所占的比例，分析各产业部门在生产过程中的联系程度。通过产业关联分析，可以清楚地显示生态经济系统中各产业部门或生态产业单元中各要素之间联系的结构性关系，在生态产业链（网）配置中提供科学的分析过程。

2.2 绿色发展理论

2.2.1 绿色发展的缘起

绿色发展是在人对自然生态的认识演化中提出的实践路径，是人们积极寻找与自然和谐相处的新的生产、生活方式和发展模式的理论与实践探索。

1. 生态环境问题的挑战

对自然资源的利用是人居环境得以发展建设的基本条件，在这一过程中，人具有"生产者"和"消费者"的双重身份，需要维持人居环境与自然生态之间物质及能量的良性循环，从而实现生态平衡。如果破坏了生态平衡状态，就会造成人居环境的不可持续，如目前的资源约束、环境压力、生态危机等主要矛盾，已成为人居环境建设面临的挑战。

自然资源中的不可再生资源呈整体递减趋势，可再生资源能够循环利用并不断更新，但不当的开发利用也会导致短缺。随着资源消耗的增加，生产生活过程中排放的杂质、废弃物及一些有害物质，都对生态环境造成损害。

中国在30多年的经济高速增长中也出现了严峻的生态环境问题。中国人口密度是世界平均水平的3倍，但人均自然资源占有量仅有世界平均水平的50%[131]。工业化快速发展时期，依靠资源消耗换取较低的产业附加值。2000年以后，GDP能耗逐步降低，但从单位GDP能耗比较可以看出，我国仍然承受着资源、生态、环境的巨大压力（图2-4）。

中国的城镇化进程目前已进入快速发展阶段和转型发展关键期，面临严峻的资源环境压力。改革开放以来，大多数地区的快速城镇化建立在资源高消耗、"三废"高排放、城镇建设用地高增长的基础上，表现出城镇化质量不高、城镇化机制不健全的特点。预计到2030年，全国城镇化水平每提高1%需消耗能源2.27亿吨标准煤、消耗城市用水32亿m³、占用建设用地3460km²、对生态环境造成的超载压力达到5.68%[132]，面临着严峻的资源环境保障问题（表2-3），能源、水资源、建设用地资源的约束将更加明显。基于1950～2010年的统计

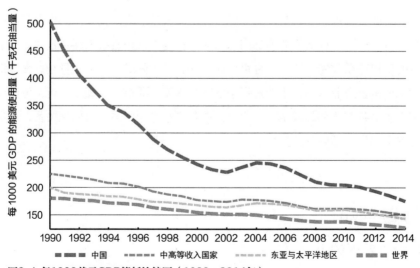

图2-4 每1000美元GDP能耗比较图（1990～2014年）

（资料来源：世界银行数据库，http://data.worldbank.org.cn，作者绘制）

数据，采用生态足迹方法分析，这一阶段我国城镇化水平每提高1%，增加的人均生态足迹为0.08hm²/人，生态足迹强度降低1.15hm²/元，生态超载增加2.34%。预计到2050年，我国城镇化率提高1%，人均生态足迹将增加0.11hm²/人，生态足迹强度将下降0.06hm²/元，生态超载将增加5.68%，生态环境质量综合指数将下降0.0064。预测表明，按现有的城镇化发展模式，中国的生态环境质量将持续恶化[133]。

1980～2030中国城镇化水平与资源需求变化趋势预测　　　　表2-3

年份	城镇化水平（%）	能源消耗量① （万吨标准煤）	水资源消耗量（亿m³）	建设用地消耗量（km²）
1980年	19.39	60000	88.34	6720
2005年	42.99	224682	502.06	29637
2020年	60.00	404640	870	72552
2030年	65.00	600000	1150	118180

（资料来源：方创琳等.中国新型城镇化发展报告）

对于整体生态系统，某一种群数量的大幅度增长通常预示着系统结构的突变。从1960年开始，世界人口增长进入高速增长期，年平均人口增长率逐渐提高，人口密度越来越高（图2-5）。中国城镇化带来的城市人口增长使城市中资源约束与环境压力的问题更加突出，

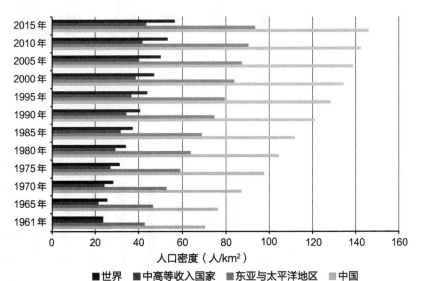

图2-5　人口密度比较图（1961～2015年）
（资料来源：世界银行数据库，http://data.worldbank.org.cn，作者绘制）

---

① 能源消费总量按照中国《节能中长期专项规划》（2004年）中能源消费年平均增长速度必须控制在4%以内进行计算。

城市人口和城市建设用地数量迅速增加（图2-6、图2-7），建设的规模效应推动了经济的快速发展，也导致了更多的资源消耗，产生了严重的环境污染。城市生态平衡被打破，成为生态环境最脆弱的区域之一。

城镇化水平的提升引发了城市生境改变，使人居环境发展建设面临挑战，适应环境变化，调控建设开发，转变发展模式，保证人工与自然生态系统平衡运转，成为解决问题的焦点。

2. 生态环境伦理的建立

伦理价值观是社会内在的本质行为准则，是社会活动的深层次文化核心和思想渊源[134]。

西方传统意义上的"生态伦理"是人类中心主义，这一范式建立在笛卡尔的理性主义二元论哲学基础上。19世纪以来，环境问题日益突出，海德格尔提出，"环境问题不是技术问

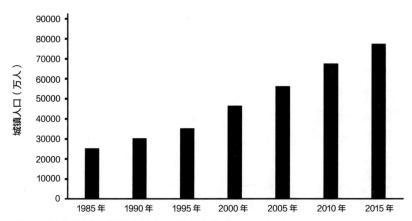

图2-6 中国城镇人口增长（1985～2015年）
（资料来源：中华人民共和国国家统计局，http://www.stats.gov.cn，作者绘制）

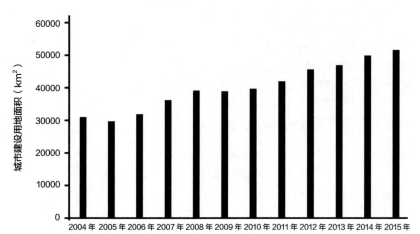

图2-7 中国城市建设用地面积增长（2004～2015年）
（资料来源：中华人民共和国国家统计局，http://www.stats.gov.cn，作者绘制）

题"①，而是道德问题，人对待自然环境的价值取向才是问题的内在实质。

生态环境伦理认为自然万物具有其内在价值，人对自然环境有道德要求，人要尊重自然、维持自然环境的完整与稳定，与自然和谐共处。在生态环境伦理支撑下，国际社会开始重视社会、环境与经济的协调性，逐步在生态文明上达成共识。《保护地球——可持续生存的战略》②中提出，"人类现在和将来都有义务关系他人和其他生命。这是一项道德原则。"《世界自然宪章》③（1982年）中宣告："人类必须充分认识到迫切需要维持大自然的稳定和素质，以养护自然资源。"

生态环境伦理作为哲学的一门分支，提出了人与世界关系的哲学思考。人与自然关系的理解和认识，经历了从自在到自为、从自发到自觉的过程，在生态价值上理性回归；在发展实践中，面对生态环境问题的挑战，兼容平衡与发展，人们也积极寻找与自然和谐相处的新的生产生活方式和发展模式。

2.2.2 绿色发展的理论模型

绿色发展是为了实现经济增长与资源负荷的脱钩，在发展理念和模式创新上的积极探索。

1．绿色发展理论的思想溯源

绿色发展理论是对传统优秀思想的传承与创新，其理论渊源包括三个方面：中国传统"天人合一"哲学思想、马克思主义自然辩证法以及可持续发展理论。

中国传统的"天人合一"思想体现了对人与自然关系思考的认识论、价值观和生态观，构建了中国传统文化的主体[135]。"天人合一"思想在人与自然的关系上采取整体主义的认识立场，将人与自然作为包容的一体进行思考，承认人在世界中具有重要地位，但并不主张征服自然，主张应以人与自然的和谐为目标，并将其作为人生最高理想[136]。在价值观上体现以人与自然和谐为最高目标的精神道德及行为规范。

中国传统生态观在天人相分基础上追求天人合一的天人相参、互生共养，构建天地人三者相互联系的生态系统，这一系统中的三个要素各自有不同的分工，彼此之间相互作用，人作为自然过程的参与者与自然环境互生共养，在自然的再生产过程中，只能采取适当的方式干预、辅助或促进自然过程的时空作用，并有节制地对自然资源加以利用，以达到调谐存续的目标。中国传统的"天人合一"哲学思想是朴素的自然观，这一思想是整个中国传统文化

---

① 海德格尔（Martin Heidegger）《技术的追问》，是其后期具代表性的演讲稿。
② 《保护地球——可持续生存战略》是关于在地球自然承载阈值内实施可持续生存战略的纲领性文件。由加拿大国际开发署（CIDA）等11个单位发起，在14个单位的合作下，由国际自然与自然资源保护同盟（IUCN）、联合国环境规划署（UNEP）和世界野生动物基金会（WWF）共同编写，1991年发行。
③ 《世界自然宪章》是由联合国大会于1982年10月28日通过的法律文件。该《宪章》规定，应尊重自然，不损害自然的基本过程，不得损害地球上的遗传活力，各种生命形式都必须至少维持其足以生存繁衍的数量，保障必要的栖息地。

的归宿之处[①]，为当前绿色发展理念提供了历史文化的深厚基础。

马克思主义自然辩证法体现了马克思主义哲学世界观、认识论和方法论的统一，是马克思主义哲学的重要组成部分。马克思主义自然辩证法认为人与自然的关系是对立统一，人是自然界不断发展的产物，同时"人是自然界的一部分"[137]。人类的生产实践活动是人与自然关系的联结，在这一过程中，人必须要正确认识、运用并遵从自然规律，才有可能改造自然[②]。

马克思主义自然辩证法提出了处理人与自然关系的准则，认为资本主义的生产方式是引发生态危机的根源，只有实现生产方式和制度的变革，通过人类自身发展与技术进步，才能终结人与自然的对立关系，并最终取得人与自然的和谐。随着西方环境保护运动的不断发展，20世纪70年代后期，出现了生态马克思主义和生态社会主义，这些生态思想提出要解决生态问题，必须用生态理性代替经济理性，是对马克思自然辩证法生态思想的继承与发展。马克思主义自然辩证法表述了人与自然关系的最高发展阶段，即自然生态系统与社会经济系统和谐统一，形成良性循环，这一思想为绿色发展理论提供了理论与方法论基础。

可持续发展是人类在环境与发展问题认识上的进步，这一思想取得了全球共识，人们意识到社会的发展需要，应在更广泛的意义上依存于自然生态环境，生态与经济是不断相互交织的关系，传统的发展模式已经不能够解决全世界的环境、社会和经济问题。

可持续发展理论的有限修正是针对西方国家环境危机下的被动式修正，它的理论根源是以人类为中心的概念，强调修正控制自然的模式。可持续发展概念上的宽泛使这一理论在学术界引起了广泛的争议，许多学者对于其解决环境、社会、经济问题的目标与方式都有不同的认识与理解。基于对环境因素重视程度表现出以技术为中心及以生态为中心的不同观点，基于对经济、社会福利与平等因素的重视程度表现出维持现状、改革和转型三种不同的实施路径。尽管可持续发展理论有着多种争议，但它依然受到了广泛的认可。它对于认识人与自然的关系、人与人的关系、人的生存价值等问题有重要的意义。可持续发展提出的被动性与修正式的模式有一定的局限性，但它仍然为讨论环境问题及社会发展路径提供了有益的理论框架。

2. 绿色发展的含义

《2002年中国人类发展报告：让绿色发展成为一种选择》中提出绿色发展。根据中国发展的现实情况与路径选择，绿色发展是对黑色发展的深刻批判和根本性决裂，继承并超越了可持续发展思想。绿色发展为经济、社会、生态三位一体的新型发展道路，以合理消费、低

---

① 钱穆先生在《中国文化对人类未来可有的贡献》中提到，"'天人合一'，实在是整个中国传统文化思想之归宿处，我深信中国文化对世界人类未来求生存之贡献，主要亦即在此。"
② 恩格斯在《自然辩证法》中阐述："我们对自然界的全部统治力量，就在于我们比其他一切生物强，能够认识和正确运用自然规律。"

消耗、低排放、生态资本不断增加为主要特征，以绿色创新为基本路径，以积累绿色财富和增加绿色福利为根本目标，以实现人与人之间和谐、人与自然和谐为根本宗旨[138]。

绿色发展包括了社会、经济、自然三大系统的复合，这一复合系统强调社会—经济—自然全面公平和谐的发展。绿色发展是绿色增长、绿色福利、绿色财富的交集，三者不断扩张的过程通过物质、信息流动与外界紧密联系[139]，对于外界产生正外部性，也受到外界的影响，构成绿色发展的"三圈"模型[140]（图2-8），体现出包括绿色生产观、绿色消费观和绿色发展观的绿色系统观。

总体来看，绿色发展以绿色技术为基础，聚焦于提高人的生命力的持续健康发展，是人类在物质财富达到一定丰裕程度时的必然选择。绿色发展就是要寻找一种既增加物质财富，又不损害生态环境质量的模式和发展路径，是循环经济模式、低碳技术应用、生态建设和创造保持人类身心健康的精神环境的总称[141]。

绿色发展是发展的模式创新，其主要内容是经济活动的生态化。如"绿色工业"及"绿色化学"的实现路径是经济活动过程中的污染综合预防、清洁生产；"绿色物流"的实现路径是经济活动组织过程中减少消耗、降低污染；"绿色建筑"及"绿色施工"的实现路径是建设过程中节约资源、降低污染、保护环境、健康适用。可以看出，绿色发展虽然是目标体系，但也体现在路径实施的过程控制环节之中。

与绿色发展含义相近的概念包括循环发展、低碳发展与生态保护，它们都是对传统发展

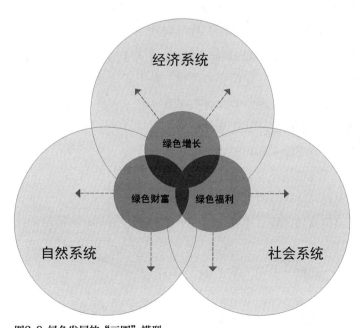

图2-8 绿色发展的"三圈"模型
（资料来源：胡鞍钢，周绍杰.绿色发展：功能界定、机制分析与发展战略，作者绘制）

方式的超越，但彼此又有不同的侧重。绿色发展更强调经济社会的整体发展方式，倡导节能减排，较少资源消耗，是社会、经济、自然三大系统的复合，着力点在于防治环境污染和破坏；循环发展旨在根本改变以资源浪费为代价的粗放型增长方式，强调发展"资源—产品—再生资源"的循环经济，着力点在于资源和能源的循环利用；低碳发展旨在改变由于气候变暖影响生态安全的发展方式，着重发展节能产业、清洁能源产业等低碳产业，主要着力点在于减少碳排放[142]；生态保护聚焦于对自然环境的保护与节约，保证自然生态系统结构的完整性，提高生态系统服务功能的可持续性，为人类社会的发展提供根本基础条件。从内涵分析来看，循环发展、低碳发展是包容于广义绿色发展范畴之中的，而生态保护与绿色发展则互为因果，联系紧密，绿色发展的基本前提应是生态系统结构的完整与不受破坏。

3. 绿色发展理论模型

绿色发展可以从本体论、方法论和价值论三个维度出发，构建系统层面的理论模型，奠定本研究的理论框架。

从本体论角度看，生态系统的稳定性为绿色发展理论提供了认识依据；从方法论角度审视，基于过程—对象—主体的整体研究构成了绿色发展理论的实施模型；立足于价值论进行思考，定量和定性的评价研究则成为衡量绿色发展水平的重要方法。这一系统，在理论基础上，以基于自然资本的生态经济学为研究依据；在研究范式上，以三维立体的整体论和控制论为研究指导；在研究方法上，以"定量"和"定性"的评价为测度模型（图2-9）。

（1）生态系统的稳定性是绿色发展的认识依据

生态学学科中对生态系统的若干重要观点为绿色发展理论提供了认识依据。生态系统中输入与输出环境是基本要素，尽管在生态系统的各组织结构中，物质间的相互作用趋于不稳定甚至无序，但复杂的大生态系统则趋向于随机到有序的生态过程，具有稳定的生态特性。

一个稳定的生态系统具有一定的生态规律，是生态运动过程中所内含的必然性或本质联系[143]。在城市系统中，各物种种群的相互依存与相互制约；微观城市与宏观区域的协调发展；城市自然资源的物质循环转化与再生；城市经济活动中物质输入输出的动态平衡；城市中人和环境相互适应与补偿的协同进化；城市发展环境资源的有效极限都是城市生态系统规律的体现，是研究城市发展的重要认识基础。

（2）基于对象—过程—主体三维立体的绿色发展实施模型

基于生态系统的基本规律，方法论维度上，研究提出基于对象—过程—主体的

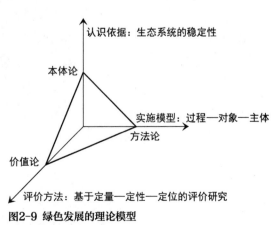

图2-9　绿色发展的理论模型
（图片来源：作者自绘）

绿色发展三维立体实施模型（图2-10）。

绿色发展的实施模型所涉及的物质对象主要是指水、资源、土地和重要材料。在物质的供给环节上，应提高物质对象的初步利用率和循环利用程度；在物质的排放环节上，要提高废弃物的处理能力，进行资源化的再利用，减少对外界的污染，最终实现高效的物质循环模式。

绿色发展的实施模型所涉及的过程是指在输入端进行物质减量化利用，在生产和服务过程中，提高资源利用效率、减少

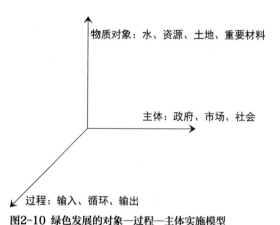

图2-10 绿色发展的对象—过程—主体实施模型
（图片来源：作者自绘）

资源消耗和废弃物产生；在过程中通过再利用，使物质重复利用或修复后再利用，延长物质的使用周期；在输出端通过资源的再利用，减少消耗和排放。

绿色发展的实施模型所涉及的主体指政府、市场和社会，主要是指这三类相关主体在经济社会活动过程中所承担的角色。通过三类主体的协同运作最终推动绿色发展的整体实施。

对城市代谢系统的结构分析，正是基于对象—过程—主体三维实施模型进行开展，以此进行城市系统生态关系的认识与比较，为城市建设发展的各类资源供给、产业配置转型、公共服务设施配套提供实施策略。

（3）基于定量—定性的评价方法

绿色发展关注的目标不是单纯的经济增长，而是生态效率的提高，可采用定量—定性—定位结合的方法，对城乡人居环境绿色发展进行综合评价。定量评价以资源及土地为核心进行量化评估，对绿色协调度、绿色发展度、绿色持续度进行评测，作为对城乡建设土地及空间资源利用进行约束和导向的依据；定性评价以城市代谢系统结构评价为核心，对城市代谢系统中各组分的生态关系进行评测，作为生态效率提升导向的依据；定位评价以城市空间结构的整体与局部关系评价为核心，对城市重点功能区的空间分布及布局进行评测，作为城市空间结构合理调整的依据。

2.3 绿色发展的建设实践

绿色发展作为解决生态危机的战略路径，诸多国家和地区都采取了积极的实施措施，从发展绿色生态产业、开发绿色能源、绿色城乡空间发展建设、生态城镇群规划与建设、生态循环型社区建设等方面提供了可借鉴的先进经验。

2.3.1 欧洲国家的绿色发展建设实践

1. 欧洲绿色生态产业发展建设

（1）丹麦绿色生态农业发展

丹麦农业生产模式为以牧为主、农牧结合，农业生产与环境保护相协调，发展绿色生态农业。农业生产中限制化学物品使用、保持轮作模式；农产品生产强调农作物种植品类的优化，为牧业提供饲料补充，延长农业产业链；建立农业咨询服务机构，将农业产业与公共服务平台有效结合，包括由农民自行出资运作的农业中心和国家级咨询服务机构。

（2）德国赫斯特工业园建设

德国法兰克福的赫斯特工业园入驻有60多个国家80余家化工、医药、生命科学和生物技术领域的企业，园区研发制造的产品涉及制药业、化学品、食品添加剂、涂料、塑料、农作物保护等多个领域。

赫斯特工业园的规划建设将区内的基础设施体系进行优化设计，实现了能源的高效循环利用；设置大型污水、污泥处理设施，采用最新技术降低生产过程对环境的污染和破坏，实现工业生产和资源、环境保护的协调发展[144]。

赫斯特工业园采用企业合作团体的管理模式，园区管理部门提供企业生产需要的各类基础设施和公共服务设施。

2. 欧洲生态社区建设

欧洲的生态社区建设有统一的标准体系，包括自然资源利用、环境污染减除、居民生活、生物多样性保持和健康食品等5个方面。

英国伯丁顿零能源社区是根据城市可持续发展和建筑循环利用的理念进行建设的生态社区。社区以生态住宅为主，包括办公场所、商店、咖啡屋、医疗中心和幼儿园等设施，遵循资源节约利用和可持续发展的设计思想，确定了零碳排放、零废弃物排放、绿色交通、当地材料利用、节水、生物多样性保护、传承文化、公平交易、健康愉快生活等多项建设指标[145]，成为英国城市可持续性社区的典范。瑞典斯德哥尔摩市哈马比社区、丹麦Beder镇太阳风社区、西班牙巴利阿里群岛ParcBIT社区等也都在绿色交通、绿色能源、绿色建筑、社会人文、环境保护与治理、废弃物处理和智慧基础设施建设等领域进行了实践。

3. 兰斯塔德绿色城乡空间建设

兰斯塔德城市群呈"多中心"马蹄形环状布局，将多种城市职能分布在大、中、小不同规模的城市中，形成空间分散、联系紧密、职能分工明确的有机结构。兰斯塔德包括3个大城市、3个中等城市以及众多小城市，城市间距10~20km。兰斯塔德内部有面积约400km²的农业地带作为中央"绿心"，并通过线性辐射方式形成"绿楔"和缓冲带，构成地区整体绿色空间结构（图2-11）。

兰斯塔德绿色城乡空间结构以绿色空间为核心，采用集约的土地使用方式，紧凑布局城市建设空间，以保证地区的生活空间质量。在地区行政管理上，建立区域性联合机构和管理平台来实现整体协作，区域规模上加以协调与引导，防止绿色开放空间被各个城市蔓延蚕食。在法律法规层面，推行多层次的自然环境保护法规，对生态环境进行建设与修复，并为重要的开放空间划定保护范围。

2.3.2 日本的生态城镇群及循环型社会建设

日本政府通过积极推行生态城镇建设及循环型社会发展路径来实施绿色发展。日本的生态城镇被称为"小环境负荷城市"，1994年日本建设省城市局城市规划课监制的政策指导书中明确了小环境负荷城市规划的3个基本思路：一是城市集约建设；二

图2-11 兰斯塔德与"绿心"示意图
（图片来源：王晓俊，王建国. 兰斯塔德与"绿心"——荷兰西部城镇群开放空间的保护与利用，作者改绘）

是城市作为一个有机体进行呼吸，与自然进行对话；三是城市环境与生活便利性应相互协调[146]。

日本的生态城镇在产业发展上以生态工业园为主要建设模式，北九州生态工业园是再利用型生态园区的典型。北九州生态工业园区中的企业采用循环经济生产方式，实验区将环保新技术转化为成熟技术，再移植到综合环保产业园区进行产业化生产，科研城为园区提供产学研究与开发的公共服务平台[147]。日本通过全国范围生态工业园区及生态城镇的建设，合理利用资源能源，调整城市和乡村的土地利用方式与布局，为发展循环型社会提供空间载体。

日本在建设循环型社会中寻求环境振兴与经济社会问题同步解决的方案及措施，2018年日本通过第五次国家《环境基本计划》，提出"地方循环共生圈"的概念及实现目标的实施路径，以此寻求地区综合治理与环境和经济社会发展水平的共同提升[148]。"地方循环共生圈"是以充分发挥地域资源优势、建设自立分散型社会为主导，环境与社会相互作用、相互支撑的可持续发展状态。其中"循环"指物质与生命的循环，大气、水、土壤与生物之间通过光合成、食物链实现循环，最大限度减少地区环境负荷；"共生"指人与自然的共生以及

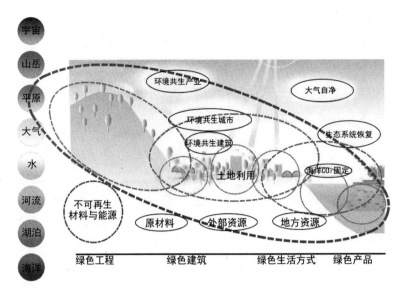

图2-12 日本的"地方循环共生圈"模式
（图片来源：作者自绘）

本地区与周边地区的共生[149]，各城镇与邻近地区形成自然要素和经济要素的连接与互补，构筑区域资源更加齐备的"共生圈"。地方循环共生圈的产业发展以利用地方绿色观光资源，开发农业、工业和旅游业相结合的六次产业为主导，加强城乡之间的经济交流。日本通过"地方循环共生圈"的模式构建自然生态与社会经济一体的绿色发展路径，调节人居环境的微气候，实现环境保护与产业的和谐发展与良性互动（图2-12）。

2.3.3 中国的绿色发展建设实践

1．中国绿色发展的现状

中国进入21世纪以来，绿色发展从"未来共识"逐渐成为"现实需求"。"十一五"以来，为了顺应新时期国内外大环境的变化及新的发展要求，中国提出了经济结构战略性调整和转变经济发展方式，在绿色发展领域的行动已经处于全球引领位置，但是，仍然存在区域发展差异性的问题[150]。

中国在不同地区的绿色发展建设实践中，依据经济社会的条件，出现了4种模式：东部发达地区自发转型模式以优化产业结构为核心；中部产业承接地区节能降耗模式以节约资源、降低能耗为核心；东北老工业基地绿色发展模式以资源转型为核心；西部生态保护跨越式模式以生态环境保护为核心。

我国城市经济增长普遍较快，但绿色转型发展的差异较大。在全国范围来看，我国大多数城市的绿色发展处于中游水平，而经济增长较快、绿色城市指数低于国内城市平均值的内陆城市将是绿色发展的主要地区[151]。

2. 中国的绿色城市建设实践

中国的绿色城市建设主要采取自上而下政府主导模式。1992年起，中央政府各部委采用"试点"模式推动带有绿色城市特征的建设试点和实践[152]（表2-4），在2014年3月国务院颁布的《国家新型城镇化规划（2014—2020年）》中，也提出将生态文明理念融入城市发展，构建绿色生产方式、生活方式和消费模式的内容[153]。

中国各部委关于绿色城市的建设试点与实践 表2-4

主管部委	具有绿色城市特征的城市试点建设工作
住房和城乡建设部	园林城市（1992年）、国家生态园林城市（2004年）
	宜居城市（2005年）
	绿色建筑（2006年）
	低碳生态试点城（镇）（2011年）
	智慧城市（2012年）
	绿色生态城区（2013年）
	海绵城市（2015年）
	城市双修（2015年）
	宜居小镇、宜居生态示范镇（2015年）
发改委	低碳省区和低碳城市试点（2010年）
	碳排放交易试点（2011年）
	低碳社区试点（2014年）
	循环经济示范城市（县）（2015年）
	产城融合示范区（2016年）
环保部	生态示范区（1995年）
	生态县、生态市、生态省（2006年）
	生态文明建设试点（2008年）
	生态文明建设示范区（2014年）
科技部	可持续发展议程创新示范区（2018年）
林业局	国家森林城市（2004年）
多部委联合	发改委、环保部、科技部、工信部、财政部、商务部、统计局联合展开循环经济试点（2005年）
	住房和城乡建设部、财政部、发改委联合评选绿色低碳重点小城镇（2011年）
	国家发改委、财政部、国土部、水利部、农业部及林业局等六部委联合推动生态文明先行示范区建设（2013年）
	发改委、工信部联合开展国家低碳工业园区试点工作（2013年）
	财政部、住房和城乡建设部、水利部展开海绵城市建设试点城市评审工作（2015年）

（资料来源：李迅，董珂，谭静，许阳.绿色城市理论与实践探索，作者略有增删）

在政府相关政策主导下，中国诸多城市逐步制定了绿色城市建设目标及规划。2000年开始，南京、苏州、武汉都相继提出了"绿色城市"计划，2009年北京提出《绿色北京行动计划（2010—2020年）》，2010年无锡市提出了"低碳宜居"城市建设目标。2008年开始，成都市陆续编制《成都市生态市建设规划》《成都市生态系统控制规划》《成都市生态保护总体规划》等市域总体层面的生态保护规划，奠定了成都市全域生态保护的格局，2011年开始编制相关专项规划，全面深化、细化绿色城市建设[154]。

2.3.4 绿色发展建设实践的经验与不足

从国外的实践情况来看，绿色发展建设体系较为健全，在产业层次上已经由工农业混合的生态产业经济模式向第三产业结合的绿色增长目标进行拓展，在生态产业园区配置公共服务设施体系，为生态经济产业链的纵深连通提供条件。同时，在产业整体布局上将生态产业经济活动拓展到第三产业，为社会服务的绿色发展模式提供了较好的经验借鉴。

在绿色发展的城乡空间建设领域，大多数国家依托城市—城区—工业园区—社区等不同尺度进行了探索和实践，具体策略集中在生态技术集成、规划引导、综合生态提升、资源节约、生态转型等方面，采用生态技术手段进行空间布局、设施配套与建设施工。

日本构建了生态园区—生态城镇—生态城镇群—循环型社会的建设路径，并通过"地方循环共生圈"使城乡人居的各项活动趋向物质流动平衡，为跨区域、跨城乡、跨产业的绿色发展路径提供了参考。

中国社会经济发展的地区差异性较大，各个区域的绿色发展建设模式侧重点不同，在产业体系的核心要素和关键产业选取上有一定差异，这种多元化的实践模式为绿色发展的可行性提供了经验借鉴。

但是，在当前的实践过程中，绿色发展仍主要集中在产业布局及经济政策领域，有部分国家强调社会政策的建设与实施。而在城乡空间建设中，绝大多数国家依托生态城市或生态社区利用生态技术手段进行空间落地，缺乏整体的城乡空间布局思考与建设实施。城乡规划学科强调城市空间发展与经济社会发展目标密切相关，因此，以绿色发展目标为导向，研究城市空间模式，为绿色发展的城市规划与建设提供具有实践意义的路径与方法，对城市规划的编制、实施和管理具有重要的现实意义和切实的探索作用。

2.4 绿色空间的建设实践

绿色空间建设是绿色发展最直接的城乡建设实践空间类型，起源于西方城市中的开放空间及各类绿地。早期的建设实践集中在城市建成环境内部，强调绿色空间的生态服务作用[155]。随着研究的深化及拓展，绿色空间类型由城市内部的开放空间拓展至更大尺度的城市外围的自然生态空间，包括农田、山林、水域等，兼具生态服务功能和生产功能作用。其空间类型出现多元化网络的建设模式，构成景观游憩型、农业生产型、生态保育型的功能类型；孑遗原生自然型、农林生态半自然型及模仿自然人工型的生态特征类型；绿心、绿廊、绿环、绿楔的结构要素类型（表2-5）。

绿色空间的类型　　　　　　　　　　　　　　　　　　　　　　表2-5

划分依据	绿色空间类型	绿色空间构成
功能	景观游憩型	公园、绿地、广场、风景区、河流湖泊等
	农业生产型	耕地、牧草地、林场和水产养殖区等
	生态保育型	野生动植物保护区、水源保护区等
生态特征	孑遗原生自然型	自然演替形成的自然生态区
	农林生态半自然型	人类进行改造的自然地区
	模仿自然人工型	人工建造模仿自然生态特征的绿地及开放空间
结构要素	绿心	块状核心空间，位于绿色空间网络的交汇点
	绿廊	线性开敞空间，链接贯通绿色空间的各要素
	绿环	某个节点由绿廊连通而成的绿色空间，是线性绿色空间的发展与延伸
	绿楔	渗透入城市建设内部用地的块状绿色空间，联系绿心与其他圈层的可达性

（资料来源：作者根据相关资料整理）

　　绿色空间的建设实践以绿色空间框架构成城市空间环境的绿色空间网络为模式，基本形成了绿心环形模式、绿廊模式和环网楔形模式等类型。如兰斯塔德的区域绿心环形模式，波士顿"祖母绿项链"和深圳市的"四横八环"绿廊体系，都是采用绿廊模式，串联开放空间，形成网络结构。北京市域的绿色空间规划，依托西北部山体打造生态屏障，综合城市绿色空间建设现状，以城市公园、郊野公园、森林湿地公园为骨架构建城市圈层式绿环，基于城市水系建设城市绿楔，将中心城区、新城等贯通，形成环网楔形相互作用的空间模式[156]。绿色空间的建设实践为实现城市发展与生态保护双赢提供了建设路径。

2.5 城市空间绿色发展的内涵

　　城市空间是城市社会、经济、政治、文化等要素的运行载体，城市空间结构是城市职能在城市地域上的配置及组合状况[157]，城市空间的绿色发展是探究区域及城市的发展战略与空间模式，引导城市空间健康、合理生长，使城市的绿色发展目标有适宜的空间载体得以运行并逐步实现。

2.5.1 基本概念解析

1．城市空间

城市作为人和经济、社会活动聚集的场所，以空间作为凭借和依托。城市空间是城市系统中各类要素的物化及其在一定地理区域的投影，它是城市各系统发展的载体，又是系统发展的结果[158]。从地理空间视角可将城市空间分为物质空间、经济空间和社会空间三类。

本书涉及的城市空间特指城市的物质空间，具有宏观层面的整体性，反映了城市系统中各类要素的物质构成和相互关系，并使各系统在一定地域范围内得到统一。城市空间要素与其周围环境之间，不断进行物质、能量和信息的交换与传输，形成一个动态的、有层次序列的、可进行反馈的开放系统[159]。

城市空间包括物质属性、经济属性、社会属性和生态属性，城市实体环境是空间的物质属性，城市空间的演化包含了经济属性的内在逻辑，城市土地利用与环境的分异是社会属性的空间表征，城市生态环境的动态变化影响到整体空间结构。

2．城市空间结构

城市作为一个社会—经济—生态复合的开放巨系统，存在着复杂的社会结构、经济结构和生态结构，这些结构要素的构成及其相互作用最终都反映在城市的空间地域[160]。

城市空间结构是指城市的构成要素在空间上的地理位置及其分布特征的组合关系[161]，它是城市功能组织在特定环境条件下的地域投影[162]，直接影响着城市系统功能的运行与效果。

本书的城市空间结构以系统观为基础，指在特定建构环境条件下，人居活动的技术能力和功能要求与自然因素相互作用在空间上的具体表现[163]。

3．城市空间发展

城市空间始终处于不断的动态变化之中。每一特定时期的政治、经济、社会、生态等多种因素都会作用于城市空间这一客体，而城市空间本身也存在许多自身演化与发展的规律和机制。城市空间发展的研究一般多同城市化、城市地域结构理论、城市经济与人口增长等联系在一起，并形成了多个意义较为接近的概念，通过这些概念的辨析，可以理解城市空间发展的内涵[164]（表2-6）。

城市空间发展强调城市空间生长的有机与可持续，其实质是城市空间结构的生长与演化。

4．空间模式

《辞海》对于"模式"一词的释义为事物的标准样式、标准形式或基本规律。城市空间模式是指对于一定时间、运动、物质及其与人的各种关系限定下，城市空间中各类要素的组织特性呈现的样式[165]。随着人们对城乡聚落空间研究的深入，逐步认识到空间模式受到

城市空间发展相近概念辨析 表2-6

概念名称	概念内涵	概念作用
城市空间增长	侧重描述城市规模增长，表现为城市空间的量的扩大	规划控制与引导政策中应用较多
城市空间生长	侧重描述城市空间发展阶段由低水平向高水平的演进，城市空间品质的不断优化，既包括外向型拓展，也包括城市内部用地的调整与改造	在反映城市空间集约化程度较高、城市空间功能分化与结构优化时应用较多
城市空间拓展	表示某时期城市空间发展突变性	在城市发展跨越空间门槛时应用较多
城市空间发展	城市逐步发展	城市空间在土地利用的连续性，针对城市用地研究中应用较多
城市空间扩张	城市空间侵占其他类型空间	城市发展对自然环境影响情况下应用较多

（资料来源：张沛，程芳欣，田涛.“城市空间增长”相关概念辨析与发展解读，作者略有调整）

城市历史演变、生态环境、经济发展、社会组织方式和人的感知活动等多方面的影响，空间模式是以城市空间现象研究为过程，从中抽象或提炼出有普遍特征的理论图式或解决路径[166]，体现了城市规划的某种思维范式。针对城乡空间研究中的空间模式往往指城乡聚落在空间演变及发展过程中所呈现出的不同空间尺度下的空间模式，包含不同尺度的空间分布格局、空间组织形态和空间组织机制。城市空间的形成受到诸多因素的影响，其空间结构也呈现出多维特性。本书认为，绿色发展的目标导向是城市空间发展价值观的转型与重构，城市空间要素的组织方式、空间结构的构成体系都将出现新的思维范式，以引导城市空间生产的有机和可持续，由此，对这一目标导向下的城市空间模式进行系统研究很有必要。

2.5.2 城市空间结构与生态系统的关系

城市空间发展的驱动力来自政治、经济、社会、技术、生态5种因素，这些因素在不同的时空阶段作用力不同，反映出空间发展与规划建设的价值取向。城市生态系统与空间结构关系是价值维度层面认识城市空间绿色发展的基础。

1. 城市空间结构及生态系统状况的演化

前工业社会时期的城市发展极为缓慢，表现出多样化的形态，城市的空间结构在含蓄与渐进中形成。这一时期的城市与生态环境有着紧密的联系，有相应的自然地域提供各种资源与产品供养、保护城市，城市的人工空间和自然空间融合（图2-13）。该时期城市发展与生态系统基本处于平衡状态。这是人们不自觉或半自觉遵循生态学原则的结果，这种朴素生态思想与当时生产力水平和社会经济条件相适应，具有一定程度的自发性[167]。

工业文明观导向的城市空间利用的多样化与集约化，城市空间对生态环境强势侵占，也阻滞了城市的物质循环和能量转化，付出了生态系统失衡的代价。

后工业时代的城市空间建设开始抛弃反自然、反生态的发展模式，演变为生态与可持续的发展目标。城市空间结构强调自然空间的生态效应和生态价值，保留城市建成区内的生态

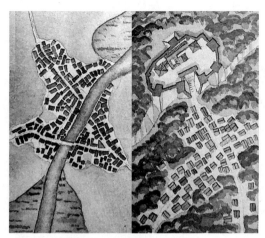

图2-13 早期城市与生态环境
（图片来源：Spiro Kostof. The City Shaped: Urban Patterns and Meanings Through History）

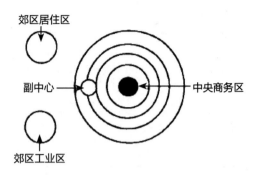

图2-14 后工业社会时期城市空间结构模式
（图片来源：邓清华. 城市空间结构的历史演变）

用地，重视城市周边自然空间的融入。后工业时代经济发展的产业纵向提升带动生产要素的空间集散，导致城市内部空间结构发生转变。城市功能趋向复合，城市结构向多中心转变，以适度分散为基本特征[168]（图2-14）。

后工业社会倡导的"可持续发展"要求与生态相和谐的发展模式。城市空间既要得到高效、持续的利用，又要确保不超出生态阈值，还要对遭受破坏的生态系统进行恢复或重建。这种以生态系统为主导的价值观，强调将人作为生态系统中的组成要素，是对工业文明价值观的反思，也是自发朴素生态观的提升。

2．城市空间结构变化导致的生态系统失调

（1）城市建设用地扩张

30年来，中国城市建设用地的平均增速为5.27%，大城市建设用地面积的增速较高，平均增速达40%[169]（表2-7）。城市建设用地扩张激化了土地资源短缺的矛盾，破坏了城市的生态系统并威胁到区域生态安全。

1984~2014年中国城市等级分组及建设用地面积增速　　　　表2-7

城市类型	建设用地面积	1984 年	1990 年	1995 年	2000 年	2005 年	2010 年	2014 年	面积增速
小城市	<50km²	105	128	124	158	134	90	61	-0.63%
中等城市	50km²~200km²	39	55	78	94	132	159	180	11.84%
大城市	200km²~450km²	3	3	7	9	13	28	34	38.10%
特大城市	450km²~800km²	0	0	0	1	5	4	8	41.41%

续表

城市类型	建设用地面积	1984年	1990年	1995年	2000年	2005年	2010年	2014年	面积增速
超大城市	>800km²	0	0	0	0	1	5	5	41.73%
合计		147	186	209	262	285	286	288	

（资料来源：贾雁岭. 我国城市扩张的特性及效率分析）

（2）生态足迹持续扩大

任何已知人口（某个人、一个城市或国家）的生态足迹是生产这些人口所消费的所有资源和吸纳这些人口所产生的所有废弃物需要的生态生产性面积，生态足迹的数值越大，表明该区域的生态环境资源问题越突出[170]。

城市空间的扩展和集聚，是城市物质流扩散及高度集中的主要方式。这不仅是城市化的发展进程，也是生态足迹的扩大过程。1978～2007年我国城市化发展进程中，城市化水平每提高1%，生态足迹水平提高8%[171]。有研究表明，到2050年，我国城市化水平每提高1%，总量生态足迹增加1.05亿hm²，建设用地生态足迹将增加0.002亿hm²，人均生态足迹将增加0.11 hm²，生态足迹强度将下降0.06 hm²/元，生态超载将增加5.68%，生态环境质量指数将下降0.0064[172]。快速城市化进程带来的城市空间结构调整，使生态足迹持续扩大，对生态系统造成的影响不容忽视。

（3）生物多样性水平降低

生物多样性是指所有生物体物种内部、物种之间和生态系统的多样性，是人类社会赖以生存和持续发展的基础。

城市空间结构变化的内在机理影响了生物多样性水平的降低。城市空间结构的改变造成水文、物质、生物流动模式及规模的改变，如城市空间拓展侵占河道，使生态资源规模减小，人工景观代替原有的自然生境，生境多样性被破坏，生物多样性消失。城市规模拓展使生态用地转变为生产用地或建设用地，造成生态系统功能退化和物种生境的破坏，人口的高密度聚集改变城市微气候及环境要素，对生物多样性也产生消极影响，使不同地域生物多样性水平发生变化甚至丧失（图2-15）。

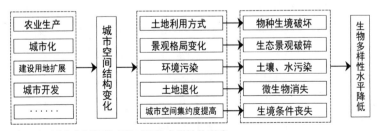

图2-15 城市空间结构变化对生物多样性的影响
（图片来源：作者自绘）

2.5.3 城市空间绿色发展的内涵

城市空间发展与环境、经济、社会要素密切相关。自然环境、经济技术、社会文化分别对应城市生态空间、城市经济空间及城市社会空间，行政、规划要素体现了规划的干预作用。本书正是力图通过规划方法使城市生态空间、经济空间、社会空间构成城市空间的绿色发展，体现在城市自然空间结构的生态互动、经济空间结构的协同调适、社会空间结构的演替更新。

1. 城市自然空间结构的生态互动

城市自然空间是城市内以自然生物生产为特征的空间地域，包括孑遗原生生态系统、半自然的农林生态系统及部分模仿自然的人工生态系统，它们在城市生态系统中担负维持系统平衡作用，为城市生态系统提供生态服务[173]。城市自然空间结构指城市的各种自然生态要素共同构成的空间布局结构，在宏观层面上表现为人类社会与原生生态系统的互动，在微观层面上表现为各种生态因子在城市系统中为适应环境形成的空间利用模式。

自然空间结构在城市空间发展上具有优先延续性，山川、河流走向与分布，气候、气象的规律与变动，自然资源的承载力等都是影响城市空间布局的重要因素。城市自然空间结构的生态互动强调城市自然与人工环境的空间交融。一方面是城市边缘区的生态互动，城市边缘区自然与人工环境交错带的边缘面积越大，生态种群的数量与种类越多，生态边缘效应越大；另一方面是城市建成区内部空间的自然环境与人工环境的嵌合，这些生态嵌体有助于提高城市人工生态系统的稳定性。如陕南地区的紫阳县城，从城市空间结构中，可以看出城乡接合部、山体水系与城市建成环境的交错带、不同高程地段城市人工环境与自然环境的嵌合（图2-16）。

2. 城市经济空间结构的协同调适

城市经济结构包括能源结构、产业结构和消费结构。能源结构指城市生态系统中能源总生产量和总消费量的构成及比例关系，通过物质的输入与输出流动性对城市空间产生作用，能源转化、输送与利用是城市能源结构影响物质空间的主导模式。如我国以煤炭为主的能源结构在社会生产、生活过程中造成的污染问题一直困扰着城市。

产业经济活动是城市经济空间结构最重要的内在机制，不同产业类型在城市中互动分离的影响因素又不尽相同。一类产业是以自然物为作用对象的产业类型，受环境制约力大，空间布局必须与相应的自然条件对应；二类产业的空间布局影响因素包括产业需求、交通条件及基础设施条件；三类产业空间布局与城市其他社会要素的空间定位关系十分密切。

经济空间结构协同调适的空间因素是城市土地的利用，包括土地利用开发强度的空间合理性、土地功能布局的多样性与混合性、土地利用结构的空间协调性。针对城市产业空间布局，土地利用强度应根据不同规模的土地资源、人口状况、气候条件等因素确定产业用地的

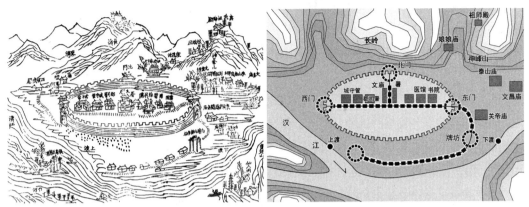

城治全图（引自清光绪八年（1822年）《紫阳县志》）　　　　清代时期紫阳县城城市空间结构

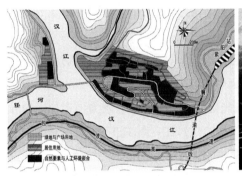

紫阳县城城市空间结构

紫阳县城全景

图2-16 紫阳城市自然环境与人工环境的嵌合
（图片来源：作者自绘）

规模与密度。城市土地用途的多样性和土地功能的混合性体现了城市土地使用的"混沌"状态，适当的用地功能混合利用有助于提高土地的利用率和产出率，也反映了城市经济活动的相互支持以及社会文化环境的和谐。土地利用结构的空间协调要求不同空间层面的各类用地关系的合理，充分保证整体与部分土地利用结构的空间协调。这些内容也是绿色发展目标在城市土地利用上的体现。

3. 城市社会空间结构的演替更新

城市社会空间结构是指社会功能空间在物质空间层面上进行场所互动与分离的内在机制。绿色发展的城市空间也重视城市的社会、文化、思想意识等非物质因素，通过人口规模与空间规模的匹配、服务设施空间布局的均衡、居住空间分异与有机混合、历史地段空间形态的延续等方面体现社会空间结构的演替更新。

城市空间的绿色发展要求城市空间拓展与人口增长具备协调的合理关系。公共服务设施与基础设施配置是满足城市居民生活需求，提高废物的处理率和循环利用率，提升生活品质的重要因素。居住空间模式是促进不同阶层人群相互融合，在城市内逐渐消除冲突与社会问题的重要方式。城市的历史地段是传统历史文化延续的重要空间载体，也是体现城市地方文化特色及人文情怀，提升城市社会文化价值，实现城市绿色发展的必要内容。

2.5.4 城市空间绿色发展的原则

在城市空间绿色发展的内涵基础上，研究确定城市空间绿色发展的原则，对于探讨城市空间的组织形式具有指导意义。

1. 提升自组织能力

绿色发展的城市空间是可持续模式的物质形态体现，其生长与演化的形成主要来自于系统内的各组分之间的相互作用。在城市演化过程中，城市系统通过负反馈外部干扰的同化作用，使系统调适或保持原本的有序状态，城市空间结构由无序演化为新的有序，城市系统由旧约束的破除转向新的稳态建立。

明清时期，商洛城市空间反映了中国传统城市营建思想。城市位于丹江北岸，城市空间以自然山水为边界，内部空间以城墙为边界。民国起始，城市空间沿丹江向东西两侧逐渐拓展。进入城镇化发展初期，城市空间仍沿袭东西向进行拓展；近年来，随着城市的迅速发展，城市功能空间在老城区团块式集中，部分功能组团跨过丹江在南岸进行空间布局。城市空间结构经历了明清时期单核心紧凑式、民国时期带状轴线式、现代多中心组团式的演化过程（图2-17）。在城市空间结构的演化过程中，自组织能力使城市空间在发展需求与现实空间产生矛盾时，促使城市空间进行调整，使城市系统的物质、经济、社会、文化等功能形成高效的空间布局与均衡发展的结构。如城市受到新的物质流、信息流、能量流刺激，原有城市功能结构的完整性被再次破坏，新的功能结构再次出现，以适应城市发展的不断需要。

城市自组织的能力是城市空间结构的发展进化能力，城市空间结构通过空间建设的自觉组织进行演替发展，是城市空间绿色发展的重要原则之一。

2. 维系多样共生

复杂生态系统由不同的种群构成，种间具有竞争关系，并受到多种因素的干扰作用。不同种群通过竞争来调节系统中资源效用的最大化与种群的个体进化。复杂生态系统由于种间竞争而产生演替与共生，形成生态群落，具有一定的稳定结构、动态特征、分布范围和边界特征[174]。适度干扰会将竞争排斥过程拉长，使种群类型的多样性增加，群落中更多的空间类型可以共同存在且持续发展。

城市空间的结构演变也是符合生态位理论竞争作用的结果。区位的竞争性在宏观地域和城市内部的空间格局演化中，通过集聚、扩散、更新等方式，引发系统的进化与发展，竞争的持续存在导致城市空间的功能、性质始终处于动态变化中。适度竞争带来的资源开发与再生，形成城市空间的梯度等级分布，导致城市空间结构的演替与再生（图2-18），是城市系

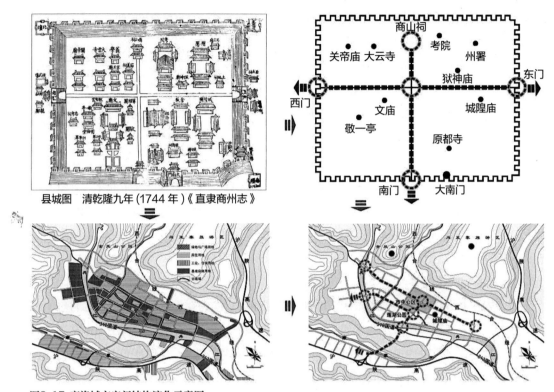

图2-17 商洛城市空间结构演化示意图
（图片来源：《中国传统建筑解析与传承——陕西卷》第四章编写组）

统各要素共生的必然需求。

城市空间结构的演化是由于组成要素之间始终存在着竞争与干扰的作用关系，过度或不足的竞争与干扰均会导致城市空间结构的失衡，而适度竞争与干扰才有利于合理的资源配置与高效利用，维持系统

图2-18 竞争导致梯度的形成
（图片来源：张宇星.城镇空间结构组成与影响因素研究）

的多样性，并构筑共生、有序、稳定的城市空间结构。

3. 持续"流"要素优化

处于非平衡状态的开放系统，通过与外界不断交换能量流、物质流与信息流来维系生命系统结构与功能的有序状态。"流"作为复杂系统的一种特性，是有着诸多节点与连接者的某个网络上的某种资源的流动[175]。Castells也在《网络社会的崛起》中提出，社会是环绕着流而构建的，资本流、信息流、技术流等，这些"流"不仅是社会组织的要素，甚至支配着社会经济活动[176]，并提供了各种"流"与空间相互作用研究的新逻辑。

从"流"的物质组织空间形式来看，其内在的流要素及运动过程，均需要物化的空间

予以支撑，并已内嵌或物化在物质空间
（表2-8）。

"流"要素与物质空间　　表2-8

"流"要素	物质空间
信息流	通信设备网络
人口流、物质流	交通网络
人口流、物质流、信息流、文化流	城乡地域空间

（资料来源：作者根据相关资料整理）

在绿色发展理论实施模型中，提出了
"输入、循环、输出"三个环节的过程，
这一过程的内在运行逻辑也是城市中各种
"流"要素的物理运动。由于城市空间系统
中存在着生态位势差，这些要素的流动既
受到生态位关系的作用，也反作用于生态位，进而影响城市内部生态位发生变化，导致城市
空间结构的演化。各种"流"的动态持续及其流动的合理状态是城市空间结构的最优发展态
势。"流"要素的优化体现在城市空间结构上出现空间拓展和组合形式的变化，带来空间结
构的演化。

4.延续基因遗传

城市内在基因是空间结构由量变拓展到质变结构更新的内在作用之一，城市的自然、经
济、社会发展规律决定城市空间发展的个性与特色，在长期的演化进化过程中遗传基因是城
市特色与社会记忆得以传承的内在机制之一，延续城市基因遗传，是保证城市空间结构绿色
发展的必然需求。包括自然空间结构在城市空间演化进程中的优先延续性，城市经济产业基
因的复制与持续作用，城市社会文化基因的积淀与传承。这种延续性包括了对于城市传统文
化的保护与特色的维护，在空间上表现为既有城市空间结构的维持，外力要素及新兴要素以
此为依托进行适度变革，以避免造成城市空间发展中资源的浪费与运行的阻滞。绿色发展追
求保护与增长的平衡，这一目标赋予了城市空间结构变异与更新的基因延续原则。

2.6 本章小结

绿色发展是应对生态危机的发展路径思考，保证在社会经济发展过程中使人与自然的整
体系统不受侵害和破坏，通过界定绿色发展的基本概念及特征，建立系统层面的绿色发展理
论框架，从本体论、方法论、价值论三个方面，提出以自然资本的生态经济学为依据，拓展
三维立体的整体实践模型，通过定量—定性—定位评价进行理论研究。

通过对绿色发展与城市空间关系的分析，深层次解析城市空间绿色发展的内涵和基本原
则，提出城市空间绿色发展包括自然空间结构的生态互动、经济空间结构的协同调适和社会
空间结构的演替更新。因此，城市空间结构是以绿色发展目标体系为导向，将绿色发展体系
中的功能空间整合在物质空间层面上，进而提出城市空间组织形式。下文将以此为主要内容
展开论述，并进行城市空间绿色发展目标体系的构建。

3 商洛城市空间发展的现状及其问题

由于特殊的地理环境及生态环境特征，秦巴山地区城市的发展与平原地区的城市发展存在差异。近年来，社会经济的快速增长打破了秦巴山地区城乡人居环境稳定而缓慢的自组织演化规律，城市环境及建设状况都发生了根本变化。

商洛城市位于秦岭腹地，拥有丰富的生态资源和突出的生态价值，具有典型的生态敏感性，但生态优势并未给商洛城市的发展提供动力支持。伴随城镇化的快速发展，生态环境保护与经济社会发展的双重需求，其特殊的地域环境及社会经济条件也使城市在发展过程中面临着诸多现实困境。

3.1 陕南地区人居环境特征

商洛城市位于陕西省陕南地区，属于秦巴山地区的核心地段，其自然生态环境与人地关系特征是商洛城市绿色发展的重要基质条件。

3.1.1 地理位置居于秦巴山地区核心地段

陕南地处秦巴山地区，属于秦巴山地区的核心地段，由秦岭南坡、汉江河谷和大巴山北坡三个地理单元组成。这里是我国南北气候交汇区，也是南水北调中线工程的水源地、重要的生物多样性和水源涵养生态功能区。

陕南地区位于北纬31°42′~34°45′，东经105°46′~111°15′，地域总面积约87.09万hm²，占陕西省总面积的40%。这一地区包括汉中市、安康市及商洛市，与陕西省宝鸡市、西安市、渭南市北隔秦岭，东接河南省三门峡市、南阳市，南接湖北省十堰市、重庆市、四川省达州市、巴中市、广元市；西连甘肃省陇南市。

3.1.2 自然生态条件优势明显

1. 地理空间分异特征突出

陕南地理空间类型多为山地，南北秦岭、巴山横亘，中部汉江东西贯穿。根据《陕西省志——地理志》，可以将陕南地区划分为三个地貌类型，即平原盆地、低山丘陵、中高山地（表3-1）。其"两山夹一川"的地貌格局，北亚热带大陆性湿润季风气候，垂直地带性的地理分异，丰富的水系资源，具有鲜明的生态特征与地域特色，根据水平及垂直要素可进一步划分为五个亚区（表3-2）。

2. 气候条件适宜人居活动

陕南地区气候带包括2个气候带，4个气候区，类型多样，资源丰富，适宜人居活动。根据陕南地区各县区地面累年值平均气象数据集，利用GIS数据分析陕南地区近30年气温变化

陕南地区地貌分区划分依据　　　　　　　　　　　表3-1

地貌类型	平原盆地型	低山丘陵型	中高山地型
划分依据	汉中盆地海拔＜600m；西乡盆地海拔＜500m；石泉—安康盆地海拔＜600m；商丹盆地海拔600～800m	介于各盆地，海拔1000m之间	海拔＞1000m

（资料来源：作者根据相关资料整理）

陕南地区地形空间分异　　　　　　　　　　　　　表3-2

亚区	地貌概况	剖面示意	人居空间分异特征
秦岭南高中山亚区	陕南地区北部，平均海拔1200m以上，山谷相间		河谷地带多形成乡村聚落。山地坡陡，农业生产分布界限为海拔1800m
秦岭南低山丘陵亚区	秦岭高中山亚区与汉江盆地区之间东西带状分布，海拔700～1000m。谷坝相间		宽谷区乡村聚落较为密集；平坝缓坡区农业生产较发达，但生态环境有一定破坏，有地质灾害隐患
汉江沿岸丘陵盆地亚区	秦岭、巴山之间，包括汉江、丹江、嘉陵江沿岸的丘陵盆地，阶地分布		1～2级阶地断续分布，为主要的农业生产地带，部分3～4级阶地为旱作农业生产
巴山低山丘陵亚区	汉江以南，巴山北麓低山丘陵地带，地貌类型多样，不同地形相间交错		人居聚落密集，主要的农业生产区，地势较平坦
巴山高中山亚区	巴山低山丘陵区与川陕边界之间分布，平均海拔1500～2000m，山势陡峭		生态资源类型多样，植被丰茂，人居聚落稀疏

（资料来源：《中国传统建筑解析与传承——陕西卷》第四章编写组）

空间分布，表明海拔800m以下的丘陵盆地亚区为主要农耕气候区，也是人居聚落分布的主要区域，陕南地区的大多城镇即分布于此。

陕南年日照时数以及太阳辐射量少，年平均太阳总辐射量呈现南少北多、由北向南递减趋势。受山体对南方暖湿气流的阻挡作用，陕南降水变化表现出明显南多北少，符合我国降水的地理空间格局分布。

3. 水文资源丰富

陕南地区水系资源充沛，各类水系约20多万条，具有丰富的水文条件，其中，长江水系包括汉江（年径流量244亿m³）、嘉陵江（年径流量52.6亿m³）、丹江（年径流量16亿m³），黄河水系为南洛河（年径流量7.57亿m³），汉江为城乡人居环境发展提供了自然资源与基础条件。

4. 生物资源类型多样

陕南地区是中国陆地生物多样性关键地区。动物资源呈现出明显的过渡型动物区系特征，成分复杂，种类繁多，垂直分布明显，具有地带性和区域性。该地区有近2/3的地域为秦岭生态多样性优先发展区域及大巴山生态多样性优先发展区域，其中包括多个国家级自然保护区。秦岭林区和巴山林区存在较多原始林，分布在高山地带和主脊部分。区域植被类型丰富，马尾松、杉木、柏木等为建群种或优势种。良好的生物资源使陕南地区的生物多样性优势十分明显，并有效地增进了地区乃至周边腹地的整体生态系统稳定性。

3.1.3 人居环境建设受自然环境影响明显

陕南地区人居环境建设的选址，城乡聚落的空间分布、结构形态都受到自然生态和人文社会的叠加影响，地理空间作用形成了"两山、三江、一河、三城"的山水格局（图3-1）。"两山"指秦岭、巴山，"三江"为汉江、丹江和嘉陵江，"一河"为洛河，"三城"分别为汉中、安康及商洛城市。区域内水系蜿蜒呈树枝状分布，城乡聚落的选址遵从"依山傍水，攻位于汭[①]"的基本原则。

1. 人居聚落规模契合于水系尺度

陕南城乡聚落的规模由平原盆地、低山丘陵、中高山地三种不同类型的地理空间决定。河流冲积形成的平原盆地，由于充足的水源、土地条件，带来交通优势，为社会经济发展提供必要条件，促进城乡聚落的规模拓展。低山丘陵地区城乡聚落空间拓展受约束，规模较小。中高山地区人居聚落多为乡村聚落，分散分布且相对独立。

---

① 汭：河流弯曲之地。"攻位于汭"是殷商建立的生存风水法则，出自《尚书·召诰篇》曰："庶殷，攻位于洛汭。"

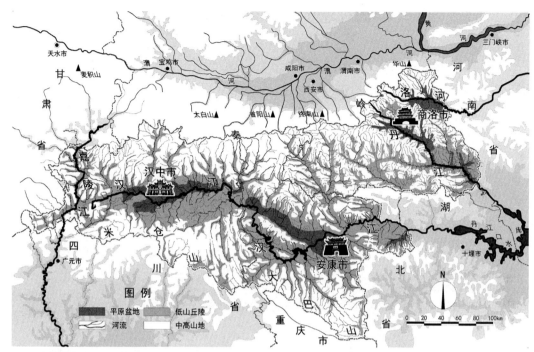

图3-1 陕南地区山水格局示意图
（图片来源：《中国传统建筑解析与传承——陕西卷》第四章编写组）

2. 城镇职能统一于自然与人文环境

陕南地区自然与人文环境体现出类型多样、多元交融的特征，对城镇职能产生影响。自然环境适宜于人居活动的地区，城镇职能综合性较强，而地形复杂的地区，城镇职能则较为单一，主要作为物资集散和农产品加工地。

移民因素造成陕南地区多元文化的交融，也促进了文化、经济交流和手工业的兴盛，受社会环境影响在交通区位优越的地区形成了一些商贸型城镇，如凤凰古镇和漫川关古镇。

3. 城乡聚落形态耦合于山水格局

自然环境要素中地形地貌及水文条件是影响陕南人居环境形成的主要因素。按照陕南地区的山水格局特征，人居聚落呈现为5种类型，不同类型聚落空间形态耦合于山水格局，表现出团状集聚、带状集聚与组团扩散的空间形态。耦合于山水格局的聚落形态与城乡空间结构互为表里，构成聚落类型、选址、人居活动功能、空间分布、空间格局的关联特征（表3-3）。

陕南地区人居聚落形态受自然生态环境影响明显　　　　表3-3

地理单元	平原盆地		低山丘陵				中高山地
聚落类型	平地型聚落	河谷型聚落	河谷型聚落	坡脚型聚落	坡地型聚落		沟谷型聚落
选址特征	平畴之中，依水而居；土地肥沃，地势平阔；水网密布，交通便利		倚山就势，择水而栖；山环水抱，藏风聚气；坡地坡脚，因地制宜				凭山栖谷，顺势而为；台地为居，坡地做田
空间形态	团状集聚	团状集聚	团状集聚	带状集聚	带状集聚	团状集聚	组团扩散
空间形态示意							
空间形态特征	聚落规模较大，圈层式发展，有较规整的外部边界；聚落内部功能结构清晰，空间轴线明确，方格加环状路网主次有序	聚落有一定规模，外部边界规整、清晰；聚落内部公共服务功能集中，空间轴线与河流流向一致，主次道路与河岸平行或垂直	聚落规模较小，外部边界不规整；聚落内部公共服务设施集中，空间轴线明确	聚落规模较小，外部边界清晰聚落内部公共服务设施与住区交织混合，空间层次分明，主次道路与等高线平行或垂直	聚落规模较小，外部边界清晰；内部功能高度集聚，轴线明确，道路曲折		聚落规模小，分组团布局，外部边界模糊；聚落内部功能以居住为主，道路曲折灵活
城镇聚落空间分布特征	城镇聚落规模较大且分布密集		城镇规模相对平原盆地较小，宽坝地区易形成规模较大的城镇聚落				聚落规模小且分布稀疏
乡村聚落空间格局特征	网状空间格局		树枝状空间格局				藤叶状空间格局
典型聚落	汉中市、安康市、城固县城、上元观镇乐丰村	商洛市	汉阴县城、西乡县城	宁强县青木川镇、丹凤县棣花镇	旬阳县蜀河镇、山阳县漫川关镇	紫阳县城	柞水县凤凰镇、旬阳县赤岩镇庙湾村、赵湾镇郭家老院

（资料来源：《中国传统建筑解析与传承——陕西卷》第四章编写组）

3.2 商洛城市环境状况

3.2.1 商洛城市生态环境优越

商洛地形地貌结构复杂，境内有秦岭、蟒岭、流岭、鹘岭、新开岭和郧岭六大山脉，地势西北高，东南低，具有山地、丘陵、盆地等多种地形地貌和森林、草地、湿地等多样生态类型并存的生态环境，森林覆盖率达62.3%，是陕西省植被最好的区域之一。境内共有大小河流及其支流7万多条，地表水径流量年均64亿m³，总流域面积1.83万km²。境内矿产资源丰富，储量潜在价值达3400亿元。商洛市自然资源丰富，素有"南北植物荟萃、南北生物物种库"之美誉，境内有各类自然保护区及珍稀动物保护区48处，其中，国家级自然保护区2处，省级自然保护6处；国家级森林公园2处，省级森林公园7处，国家级湿地公园3处（表3-4、表3-5）。

商洛市自然保护区一览表 　　　　　　　　　　　　　　　　　表3-4

保护区名称	级别	面积（hm²）	主要保护对象	地点
牛背梁国家级自然保护区	国家级	地跨长安、宁陕、柞水三县，总面积16500hm²，其中柞水辖区面积80700hm²	以保护羚牛及其栖息地为主的森林和野生动物类型的自然保护区。在"中国生物多样性保护计划中"，被确定为40个最优先发展的生物多样性保护地区之一	柞水县
丹凤武关河珍稀水生动物国家级自然保护区	国家级	9029	国家重点保护水生野生动物大鲵、水獭，以及陕西省重点保护动物多鳞铲颌鱼，秦巴北鲵等	丹凤县
天竺山自然保护区	省级	21685	林麝、金钱豹、金雕、白肩雕等及其生境	山阳县
新开岭自然保护区	省级	14963	森林生态系统及云豹、豹、珙桐、连香树等	商南县
鹰嘴石自然保护区	省级	11462	森林生态系统及羚牛、云豹、金雕、林麝等	镇安县
大鲵自然保护区	省级	5715	大鲵及其生境	洛南县
黄龙铺—石门地质剖面保护点	省级	100	元古界岩相剖面	洛南县
陕西东秦岭地质剖面保护点	省级	25	泥盆系岩相剖面	柞水县镇安县

（资料来源：作者根据相关资料整理）

商洛市森林公园、湿地公园一览表 　　　　　　　　　　　　　表3-5

保护区名称	级别	面积（hm²）	地点
金丝大峡谷国家森林公园	国家级	4422	商南县
木王国家森林公园	国家级	5092	镇安县
商山森林公园	省级	1415	丹凤县
牛背梁森林公园	省级	2124	柞水县

续表

保护区名称	级别	面积（hm²）	地点
天竺山森林公园	省级	1058	山阳县
玉虚洞森林公园	省级	200	洛南县
玉皇山森林公园	省级	7490	商南县
苍龙山森林公园	省级	1551	山阳县
柞水溶洞	省级	1700	柞水县
丹江源国家湿地公园	国家级	2010	商州区
丹江国家湿地公园	国家级	12800	商州区、商南县
洛南洛河源国家湿地公园	国家级	1294	洛南县

（资料来源：作者根据相关资料整理）

商洛市山区森林茂密、物种繁多，是陕西省乃至全国内陆地区重要的生态屏障和水源涵养地，生物多样性明显。多样的生态类型和丰富的生态资源是商洛城市生态系统安全的坚实基础，也是绿色发展的核心条件。

通过对2008～2017年期间的相关数据对商洛城市的生态足迹进行分析，将消费项目划分为生物资源（粮食、水产品、蔬菜、干鲜果、肉类、奶类、禽蛋类7种）和化石能源（原煤、电力2种）[177]。采用联合国粮食组织1993年的有关生物消费资料数据，采用1997年全球均衡因子数值，耕地与建筑用地2.8，牧草地0.5，水域0.2，林地与化石能源地1.1[178]。产量因子确定为用耕地1.66、水域1.00、草地0.98、建设用地1.97、林地0.91[179]。从人均生态足迹与地区生产总值增长率关系表中，商洛城市人均生态足迹平均为2.0018hm²，总体呈逐年上升趋势。与中国城市人均生态足迹1.5hm²对比，高于全国平均水平，属于中等偏好地区，却未能达到世界人均生态足迹2.4hm²的平均水平。从生态盈亏数据显示，商洛城市资源消耗在生态承载范围内，处于生态盈余状态。对比商洛城市生产总值增长率与生态足迹的关系，化石能源地总量的增加成为制约商洛城市绿色发展的主要因素（表3-6）。

商洛中心城区在"十二五"期间实施国家重点污染减排项目，启动实施丹江利于污染防治三年行动计划，全面实施蓝天、碧水、净土、绿地、生态、宁静六大工程，使水环境质量保持稳定，全市9条河流20个监控断面均达到《地表水环境质量标准》（GB 3838—2002）功能区标准，断面达标率达100%，饮用水源地水质保持稳定，商州区地下水源地达到《地下水质量标准》（GB/T 14848—93）Ⅲ类水质标准；建成医疗废物处置中心，积极推动循环经济发展，在生态工业园区、节水节能、工业固体废物利用等多方面进行建设。但是，在环境逐渐改善的同时，仍然面临现实压力。

首先，经济增长方式仍然主要依赖资源开发，带来的排放与能耗较高，经济产业的效益不高，发展瓶颈显现，传统经济发展方式路径依赖需求过高。结构性环境污染仍未得到根本

表3-6

2008～2017年期间商洛城市人均生态足迹与地区生产总值增长关系表

类别	2008年	2009年	2010年	2011年	2012年	2013年	2014年	2015年	2016年	2017年	平均值
耕地（hm²）	0.7509	0.8657	0.8391	0.7757	0.8523	0.8621	0.8545	0.8723	0.8498	0.8475	0.8370
草地（hm²）	0.0994	0.1176	0.1279	0.1385	0.14	0.1462	0.1513	0.1574	0.1596	0.1623	0.1400
林地（hm²）	0.0017	0.0018	0.0018	0.0019	0.002	0.002	0.0021	0.002	0.0022	0.0023	0.0020
水域（hm²）	0.0007	0.0009	0.001	0.001	0.0011	0.001	0.0011	0.001	0.001	0.0011	0.0010
化石能源用地（hm²）	0.5534	0.6269	0.7137	0.8273	0.9545	1.0231	1.1356	1.251	1.3614	1.4025	0.9849
建筑用地（hm²）	0.0035	0.0039	0.0057	0.0082	0.0105	0.0325	0.0514	0.0698	0.0826	0.0912	0.0359
人均生态足迹（hm²）	1.4094	1.6167	1.6891	1.7627	1.9604	2.0669	2.196	2.3535	2.4566	2.5069	2.0018
人均生态承载力（hm²）	1.48531	1.70394	1.81104	1.95644	2.06744	2.17822	2.31428	2.48026	2.58891	2.64192	2.1096
生态盈亏（hm²）	-0.07591	-0.08724	-0.12194	-0.19374	-0.10704	-0.11132	-0.11828	-0.12676	-0.13231	-0.13502	-0.1078
地区生产总值增长率（%）	15.8	14.1	14.9	15.1	14.8	14.0	11.0	11.2	10.0	9.4	13.03

（资料来源：作者根据相关资料整理）

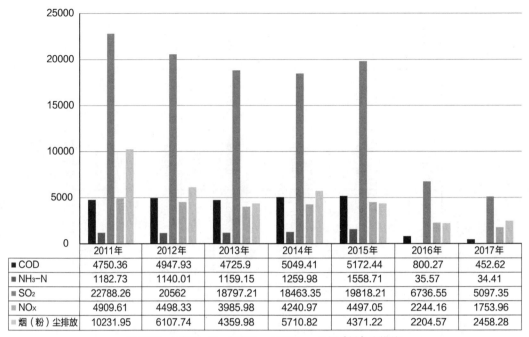

	2011年	2012年	2013年	2014年	2015年	2016年	2017年
■ COD	4750.36	4947.93	4725.9	5049.41	5172.44	800.27	452.62
■ NH₃-N	1182.73	1140.01	1159.15	1259.98	1558.71	35.57	34.41
■ SO₂	22788.26	20562	18797.21	18463.35	19818.21	6736.55	5097.35
■ NOₓ	4909.61	4498.33	3985.98	4240.97	4497.05	2244.16	1753.96
■ 烟（粉）尘排放	10231.95	6107.74	4359.98	5710.82	4371.22	2204.57	2458.28

■ COD ■ NH₃-N ■ SO₂ ■ NOₓ ■ 烟（粉）尘排放

图3-2 商洛城市2011～2017年主要污染物排放情况（单位：吨）
（资料来源：作者统计自绘）

遏制，经济发展需求与生态环境保护矛盾更加突出，排放总量约束和水污染防治压力进一步加剧，丹江、洛河等水域水质逼近功能区水质标准临界。大气污染问题未得到根本缓解，环境污染逼近临界，生态安全风险易发高发态势明显（图3-2）。

其次，复合型环境污染与二次污染相互耦合，环境质量改善的复杂性突出。传统煤烟型污染与挥发性有机污染物、生产性污染与生活消费性污染叠加，导致结构性环境矛盾凸显。

3.2.2 商洛城市产业经济具有转型潜力

城市产业经济是一定时期内区域社会经济条件的综合作用，商洛城市处于商洛"一体两翼"地区核心，这一地区的社会经济总量约占商洛市的50%，是商洛市域人口分布与产业经济的重要区域。

2016年，商洛"一体两翼"地区人口占商洛市的54.18%，地区GDP总量为336.15亿元，占商洛市经济生产总值的48.57%；GDP增速约为9.13%；地区人均GDP为2.62万元/人，略低于全市平均水平；三次产业增加值分别占商洛全市的51%、39%、61%，区内第一、第三产业的地位较为突出，三次产业比重为19.7：38.0：42.3（图3-3）。地区第一产业总产值为66.22亿元，其中，农业产值占比最大，达到54%，其中包含秦岭地区的特色农产品，如中草药、板栗、核桃等（图3-4）。地区工业总产值128.00亿元，工业增加值47.70亿元。重工

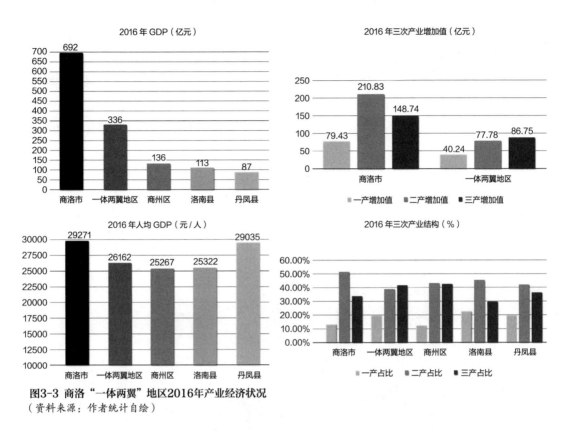

图3-3 商洛"一体两翼"地区2016年产业经济状况
（资料来源：作者统计自绘）

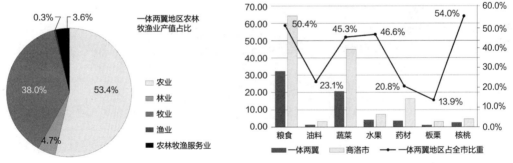

图3-4 商洛"一体两翼"地区2016年第一产业经济状况
（资料来源：作者统计自绘）

业占比较大，且以小型企业居多，多为资源型工业产业，特别是有色金属冶金和压延加工业
（图3-5）。同时，区内分布有个洛南工业区、商丹循环工业区、丹凤工业区以及荆河生态工
业园区等多个工业集中区。

地区内共有30余个旅游景点，集中分布于商洛中心城区周边，其中知名度较高的景区主
要有仙鹅湖、丹凤船帮会馆、老君山、大云寺、凤冠山、龙驹寨古镇等。旅游业成为地区第

三产业的重要支撑，2016年地区旅游总收入55.2亿元，占GDP比例约18.6%（图3-6）。

　　"一体两翼"地区在商洛市域中经济潜力显著，具有优越的农特产业及生态旅游业发展基础。第二产业尽管有相对充裕的拓展空间，但目前产业类型以重工业为主，产业企业规模以中小企业为主，对生态环境保护及生态效率提升不利，亟须以特色产业为主导，进行产业结构的升级与转型，以适应该地区的生态环境条件，实现经济社会发展与资源环境消耗的脱钩。

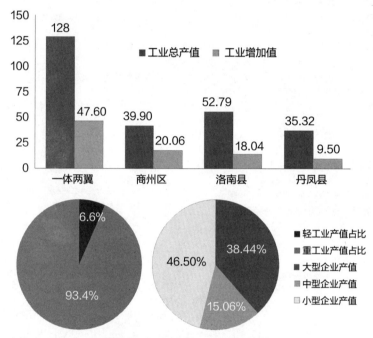

图3-5 商洛"一体两翼"地区2016年第二产业经济状况
（资料来源：作者统计自绘）

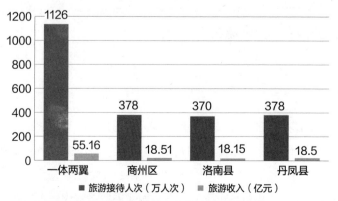

图3-6 商洛"一体两翼"地区2016年旅游业经济状况
（资料来源：作者统计自绘）

3.2.3 商洛城市建设用地利用率不高

2015年，商洛中心城区城市建设用地规模为24.21km²，人均建设用地为99.38m²/人。中心城区范围北至板桥镇岭底村、西至南秦水库、东至沙河子、南至沪陕与福银高速联络线南侧沟谷地区。主城区位于丹江北侧，城市新增用地位于丹江以南和老城区西部，东部用地发展缓慢。城镇化率达到50.9%。

从城市建设用地分布及拓展来看，丹江两岸是城市发展的主轴线。丹江以北为旧城区，区内有西合铁路、312国道穿越，区域交通干线对城市空间结构的影响较大。城市用地的拓展主要集中在通江路西侧，已建设行政办公中心和生活居住设施，沿丹江和312国道以东建设工业区。其中，商丹循环工业经济园区位于城区东侧，已具有一定的建设规模（图3-7）。

根据2015年商洛城市中心城区建设用地规模和用地结构来看，居住用地比例偏高，且三类居住用地较多；工业用地与2010年工业用地规模相比增长较少；道路与交通设施用地建设比例符合国家标准；城市绿地与广场用地比例稍显偏低；近年来商洛城市绿地公园的建设主要集中在城郊的金凤山公园和城中的龟山公园，但这类山体公园作为生态绿地未计入城市建设用地指标（表3-7）。

居住用地中的三类居住用地以城中村、城郊村为主，农村与城镇分界线不明显，城市居

图3-7 商洛城市中心城区2015年建设用地布局图
（资料来源：商洛市城市总体规划（2011—2020年）（修改），西安建大城市规划设计研究院）

商洛城市中心城区2015年建设用地统计表　　　　　　　　　　表3-7

序号	用地代码		用地名称	面积（hm²）	占比（%）	人均建设用地面积（m²/人）
1	R		居住用地	1242.75	51.33	51.01
	其中	R2	二类居住用地	279.98	11.56	11.49
		R3	三类居住用地	962.77	39.77	39.52
2	A		公共管理与公共服务用地	245.29	10.13	10.07
	其中	A1	行政办公用地	74.44	3.07	3.06
		A2	文化设施用地	8.90	0.37	0.37
		A3	教育科研用地	124.00	5.12	5.09
		A4	体育用地	14.64	0.61	0.60
		A5	医疗卫生用地	15.81	0.65	0.65
		A6	社会福利设施	3.80	0.16	0.15
		A7	文物古迹用地	3.70	0.15	0.15
3	B		商业服务业设施用地	82.29	3.40	3.38
4	M		工业用地	209.57	8.66	8.60
	其中	M1	一类工业用地	18.07	0.75	0.74
		M2	二类工业用地	191.50	7.91	7.86
5	W		物流仓储用地	19.38	0.80	0.80
6	S		交通设施用地	350.21	14.47	14.37
	其中	S1	城市道路用地	300.61	12.42	12.34
		S3	交通枢纽用地	23.96	0.99	0.98
		S4	交通场站用地	25.64	1.06	1.05
7	U		公用设施用地	20.19	0.83	0.83
8	G		绿地	251.37	10.38	10.32
	其中	G1	公园绿地	182.40	7.54	7.49
		G2	防护绿地	53.92	2.22	2.21
		G3	广场	15.05	0.62	0.62
合计			城市建设用地	2421.05	100.00	99.38

（资料来源：商洛市城市总体规划（2011—2020年）（修改），西安建大城市规划设计研究院）

住环境质量不高；根据商州区国民经济统计公报，与2010年相比，商洛城市中心城区的工业总产值稳定增长，单位用地的工业生产效率有增加，但工业发展仍较滞后；城区内绿地比例较高，公园绿地包括丹江滨河绿地、莲湖公园等带状及块状绿地，生态绿地为自然山体公园，如龟山公园、金凤山公园。但城区内部的小型公共绿地及配套绿地十分缺乏，绿地空间布局的体系性不足；公共管理与公共服务用地中文化设施用地比例偏低，商业服务业设施用地规模不足。总体来看，商洛城区土地利用率较低，城区内建设状况不均衡，沿河、沿路带状蔓延，老城区建设密度高，城市新区建设较松散。

3.3 商洛城市建设用地拓展及空间结构演化特征

3.3.1 1990～2015年商洛城市中心城区建设用地拓展

城市是对土地资源高度集约利用的地域类型，其空间结构演化的核心问题是用地的扩展和土地使用方式的转变。进入城镇化发展时期以来，我国大多数城市空间结构演化的普遍现象就是城市用地的扩展。

商洛城市曾于20世纪50年代对县城（商县）的建设格局作过简单规划。1978年第一次编制了城市建设规划。1985年进行了第二轮规划，即《商县县城总体规划》。这一阶段，商洛尚为县制建制，以商县县城为主要建设空间进行发展。1988年商县改县设市，于1990年编制了《商州市市区总体规划》，确定城市性质为"商洛地区政治、经济、文化中心，以开发本地资源、发展地方工业为主的小城市"。此次规划基本确定了商洛城市城镇化发展战略，为此后商洛城市空间发展奠定了基础。研究以此次规划为基础，比较分析1990～2015年间历次总体规划的城市空间拓展特征。1990年的城市建设用地规模为5.53km²，人口5.2万人，人均建设用地为106.35m²/人。2000年以来，商洛城市经济社会发展进入快速发展期，城市建设用地总体规模得到改善性增长，城市基础设施不断完善，城市功能用地结构得以合理化调整，城市空间结构骨架持续生长（表3-8）。

1990～2015年商洛城市中心城区建设用地对比一览表[①]　　　　表3-8

年份	1990年	2000年	2009年	2015年
建设用地总量（km²）	5.53	11.35	15.69	24.21
人均建设用地（m²/人）	106.35	75.65	87.56	99.38
居住用地比例	—	39.18%	50.10%	51.33%
公共设施用地比例	—	12.11%	10.94%	13.53%
工业及仓储用地比例	—	13.27%	11.75%	9.46%
公用设施用地比例	—	0.87%	1.49%	0.83%
交通设施用地比例	—	13.30%	13.01%	14.47%
绿地比例	—	20.94%	13.39%	10.38%

（资料来源：商洛市历版城市总体规划，商洛统计年鉴，作者统计）

---

① 因1990年数据资料不全，表内部分数据不完整。

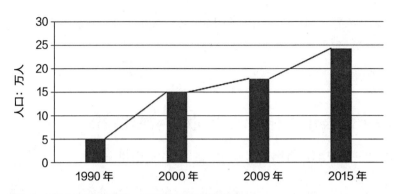

图3-8 商洛中心城区1990~2015年人口增长状况
（资料来源：作者统计）

如图3-8所示，在1990~2015年期间，商洛中心城区城市用地总量由5.53km²增加到24.21km²，增长了4.38倍，说明城市经济发展快速发展带来了城市建设用地的快速拓展。受研究数据获取的客观条件限制，1990年商洛城市中心城区建设用地的具体数据有所缺失，研究在中心城区建设用地分类比较中，采用2000年、2009年、2015年的三次总体规划数据进行分析，以保证研究的客观性。比较来看，工业用地所占比例逐年减少，居住用地所占比例在2009年前逐渐增加，2009年后趋于持平。考虑到《城市用地分类和规划建设用地标准》中城市用地分类的调整，公共管理与公共服务设施用地、道路与交通设施用地的占比也在逐年增加。尤为特殊的是，绿地与广场用地所占比例逐年降低，且降幅明显，这与商洛城市的山水格局特征有密切关系。2000年以前，商洛城市周边的金凤山公园和龟山公园均被纳入城市建设用地指标；2000年之后，城郊的山体公园作为生态绿地不再计入城市建设用地指标，反映出城市发展建设对生态本底空间认识的价值转变（表3-9）。

商洛城市中心城区建设用地与《城市用地分类和规划建设用地标准》对比 表3-9

用地名称	建设用地占比国家标准（％）	商洛城市中心城区建设用地占比（％）		
		2000年	2009年	2015年
居住用地	25.0~40.0	39.18	50.10	51.33
公共管理与公共服务设施用地	5.0~8.0	12.11	10.94	10.13
工业用地	15.0~30.0	11.39	10.37	8.66
道路与交通设施用地	10.0~25.0	13.30	13.01	14.47
绿地与广场用地	10.0~15.0	20.94	13.39	10.38

（资料来源：作者统计）

商洛中心城区人口由1990年5.2万人增长到2014年的24.36万人（图3-9），人均建设用地经历了显著收缩到合理增长的发展阶段。1990~2000年间的城市的建设用地增长与人口增长

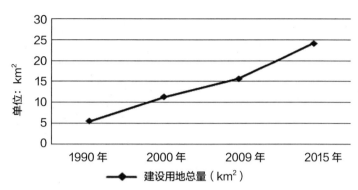

图3-9 商洛中心城区1990～2015年建设用地面积增长状况
（资料来源：作者统计自绘）

幅度并不匹配，2000～2010年期间，城市建设用地增长有所补偿，2010年后，城市建设用地的规模趋向稳定。

3.3.2 商洛城市中心城区空间结构演化特征

1. 商洛城市演进的山地水系环境条件

商洛中心城区地处丹江上游，北纬34°，东经110°，平均高程710m。城区范围西起构峪口，东至东龙山，横跨丹江，南迄南秦河，北到金凤山，沿丹江自西向东展开。

商洛中心城区属东秦岭山地组成，以中、低山为主体的土石山区，地势西北高、东南低。北部蟒岭横亘，南有流岭逶迤，北西南三面向丹江河谷倾斜。主要地貌类型为河谷川塬与低山丘陵地貌。河谷川塬区分布于丹江及其主要支流两岸，包括陈塬、杨峪河、刘湾、沙河子等地的川道和两侧坡塬，高程在900m以下，坡度小于10°，地形平坦。低山丘陵区主要分布于城区内丹江上游、龟山一带以及城区南北两侧的山地边缘地带。低山呈马蹄状分布，丘陵为侵蚀切割而成，高程900～1200m，相对高差100～300m，沟谷缓坡段坡度在25°以下（图3-10、图3-11）。

中心城区内地表水包括丹江及其一级支流南秦河。丹江发源于秦岭凤凰山南麓，为汉江最长支流，经商州区、丹凤县、商南县，于荆紫关出陕境向南在湖北省与汉水交汇注入丹江口水库，是南水北调工程的重要供水水源之一。南秦河又名乳河、楚水，发源于东岳庙乡鸡冠岭，由西向东至刘湾乡汇入丹江。丹江穿越商洛

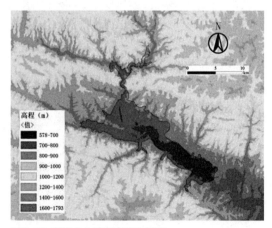

图3-10 商洛中心城区高程分析图
（图片来源：作者自绘）

中心城区而过，是城区内重要的水系资源。

商洛所处的山地与水系环境构成了城市整体空间格局的本底，对于维系城市生态系统的平衡具有难以替代的作用，在空间形态上山水格局与城市空间产生的图底关系，是城市空间结构的重要组成（图3-12）。

2. 商洛城市空间结构的自发演进和控制演进历程

据现存古籍可查至元代治所官员对于商州古城的修葺记载。城南北宽二里半，东西长为五里，在东、西、南方位辟城门

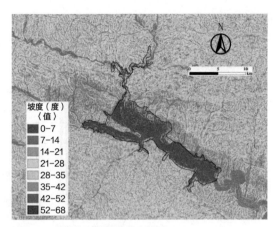

图3-11 商洛中心城区坡度分析图
（图片来源：作者自绘）

三座，西南另设水门一座，用于排除莲湖及城内雨水，中各为楼，连云御远。到明朝末期，又增修四座角楼，修补各处城垣门楼，并新建栅门二座[180]。

明清时期，商洛（商州）城区街巷分布严整。东、西正街为城市主要街道，与南北向上街交叉形成十字轴线，将城区划分为4个地块。州署、考院、城隍庙、大云寺、玄王庙、文庙、敬一亭、明伦堂等主要建筑群，对称分布于地块之中，地块内有"井"字形道路完善内部联系。清代中期，城区内道路体系建设较为完整，东西南北2条主干路作为城区骨架，形成"九街三关十巷"的路网格局，构成主干路—次要道路—支路巷道—住宅院落为一体的城市空间架构（图3-13）。至民国29年，开辟北门，和西（安）荆（紫关）公路相通，加强了城区与外界的联系。

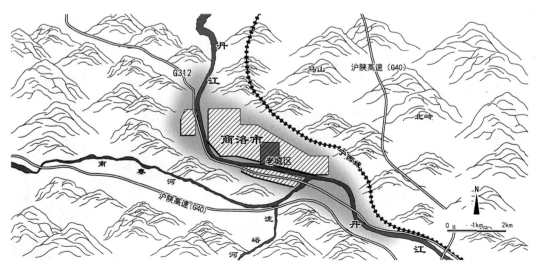

图3-12 商洛城市的山水环境
（图片来源：作者自绘）

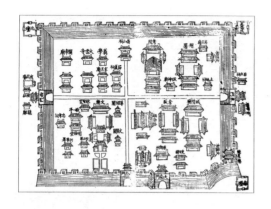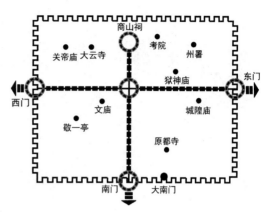

图3-13 清乾隆商州城池图及空间结构示意图
（图片来源：根据清乾隆九年1744年，《直隶商州志》，作者改绘）

20世纪50年代之后，商洛城市建设以工业企业、学校、行政管理单位、广场和道路建设为主要内容，城区向东、向南拓展，逐步形成了东、西、北3个较有规模的居住小区，城市空间结构框架基本形成。

2000～2015年商洛城市空间进入快速发展阶段，通过对商洛中心城区2000年、2009年、2015年三个时相的卫星影像数据（Landsat TM/ETM）提取，比较不同时期城市建设用地分布的演化情况（图3-14）。从城市整体空间结构来看，自然山水成为城市空间拓展的主要限制，城市空间以"依山就势，顺水而生"的演进进程为主线，随城市建设用地的拓展，城市空间沿水系生长的特征十分明显。将三个时期的城区进行叠加比较，可以看出城市空间结构向外逐渐延展，向内逐渐加密，表现为外延内紧的演化特征（图3-15）。

商洛城市的空间结构演化是人为和自然共同作用的过程，城市的空间发展具有自发演进和控制演进并存的特点，通过自发演进，城市形成了以山水格局为本底，"依山就势，顺水而生"的整体格局，通过控制演进，城市的功能空间沿水系、交通线为脉络生长拓展。

3. 商洛城市中心城区空间结构演化基本特征

（1）山水环境是影响商洛城市演进的生态底空间

生态底空间是指组成城市生态系统生命主体的各个物种获取基本生存资源的场所，体现出物种对城市生态系统空间范围内空间资源的占有、利用及建设模式。城市所处的自然生态系统空间资源具有两个层面的意义：一是各类生物生长、生活的各种活动所需要的物理性三维空间；二是空间范围内储藏着的各类供物种生存、繁衍的必需要素。在自然生态空间中，空间与资源二者有机结合，通过物质循环的链接关系，生物多样性越丰富，空间所蕴含的资源量也越多，生命活动的富集增加了空间的资源潜力。

商洛城市所处的山地水系环境、复杂的地形地貌构成了城市生态系统的空间结构要素，水系、矿产及各类生物构成城市生态系统的资源条件。生态底空间所具有的异质性、动态

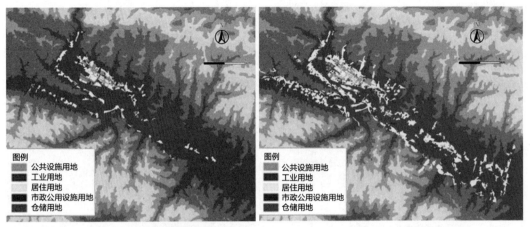

2000年商洛中心城区建设用地分布

2009年商洛中心城区建设用地分布

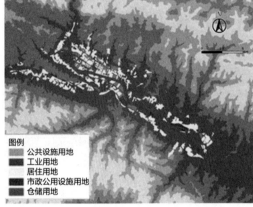

图3-14 不同时期商洛中心城区建设用地分布比较
（图片来源：作者自绘）

2015年商洛中心城区建设用地分布

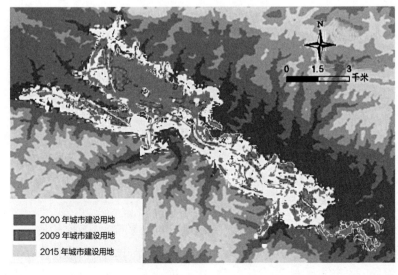

图3-15 不同时期商洛中心城区建设用地的叠加比较
（图片来源：作者自绘）

性、有限性使其在城市演化阶段成为空间发展的制约条件，而资源要素则成为空间发展的动力条件。

（2）河谷地段是促进商洛城市演进的生长核空间

生长核空间是区域内综合自然条件最优、最有利于人类聚居和开展生产、生活活动的场所。商洛城市的"自发演进"以山川地理及水文条件为基础，城市物质空间随着社会人口聚集、经济发展、文化丰富的合力不断演化，自然条件因素为城市空间的确立和发展提供了生长核空间，丹江及南秦河交汇的河谷地带成为城市空间与功能的凝结核。从图3-14可以看出，这个生长核空间直到2000年始终在城市空间结构中占据重要地位，是城市持续渐进演化的关键点。

（3）交通流线是支撑商洛城市演进的生长脉络

交通在城市演进过程中具有基本作用，体现了人、物资或信息由一个地方到另一个地方的活动过程。

商洛市域内的武关道，古称商於道、商山道等，是陕西东南部的重要门户，汉时已成为全国驰道网中的重要组成部分。唐代，武关道成为古都长安联结荆襄、吴越的纽带，起自长安，经蓝田、商州、武关、丹水、淅、郦等地至宛城，成为重要驿路。商州城是武关道上最大的城市，位于武关道的交通转换地，是区域内的交通枢纽和军事要地（图3-16）。商洛城

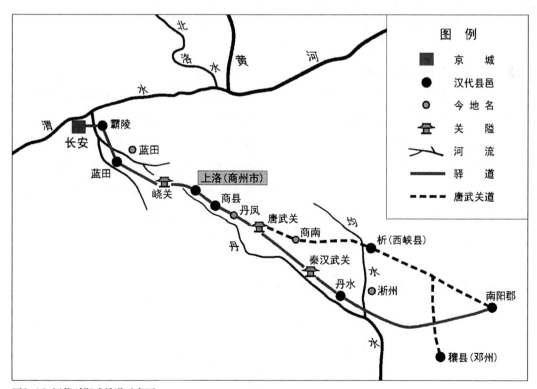

图3-16 汉代时期武关道示意图
（图片来源：作者自绘）

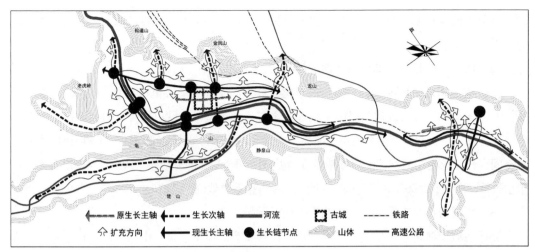

图3-17 商洛中心城区空间演化时序结构及形态示意图
（图片来源：作者自绘）

市的产生、演进过程与作为区域交通流线的武关道紧密相关。

在城市内部，交通流线成为组织各个空间功能单元形成有机整体的结构脉络，也是必不可少的空间功能单元构成。城市的空间拓展多是围绕交通流线的拉力方向带状延展，图3-17所示的商洛城市空间演化时序结构，城市建设用地沿道路及河流的生长就反映出这一特征。

（4）耦合于山水形态的城市整体空间布局

自然要素具有的必然性和既定性使商洛城市物质空间的演进与自然山水格局紧密结合。城市建设用地的拓展边界很不规则，城市内部空间的功能分区最初以核心空间为吸引产生聚集，随城市发展，人类活动量的增加，针对不同活动的需求，城市功能按活动类型与生长核心关系的紧密程度分布于不同的空间场所，并逐步演替。这种演化过程形成了较为自由的城市整体空间布局，城市内部不同功能的过渡区常常呈现不同空间类型相互交错的格局，城市建设用地的边界与自然山水空间形态耦合。

3.4 商洛城市空间发展的问题

1990～2015年商洛城市建设用地及空间结构的演化中，反映出城市空间拓展状况，剖析商洛城市空间效能，可以进一步认识城市发展面临的现实困境。

3.4.1 商洛城市空间发展态势及空间效能

1. 经济增长的城市空间拓展表征

改革开放以来，经济增长一直是中国现代化进程中的主旋律。1999~2008年间全国经济年均增长率为10.18%，2009~2018年间略有放缓，经济年均增长率为8.11%[①]，仍居世界首位。2009~2018年间，商洛市经济年均增长率为12.64%，商洛"一体两翼"地区的经济年均增长率约为15%左右。经济的快速增长促进了城镇化的速度不断加快，2010年商洛市城镇化率为36%，到2018年城镇化率已达到47.12%[②]，从城镇化水平的时间进程来看，近十年显然成为商洛市城镇化发展的加速期，这一特征与中国整体城镇化发展进程基本吻合。

针对经济增长与城镇化速度的认识，理论界提出了不同观点。陆大道等学者指出我国目前的城镇化过程中，尤其是2000年以来已经超出了正常城镇化发展轨迹，呈现出"急速城市化"现象，城市正处于一种空间扩展失控的状态[181]。分析商洛城市建设用地与人口的增长情况，2009~2015年，商洛城市建设用地由15.69km²增加到24.21km²，城市建设用地增长了54.30%；商洛城市人口由17.92万人增加到24.36万人，人口增长了35.94%，城市建设用地的增长是人口增长的1.5倍。可见，商洛城镇化表现的问题之一是人口城镇化滞后于土地城镇化，城市建设用地的快速扩展成为经济增长的主要表征方式。

商洛城市的发展特征也表现出城市空间的不断扩张。城市空间结构呈现出由单核心紧凑形态—生长轴延展形态—多轴线引导形态的发展过程（图3-18）。从区域空间结构来看，商洛市域的城镇空间分布呈现出放射长廊形态—轴线引导形态的发展过程（图3-19）。这种城市空间沿轴线蔓延生长的形态，明显表现出以经济增长为目标导向的城市空间拓展模式。

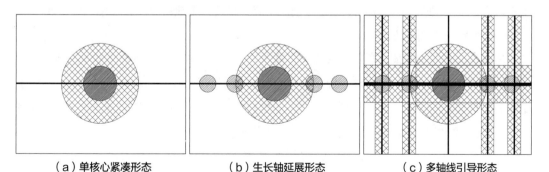

（a）单核心紧凑形态　　　　　　（b）生长轴延展形态　　　　　　（c）多轴线引导形态

图3-18 商洛城市空间结构形态演化
（图片来源：作者自绘）

---

① 本数据来源于世界银行网站公布的全球宏观经济数据，作者经过整理计算所得。
② 本数据来源于商洛市人民政府网站公布的历年《商洛市政府工作报告》，作者经过整理计算所得。

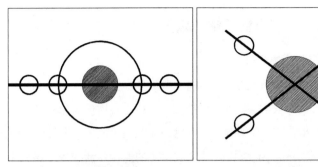

（a）放射长廊形态　　　　　　（b）轴线引导形态

图3-19 商洛市域城镇空间分布结构演化

（图片来源：作者自绘）

2. 城市空间发展效能评估

城市空间发展效能指空间在拓展过程中达到预期目标的程度。城市空间效能分析可以对城市空间的可持续发展及人居环境整体水平进行评估，反映政府决策成效及规划实施与调控的能力。通过城市空间规模、城市土地利用效益和城市空间结构等方面衡量预期目标实现的程度与效果。

（1）城市土地粗放扩张

研究采用城市扩张系数（K）可以进一步分析商洛城市空间规模增长的情况。

$$K = a/b \tag{3-1}$$

公式中，K为城市扩张系数，a为城市建成区土地的年均增长速度，b为城市建成区非农业人口的年均增长速度。2009~2015年间，商洛城市建成区土地的年均增长速度为43.94%，非农业人口的年均增长速度为37.25%，计算K值为1.18。通常，城市土地的合理扩张系数为1.12。可见，商洛城市土地扩张趋向于郊区蔓延，土地粗放扩张问题开始显现。

（2）城市土地利用协调不佳

城市土地利用效益是一个复合系统，它包含了土地利用的社会经济效益及生态环境效益子系统。研究通过土地利用效益分析，考察子系统之间的耦合程度。在复合系统中，任何子系统的变化都会引起整个系统的动态改变，土地利用社会经济效益子系统A、生态环境效益子系统B与土地利用效益复合系统的演变速度可表示为：

$$V_A = d_A/d_t, \ V_B = d_B/d_t, \ V = f(V_A, V_B) \tag{3-2}$$

公式中，V_A、V_B表示子系统的演变速度，V表示土地利用效益复合系统的演变速度。可以通过这个复合函数来分析土地利用效益两个子系统的耦合关系，以V_A、V_B为变量建立平面坐标系，得到土地利用效益复合系统V的动态演变轨迹。可知，V_A与V_B的夹角α满足以下公式：

$$\alpha = \arctan V_A/V_B \tag{3-3}$$

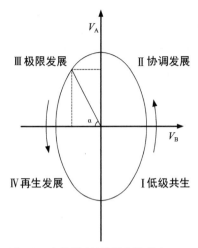

图3-20 土地利用效益耦合关系图
（资料来源：梁红梅等．土地利用效益的
耦合-模型及其应用）

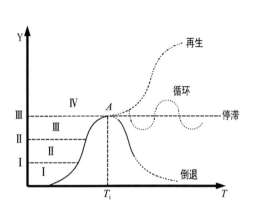

图3-21 土地利用效益耦合关系的四种演化模式
（资料来源：梁红梅等．土地利用效益的耦合模型
及其应用）

根据α的变化，可以确定整个系统的演化状态，揭示土地利用社会经济效益与生态环境效益协调发展的耦合程度。在一个演化周期内，整个系统将经历低级共生（Ⅰ）、协调发展（Ⅱ）、极限发展（Ⅲ）、再生发展（Ⅳ）4个阶段[182]（图3-20）。在这个演化过程中，从低级共生到再生发展，系统将经历旧系统解体到新系统产生，新旧系统的关系可表现为再生、循环、停滞、倒退4种模式[183]（图3-21）。

通过对商洛城市2010～2015年土地投入所产生的效益，即用地规模、使用强度、使用方式等对城市社会、经济和生态环境的影响，确定综合评价指标体系。土地利用社会经济效益由社会效益与经济效益构成，土地利用生态环境效益由生态效益与环境效益构成（表3-10）。

商洛城市土地利用效益评价指标体系   表3-10

目标	一级指标	二级指标	指标权重	指标类型
社会经济效益	社会效益	城市人口密度（人/km²）	0.100	+
		居民人均居住面积（m²/人）	0.150	+
		城市交通设施及道路用地比例（%）	0.100	+
		城市公共设施用地比例（%）	0.150	+
	经济效益	单位土地面积财政收入（万元/km²）	0.125	+
		单位土地面积GDP（亿元/km²）	0.150	+
		单位土地面积工业总产值（万元/km²）	0.125	+
		单位土地面积第三产业总产值（万元/km²）	0.100	+

目标	一级指标	二级指标	指标权重	指标类型
生态环境效益	生态效益	人均公共绿地面积（m²/人）	0.160	+
		公共绿地比例（%）	0.120	+
		建成区绿化覆盖率（%）	0.120	+
	环境效益	垃圾无害化处理率（%）	0.072	+
		工业废水达标率（%）	0.150	+
		工业固体废弃物综合利用率（%）	0.072	+
		单位面积工业固体废弃物产生量（t/km²）	0.066	－
		单位面积工业废水排放量（t/km²）	0.120	－
		单位面积工业废气排放量（10⁴m³/km²）	0.120	－

（资料来源：梁红梅等. 土地利用效益的耦合模型及其应用，作者略有调整）

为使各项评价指标具有可比性，研究对各指标的原始数据进行标准化处理，按照其相对值进行赋值：

$$正向指标：y_{ij} = (x_{ij} - b_{ij}) / (a_{ij} - b_{ij}) \tag{3-4}$$

$$逆向指标：y_{ij} = (a_{ij} - x_{ij}) / (a_{ij} - b_{ij}) \tag{3-5}$$

公式中，y_{ij}为第i年第j项指标的标准化分值；x_{ij}为第i年第j项指标的原始数值；a_{ij}为指标上限，b_{ij}为指标下限。

研究根据商洛市国民经济和社会发展统计公报（2010~2015年）、陕西统计年鉴（2010~2015年）的相关统计数据，采用以下公式计算得到商洛城市2010~2015年土地利用的社会经济效益与生态环境效益值（图3-22）。

$$V_i = \sum_{j=1}^{n} w_j y_{ij}(i = 1, 2, \cdots, m; j = 1, 2, \cdots, n) \tag{3-6}$$

公式中，w_j为指标权重。

2010~2015年间，商洛城市土地利用各子系统效益都呈现上升趋势。社会经济效益基本保持持续增长，从2010年的0.400上升到2015年的0.875，增加了2.19倍；而生态环境效益的增长在总体上升的过程中存在波动。

将以上两曲线进行拟合，得到土地利用子系统效益关于时间t的函数：

$$V_A = d_A/d_t = 1.578/\{1 + [EXP(1.804 - 0.337t)]\} \quad (R^2 = 0.909) \tag{3-7}$$

$$V_B = d_B/d_t = 0.361 + 0.212\ln t \quad (R^2 = 0.562) \tag{3-8}$$

公式中，t对应的年份为2010~2015年，进行计算如表3-11所示。

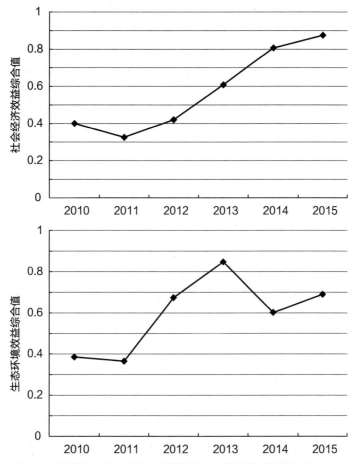

图3-22 商洛城市土地利用社会经济效益与生态环境效益演化曲线
（资料来源：作者自绘）

商洛城市土地利用效益的发展速度与耦合度　　　　表3-11

年份	社会经济效益系统发展速度 V_A	生态环境效益系统发展速度 V_B	耦合度 α（°）
2010	0.295716	0.36100	46.95810
2011	0.385286	0.507947	43.48182
2012	0.491586	0.593906	47.44874
2013	0.612162	0.654894	53.58438
2014	0.742110	0.702201	60.58285
2015	0.874662	0.740853	67.67855

（资料来源：作者统计）

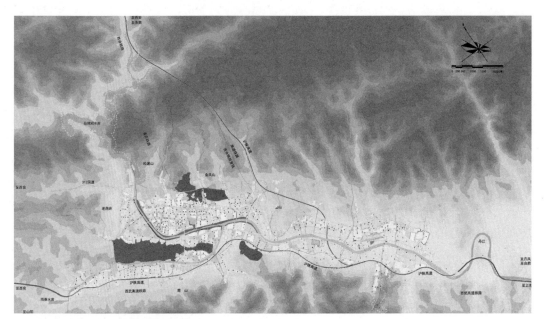

图3-23 商洛城市公共绿地布局示意图
（图片来源：作者自绘）

2010～2015年商洛城市土地利用效益耦合度走势介于43.0～68.0之间，土地利用子系统效益基本保持协调。其中，2010～2015年的耦合度接近45°，说明土地利用效益较为协调。近几年来，商洛城市城镇化与工业化进程加快，但生态环境的建设水平与社会经济发展水平并不匹配，导致土地利用子系统效益的增长速度差距拉大。分析表明，近年来商洛城市发展过程中，生态环境与社会经济发展出现矛盾，二者的相互制约作用愈发明显。

（3）城市生态空间格局不均衡

商洛城市内部绿地空间布局缺乏体系性，自然生态空间容量的分布极不平衡（图3-23）。除去自然山水基底的生态空间，城市建成区内部没有形成较为完整的生态基质—廊道—斑块的生态空间格局，自然生态空间对城市整体空间结构的控制作用发挥不足。

3.4.2 商洛城市空间发展问题

1. 城市空间拓展导向与生态环境保护的矛盾性

商洛城市规模的扩张使城市及周边地区的生态环境面临压力。在快速城镇化进程背景下，商洛城市规模迅速扩张，空间作用范围从中心区扩张到郊区，城市中心区出现高度聚集资源、高强度填充式开发、空间拥挤和环境质量下降等问题。陕南地区生态敏感性强，具有显著的生态优势，但城市空间格局的变化隐含着人居环境与自然生态环境在空间结构上的冲突与矛盾。表现在城市空间拓展的内涵价值秩序失衡，城市空间物质功能形态单一，城市空间低密度蔓延，城市生态环境逐渐恶化。

"秦岭最美是商洛""商洛蓝"等都曾经是商洛城市生态环境的最美名片，商洛城市隶属于国家南水北调水质安全保障区，肩负着一江清水供京津的重要责任，也是我国西部地区天然生态屏障的空间组成。但随着资源的过度开发、城市扩张、重工业发展及人口的高度聚集，自建村宅侵占城市周边山体，城市生态基底逐渐被破坏。2015年3月、2016年1月商洛也出现了雾霾现象，高污染空气质量指标一度进入全国前列，城市生态保护压力逐渐加大。城市周边山体的林分质量变差，蓄水涵养能力减弱；城市水域生物资源减少，生态功能降低，生物多样性程度受到直接威胁，城市空气流动性差，热岛效应愈加明显。

2．山地川道地形制约下城市空间发展的受限性

商洛城市的经济发展与人口聚集需要高质量的城市空间得以承载。但秦巴地区山地山谷相随、岭盆相间的自然地形，敏感的生态环境，紧缺的土地资源，频繁的自然灾害使城市空间发展面临现实挑战。商洛城市所处的秦岭山地地貌是城市生态、经济和社会发展空间布局的地理基础，河谷沟道之间的城镇可建设用地有限，这一自然地形特征限定了城市发展的空间格局，对城市的空间结构产生制约。随着城市经济活动规模及速度的提升，城市中的流要素不断增强，产业空间和生活空间的动态变化，城市交通组织的复杂化也对商洛城市空间发展产生很大的冲击。

商洛城市空间拓展主要是沿河流和道路进行生长，城区内较平坦的河谷地或沟道内等适宜建设的地段都成为城乡建设用地开发的主要地区，导致城市空间的"横向"低密度蔓延，加剧了城镇建设和生态安全的矛盾。受山地川道的约束，过境交通和丹江也对商洛城市空间造成分割，东西长、南北窄的河谷地形使南北向交通联系不便；西合铁路分割峪道，城市发展的空间受限。

3．城市建设用地带状蔓延的危害性

丹江及其一级支流形成的河谷川道是商洛地区自然生态条件最为优越的地区，为城乡聚落的产生、发展提供了先天条件，为人居环境建设提供了充足的水源、有利的对外交通条件和生产建设用地，促使城乡聚落规模不断扩大。在城镇化快速发展和城市建设用地需求不断加大的背景下，河谷川道成为该区域城镇空间拓展的主要空间。

人地关系的矛盾进一步导致了商洛城市空间形态沿河谷川道带状蔓延发展的态势，丹江支流阶地以上的适宜地段，逐渐被作为城市建设用地进行开发建设，使山地峪道的生态空间被挤占；受城市南北两侧山体的限制，商洛城市空间发展沿丹江向东纵向蔓延，水体、湿地、农田等多种景观类型被逐渐破坏。

这种带状蔓延的城市空间发展态势已经产生了诸多问题。首先，秦巴山地区生态敏感性很强，河谷川道是景观生态格局中重要的生态通廊，其中的水系、湿地、农田等构成了重要而宝贵的生态环境要素，而过多的人为活动造成的水土流失、山体滑坡、泥石流等灾害时有

发生，生态环境受到的干扰持续加大，生态恢复综合整治愈加困难。其次，带状蔓延的城市空间发展模式加剧了城乡聚落发展的不均衡。河谷川道内的商洛城市基础设施配套较为完善，但其周边秦岭腹地内的山地乡镇和村落经济发展落后，各项设施配置不足。最后，带状蔓延的城市空间模式导致居住—消费及居住—工作交通距离增加的现象，造成了城市各功能区中心平均间距过大的问题。

4. 城市土地粗放扩张的低效性

以经济增长为目标引导的城市空间拓展模式，使城市能耗增加，土地使用混合度下降，空间开发功能单一。在追求经济快速增长的价值取向作用下，城市空间的粗放扩张与功能产生矛盾，城市空间体系效能降低。商洛城市的用地演化状况反映出城市土地利用沿河谷地带低密度蔓延的态势，新拓展的城市空间建设开发动力不足，土地利用率低，功能分区单一，城市经济活动成本和资源能耗的增加，尽管城市空间规模增长，但空间拓展的效能不高。2009~2015年间，商洛城市建成区土地的扩张系数为1.18，土地扩张趋向于郊区蔓延，土地粗放扩张问题开始显现。

从商洛城区的土地利用情况来看，三类居住用地占居住用地比例较大，土地利用效率亟待提升；城市内部的产业用地布局分散，对城市生活环境造成干扰与影响；城市东部的循环产业集中区用地不够集约，造成土地资源的浪费；城市空间发展不够均衡，目前，商洛城市建成区沿丹江蔓延近20km，但公共服务设施多集中于老城区北新街和工农路地段，丹江南岸及城区东部的城市新开发地区土地混合程度低，利用率不高；城市内部绿地空间布局缺乏体系性，缺乏小型公共绿地和配套绿地；路网密度分布不均，各功能区的交通联系不够便捷，老城区内中心广场和通江西路地段道路密度较高，其他区域道路密度偏低，不能满足城市发展的载流空间需求。

进入21世纪，在绿色发展的战略目标背景下，商洛城市的生态环境保护与经济发展需求之间的矛盾越来越突出，而低效、不合理的城市空间拓展模式并不能有效地承载城镇化与经济、社会、环境的协调发展。上述问题与矛盾已成为商洛城市绿色发展的现实困境，也是秦巴山地区城乡聚落空间发展研究的焦点之一。

3.4.3 研究问题

当前，国内外绿色发展的研究及建设实践与城乡空间的结合还较为有限，大部分是依托生态城市或生态社区利用生态技术手段来进行，或集中于社会经济较为发达的大都市地区，针对复杂地形地貌及经济发展相对落后的中小城市的研究探索仍然很少，而绿色发展目标与城市空间模式的对应结合则更是有限。

商洛城市位于秦岭腹地，拥有丰富的生态资源和突出的生态价值，具有典型的生态敏感性，但生态优势并未给商洛城市发展提供动力支持。目前，商洛城市的经济发展与生态保护的矛盾逐渐突出，尽管人均生态足迹尚处于生态盈余状况，但城市经济发展中资源能源消耗较高，生物多样性水平逐渐降低，环境污染逼近临界，生态安全问题易发高发态势明显。除此之外，城市土地利用的社会经济效益增长与生态环境效益增长速度不匹配，自然生态空间布局缺乏体系性，城市内部空间与新拓展空间利用不平衡，城市空间结构与功能需求出现矛盾。现有的城市空间模式无法满足生态环境保护与城市经济社会发展的双重需求，也无法适应绿色发展要求。

一方面，秦巴山地区具有独特的生态资源优势和生态战略地位，但这一地区社会经济发展缓慢，长期处于交通闭塞、发展缓慢的状态，贫困人口较多。已有研究的城市绿色发展目标与模式多是针对经济发达地区的大城市，并不一定适用于此类地区。并且，现有的绿色发展目标研究主要是针对城市社会经济进行探索，对于城市空间作为绿色发展载体的建设目标及评价研究仍然鲜见，研究需要通过对当前绿色发展目标体系的分析与比较，通过问题导引—因子分析—目标整合—体系决策的工作逻辑，进行商洛城市空间绿色发展目标体系的确立。另一方面，在陕南秦岭山地区复杂地貌约束下，商洛城市空间具有轴线带状蔓延发展的特性，圈层式均匀扩张的空间发展模式并不适用于这一地区。

城市空间发展是一个多维、多因素的系统构成，需要通过绿色发展目标导向的商洛城市空间结构分析，建立城市空间绿色发展的基本原则，但仅仅就城市而论城市，并不能全面审视城市空间发展的合理路径与适宜模式，研究需要拓展视野，在宏观、中观、微观不同层面，针对区域、城区、住区多个空间层次，通过空间组织规律及特征分析，尝试构建商洛城市绿色发展的空间模式体系框架。

综上，围绕绿色发展目标导向的商洛城市空间模式研究，以绿色发展目标为导向，研究城市空间模式，解决在商洛城市空间发展中，面临的城市空间拓展导向与生态环境保护的矛盾性，山地川道地形制约下城市空间发展的受限性，城市建设用地带状蔓延的危害性，城市土地粗放扩张的低效性等问题，为绿色发展的城市规划与建设提供具有实践意义的路径与方法探索，为秦巴地区城乡人居环境发展建设与规划实践提供科学依据与参考。

3.5 本章小结

由于特殊的地理环境及生态环境特征，秦巴山地区城市的发展与平原地区的城市发展存在差异。商洛城市位于秦岭腹地，拥有丰富的生态资源和突出的生态价值，具有典型的生态敏感性，但生态优势并未给商洛城市的发展提供动力支持。伴随城镇化的快速发展，生态环境保护与经济社会发展的双重需求，其特殊的地域环境及社会经济条件也使城市在发展过程中面临着诸多现实困境。特别是城市空间发展，面临城市空间拓展导向与生态环境保护的矛盾性，山地川道地形制约下城市空间发展的受限性，城市建设用地带状蔓延的危害性，城市土地粗放扩张的低效性等问题。

这些问题，需要通过确立商洛城市空间绿色发展目标体系，通过绿色发展目标导向的商洛城市空间结构分析，建立城市空间绿色发展的逻辑框架，并在宏观、中观、微观不同层面，针对区域、城区、住区多个空间层次，通过空间组织规律及特征分析，来构建商洛城市绿色发展的空间模式体系框架。

4 绿色发展目标导向的商洛城市空间结构分析

陕南地区具有独特的自然生态环境特征与人居环境建设特征，这些区域特征决定了商洛城市空间的本底条件，也是商洛城市空间绿色发展的基础条件。商洛城市面对生态环境保护与城乡人居环境建设发展的矛盾与冲突，要以空间发展的内在价值取向转变，构建城市空间绿色发展的目标体系，以此为导向，分析城市空间结构的内在特征。

4.1 绿色发展的商洛城市空间价值取向

4.1.1 "绿色增长"导向的城市空间扩展

追求经济总量增长下的"GDP"评价标准，曾经是城市空间扩展的主要动力机制。城市经营土地的相关经验数据表明，土地供应量增加1%，土地收益就可增加29.41%[184]。但是，这种明显粗放型的土地经济增长方式，已经显现出"高消耗、高排放、不循环、低效率"问题。以"GDP"增长导向的城市空间扩展缺乏对生态环境因素考虑，并未涵盖自然资源消耗成本、环境恶化损失成本，城市空间发展注重外延扩展的速度，而规避生态环境和能源消耗的问题，在一定意义上导致了城市空间低效蔓延式的外围扩张[185]。

从商洛城市土地使用的效益分析可以看出，在快速城镇化进程中，经济效益成为社会发展的主体，城市空间增长以二维空间的持续扩张为主要表征，忽视了"空间发展"背后环境质量提升的价值取向。商洛城市空间已经表现出城市内交通联系不便，老城区环境质量较低，城市新区的发展动力不足等一系列问题。已有研究也表明，城市空间增长方式对生态环境产生着重要的影响，如生态足迹的增加以及能源的消耗[186]，土地粗放型增长模式在商洛城市功能层面也已经导致了居住—消费及居住—工作交通距离增加等问题。因此，从人工与自然生态系统共生平衡的角度，寻求绿色增长模式是城市空间绿色发展的核心价值取向。构建"绿色增长"导向下的城市空间发展与城市建设预期目标的逻辑关系，有助于城市空间发展模式的转型思考（表4-1）。

"绿色增长"导向下的城市空间发展与预期目标　　表4-1

城市空间发展	绿色增长导向要求	城市建设预期目标
城市增长边界	明确的增长边界	控制城市低密度蔓延，减少对自然生态和农业用地的破坏
城市空间结构	空间有机紧凑，建构合理的空间布局体系	减少资源消耗与环境污染
城市土地利用与交通组织	开发强度与交通耦合发展模式	采用土地混合利用模式，依托绿色交通网络支撑，提升交通可达性
城市开发强度	适宜的开发强度	土地集约化混合利用

续表

城市空间发展	绿色增长导向要求	城市建设预期目标
居住生活单元	混合居住模式，多层级公共设施网络，促进城市活力	居住与就业平衡，高效的城市公共服务
城市慢行交通体系	城市慢行交通网络体系	减少能源消耗，倡导绿色交通
城市绿地系统	构建城市绿色空间	加强人与环境的联系，居民健康生活
自然与文化遗产	保护并恢复自然风貌，保护并展示文化遗产，有控制的加以利用	自然与文化遗产持续保护与传承

（资料来源：作者根据相关资料整理）

4.1.2 空间环境效能导向的城市生态安全

生态环境与城镇化发展之间存在着交互耦合关系，单纯追求城市空间"增量"的扩张效能已经对城市生态环境造成了冲击。以城市规模效益和土地经济的空间价值取向，不仅忽视了环境问题，而且可能对城市安全带来威胁。

属于秦巴山腹地的陕南地区，地质灾害的发生概率很高，加之多样的气候变化及频繁的人类工程活动，给陕南地区的人居环境带来安全考验。商洛城市带状蔓延的空间发展态势使生态环境受到的干扰持续加大，生态恢复综合整治愈加困难。

从Howard的"田园城市"理论思想到Mohsen Mostafavi的"生态城市主义"观点，都是以保护城市生态环境和居民安全健康为实践基点，从城市多视角的开放认知，对城市系统进行综合途径的探索。追求绿色发展的城市建设目标，也是创造符合社会整体利益的空间价值，从"增量扩张效能"转向"空间环境效能"作为评价城市发展的重要考量，是绿色发展的城市环境认知与城市空间组织的重要价值判断。城市空间环境效能需要在城镇化的各项指标与城市生态环境指标之间建立交互体系，提升城市生态安全和空间环境品质，促进城市与自然的和谐发展（图4-1）。

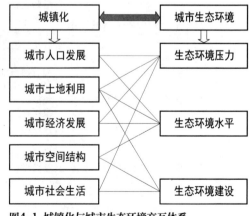

图4-1 城镇化与城市生态环境交互体系
（图片来源：作者自绘）

4.2　商洛城市空间绿色发展目标体系构建

4.2.1　现有的绿色发展指标体系

在全球范围内，许多国家均大力实行绿色发展理念，联合国针对"可持续发展"提出了目标体系的构建，中国对"绿色发展"在国家、省际、城市等不同层面上也提出了不同层面的发展目标和指标体系，一些地区根据当地实际情况也在探索适宜的绿色发展目标路径。部分学者通过对绿色发展的研究，也提出了绿色发展指标体系的探讨。

1．联合国可持续发展指标体系

联合国可持续发展指标体系由联合国可持续委员会1996年提出[187]。指标体系继承PSR模型基础，根据可持续发展的需要，从环境扩展到社会、经济和制度层面，并将PSR模型中的压力一词调整为"驱动力"，即DFSR模型，其主要指标构成覆盖社会类、经济类、环境类、制度类4个方面，包括28个一级指标和131个二级指标。这一指标体系反映了可持续发展的动态特征，但社会和经济类的指标并没有明显的因果关系，"驱动力指标"及"状态指标"的分类并不清晰（表4-2）。

联合国可持续发展指标体系[188]　　　　　　　　　表4-2

类别	序号	一级指标	二级指标
社会类	1	消除贫困	失业率、贫困指数、贫困差距指数、基尼系数、男女平均工资比例
	2	人口动态和可持续性	人口增长率、净迁移率、总生育率、人口密度
	3	促进教育、公众认识和培训	学龄人口增长率、初等学校在校生比率（总和净）、中等学校在校生比率（总和净）、成人识字率、达到五年初等教育水平的孩子、预期学龄、男性和女性在校生比率的差异、女性劳动力占男性劳动力的百分比、教育投资占GDP的百分比
	4	保护和增进人类健康	拥有适当排泄设备人口占总人口的百分比、安全饮用水增加、预期寿命、出生正常体重、婴儿死亡率、产妇死亡率、孩子营养状况、儿童免疫接种人数、避孕普及率、食物中潜在有毒化学品监控的比例、国家医疗卫生支出用于地方卫生保健的比例、医疗卫生支出额占GDP的百分比
	5	促进可持续人口居住发展	城镇人口增长率、人均机动车矿物燃料消费量、自然灾害造成人口和经济的损失、城镇人口百分比、城镇正式与非正式住宅的面积和人口、人均洪灾面积、房价与收入比率、基础设施人均支出
经济类	1	加速可持续发展的国内合作和相关国内政策	人均GDP、GDP中净投资所占份额；GDP中进出口总额所占的百分比、经环境调整的NDP；总的出口商品中制造业商品所占份额
	2	消费方式改变	能源年消费量、制造业增加值中自然资源密集型工业所占份额、已探明矿产储量、已探明矿物燃料能源储量、已探明能源储量可开采时间、原材料使用强度、GDP中制造业增加值份额、可再生能源资源的消费份额

续表

类别	序号	一级指标	二级指标
经济类	3	财政资源和机制	资源转移净产值/GNP、无偿给予或接受的ODA总额占GDP的百分比、债务额/GNP、债务服务/出口额、环保支出占GDP得百分比、新增或追加的可持续发展资金总额
	4	环境完全的技术转移、合作和能力的建设	资本货物进口、外国直接投资、环境完好的资本货物进口份额、技术合作转让
环境类	1	淡水资源的质量保护和供给	每年提取的地下水和地表水、国内人均水消费量、地下水的储量、淡水中的杂质浓度、水体中BOD、污水处理率、水文测定网密度
	2	海洋、各种海域以及沿海地区保护	沿海地区人口增长、排入海域的石油、排入海域的氮和磷、渔业最大可持续产出、海藻指数
	3	陆地资源的规划和管理	土地利用的变化、土地条件的变化、开放型地区自然资源管理
	4	防沙治旱	干旱地区贫困线以下人口、国家月度降水指数、卫星获取的植被指数、受荒漠化影响的土地
	5	山区可持续发展	山区人口动态、山区自然资源可持续利用、山区人口的福利
	6	促进农业和农村可持续发展	农药使用、化肥使用、灌溉可耕地的百分比、农业能源使用、人均可耕地面积、受盐碱和洪涝灾害影响的土地面积、农业教育
	7	森林毁灭治理	森林采伐强度、森林面积变化、森林管理面积的比例、森林保护面积占总森林面积的百分比
	8	生物多样化保护	濒危物种占全部物种的百分比、保护面积占全部面积的百分比
	9	生物技术的环境完好管理	生物技术R&D支出、现有的国家生物保护的规章或准则
	10	大气层保护	温室气体排放量、氧化硫排放量、氧化氮排放量、耗损臭氧层物质的消费、城镇周围废物浓度、用于减少空气污染的支出
	11	固体废物和污染问题的环境无害管理	工业区和市政区废物生成量、人均居民废物处理、垃圾处理的支出、废物再生利用、市区垃圾处理量
	12	有毒化学品环境无害管理	化学品导致的严重毒害、禁止使用的化学品数量
	13	有害废物环境无害管理	有害废物生成量、有害废物进出口量、有害废物污染的土地面积、处理有害废物的支出
	14	放射性废物的安全和环境无害管理	放射性废物的生成量
制度类	1	将环境与发展纳入决策过程	可持续发展战略、综合环境与经济核算的规划、颁布对环境影响的评估、可持续发展的国家委员会
	2	可持续发展科学	每百万人口中拥有的科学家和工程师、每百万人从事R&D的科学家和工程师、R&D支出占GDP的百分比
	3	国际法律手段和机制	全球协议的批准、全球协议的执行
	4	决策信息	每百户居民电话拥有量、容易得到的信息、国家环境统计规划
	5	主要团体作用	国家可持续发展委员会中主要团体的代表、国家可持续发展委员会中少数民族代表、非政府组织对可持续发展的贡献

（资料来源：冯之浚著.循环经济与绿色发展，作者整理）

2．中国城市绿色发展指数指标体系

伴随中国"十二五"规划确定的生态文明建设战略，北京师范大学、西南财经大学和中国国家统计局中国经济景气监测中心自2010年起，在研究总结国内外低碳发展、绿色发展和可持续发展等相关理论和实践成果的基础上，结合中国发展现实，从经济增长绿化度、资源环境承载潜力和政府政策支持度三个方面入手，建立了绿色发展的监测指标体系和指数测算方法[189]。2011年根据专家和社会意见进行了指标体系的调整与完善，确定了目前采用的中国绿色发展指数。

中国绿色发展指数包括中国省际绿色发展指数和中国城市绿色发展指数两套体系。两套体系的一级指标相同，这一指标体系的编制突出了城市绿色发展过程中尤其需要关注的特色指标，如对空气质量的评价等。这类指标的选取突出了资源环境承载潜力对城市发展的重要性（表4-3）。

中国城市绿色发展指数指标体系　　　　　　　　　　　　表4-3

一级指标	二级指标（9）	三级指标（44）	
经济增长绿化度	绿色增长效率指标	1．人均地区生产总值	5．单位地区生产总值二氧化硫排放量
		2．单位地区生产总值能耗	6．单位地区生产总值化学需氧量排放量
		3．人均城镇生活消费用电	7．地区生产总值氮氧化物排放量
		4．单位地区生产总值二氧化碳排放量	8．单位地区生产总值氨氮排放量
	第一产业指标	9．第一产业劳动生产率	
	第二产业指标	10．第二产业劳动生产率	13．工业固体废弃物综合利用率
		11．单位工业增加值水耗	14．工业用水重复利用率
		12．单位工业增加值能耗	
	第三产业指标	15．第三产业劳动生产率	17．第三产业从业人员比值
		16．第三产业增加值比例	
资源环境承载潜力	资源丰裕与生态保护指标	18．人均水资源量	
	环境与气候变化指标	19．单位土地面积二氧化碳排放量	26．人均氮氧化物排放量
		20．人均二氧化碳排放量	27．单位土地面积氨氮排放量
		21．单位土地面积二氧化硫排放量	28．人均氨氮排放量
		22．人均二氧化硫排放量	29．空气质量达到二级以上天数占全年比例
		23．单位土地面积化学需氧量排放量	30．首要污染物可吸入颗粒物天数占全年比例
		24．人均化学需氧量排放量	31．可吸入细颗粒物浓度（PM2.5）年均值
		25．单位土地面积氮氧化物排放量	

续表

一级指标	二级指标（9）	三级指标（44）	
政府政策支持度	绿色投资指标	32. 环境保护支出占财政支出比例	34. 科教文卫支出占财政支出比例
		33. 工业环境污染治理投资占地区生产总值比例	
	基础设施指标	35. 人均绿地面积	38. 城市生活污水处理率
		36. 建成区绿化覆盖率	39. 城市生活垃圾无害化处理率
		37. 用水普及率	40. 每万人拥有公交车辆
	环境治理指标	41. 二氧化硫去除率	43. 工业氮氧化物去除率
		42. 工业废水化学需氧量去除率	44. 工业废水氨氮去除率

（资料来源：2016年中国绿色发展指数报告）

3. 城市绿色发展评估指标体系

李一琼学者以苏州市和无锡市为例，对城市绿色发展评估进行了研究。研究认为城市的绿色发展，与资源及环境、社会发展程度、经济发展状况以及政府行政执行能力四个方面相关，根据环境、社会、经济和行政这四个要素来评估城市绿色发展情况。这一研究提出的城市绿色发展评估指标体系，共包括四个层次，第一层次目标层，即评估目标为城市绿色发展情况；第二层次为要素层，是评估的基本出发点；第三、第四层次分别是属性层和指标层，每一个独立的属性被分解、细化，通过多个定量指标予以描述[190]（表4-4）。

城市绿色发展评估指标体系
表4-4

目标层	要素层	属性层	指标层	指标序号	指标方向
城市绿色发展	社会发展	人口素质水平	每万人拥有普通大学生人数	11	+
			教育、科研、技术服务业在岗人员占在岗人员总比例	12	+
		基础设施程度	建成区绿化覆盖率	13	+
			建成区人均公共绿地面积	14	+
			人均公共设施及道路广场用地	15	+
			污水处理率	16	+
			生活垃圾无害化处理率	17	+
			公共汽车营运线路网长度	18	+
		社会发展绿色投入	教育支出占政府财政总支出比例	19	+
			科学研究与实验发展经费支出占政府财政总支出比例	110	+
			医疗卫生支出占政府财政总支出比例	111	+
			社会保障与就业支出占政府财政总支出比例	112	+

续表

目标层	要素层	属性层	指标层	指标序号	指标方向
城市绿色发展	经济发展	经济发展水平	人均生产总值	113	+
			国内生产总值增长速度	114	+
			固定资产投资占GDP比例	115	+
		经济运行效率	城乡居民家庭恩格尔系数平均值	116	−
			市区居民家庭人均可支配收入	117	+
			农村居民家庭人均纯收入	118	+
		绿色经济份额	节能环保行业产值占工业总产值比例	119	+
			新能源行业产值占工业总产值比例	120	+
		经济发展绿度	可再生能源消费量占能源消费总量比例	121	+
			每万元GDP能耗	122	−
			每万元GDP用水量	123	−
	资源环境	资源丰裕程度	人均森林面积	124	+
			人均水资源量	125	+
			人均土地面积	126	+
			林木覆盖国土面积比率	127	+
		环境质量状况	全年API指数≤100的天数占全年天数比例	128	+
			城市水环境功能区水质达标率	129	+
			区域环境噪声平均值	130	−
			自然保护区面积占国土面积比例	131	+
			生态环境状况指数	132	+
		资源环境承载压力	单位土地SO_2排放量	133	−
			单位土地COD排放量	134	−
			单位土地NO_x排放量	135	−
	行政支持	政府重视程度	全社会环境保护投入额占GDP比例	136	+
			人力资源在环保事业上的投入比	137	+
			公众对城乡环境保护满意度	138	+
		环境治理能力	城市垃圾、生物质废料及工业废料等用于燃料的量占总能源消费的比例	139	+
			工业废水处理率	140	+
			工业SO_2去除率	141	+
			工业烟（粉）尘处理率	142	+
			工业固体废弃物处理率	143	+
		行政管理与公众参与程度	环保信息公开度（是否实行环境质量公告制度）	144	+
			是否具有投诉、举报、监督机制	145	+
			处理投诉、举报环保事件的时间周期长度	146	−
			是否成立建立专门机构、网站来宣传提高或调查征求公众对环境保护的认识、态度和意见等	147	+

（资料来源：李一琼.城市绿色发展评估研究——以苏州市和无锡市为例）

4. 绿色城市建设评价指标体系

国内的一些学者在绿色城市建设的目标基础上，也积极探索对城市绿色发展程度定量化的评价。如绿色南京，从转型发展、社会建设、资源利用和环境保护4个方面，采用26项评价指标构建了绿色南京城市建设评价指标体系[191]；绿色厦门，基于PRED协调发展理论，从人口、资源、环境、发展等四个方面，提出32项厦门绿色城市建设评价指标[192]；绿色福建，从绿色环境、绿色发展、绿色资源、绿色社会、绿色管理等五个方面，采用31项指标考核和评价绿色城市的发展情况与综合效应[193]；绿色北京，构建了绿色生产、绿色消费、生态环境三大体系、16项指标的目标体系[194]。

4.2.2 现有绿色发展指标体系的不足与缺失

以现有的绿色发展指标体系研究来看，环境、经济、政策是指标体系构成的重要方面。指标体系中关于环境压力与状态、经济社会发展水平的指标类较为完整，并突出了节能环保产业在经济活动中所占的比例。中国绿色发展指数在政策支持类以量化指标作为政府投资、建设与治理的测评依据，可以客观地反映地区及城市绿色发展政策的具体实施状况。

城市空间绿色发展的内涵包括了生态空间、生产空间与生活空间的整体构成，国土空间规划体系中也特别明确了"生态空间山清水秀、生产空间集约高效、生活空间宜居适度"的总体目标，而现有的城市绿色发展目标体系多是聚焦于城市生态环境及经济社会发展水平的导向，与城市空间密切相关的指标集中于基础设施与资源丰裕程度，占指标总数的5%~13%，以城市绿地及公共交通线路网为选取的具体指标因子。可见，对于生活空间宜居适度的目标导向明显不足，缺乏城乡生态空间协同、城市人居环境建设等评价指标，特别是有关土地资源保护、绿色建筑、绿色发展社区的指标内容并不突出，对于承载经济社会发展的城乡空间相关指标几乎空白。

4.2.3 商洛城市空间绿色发展目标体系构建

商洛城市的生态区位及其城市环境状况说明在资源和环境有限的条件下，城市空间发展的价值取向必须从传统的"增量拓展"模式转向"绿色发展"的可持续模式，因而建立城市空间绿色发展目标体系是引导城市空间模式转型建立的关键。

1. 城市空间结构要素与绿色发展要素的协同关系

城市空间绿色发展的直接目标，是通过城市生态、经济系统、社会系统结构关系的控制和引导，实现保护与增长的平衡发展模式。城市规划体系的关注重点转向面对"自然—人—城市—社会—自然"的复合关系，探寻通过城市规划方式控制来促进空间的绿色发展，使城市能达到经济、社会和环境效益的平衡发展，这一目标成为城市规划实践中的焦点问题。建立城市空间结构与绿色发展之间的要素协同关系，可为目标因子的选取及集合分析提供基础。

（1）城市绿色发展相关要素

现有的绿色发展指标体系基本可涵盖为生态环境、经济和社会三类子系统要素，研究将各项指标进行统计分析，依据指标设置的选取统计量确定城市绿色发展相关要素（表4-5）。

城市绿色发展相关要素一览表　　　　　　　　　　表4-5

绿色发展目标	绿色发展内涵		绿色发展相关要素
生态环境系统绿色发展	资源环境承载力		废水排放
			废气排放
			固体废弃物排放
			地区生产总值能源消耗
			化肥和化学农药施用强度
			区域噪声污染
	环境治理		工业"三废"综合利用
			农业废物综合利用
			矿产资源综合利用
			再生资源回收利用
			生态环境恢复治理
	资源丰裕与生态保护		森林资源或生态绿地
			水资源
			自然保护区
经济系统绿色发展	经济发展水平		地区GDP
			高新技术产业产值
			生态农业产值
			第三产业产值
			社会总产值中的研发投入
			可再生能源使用
	经济发展质量	减量化	能源消耗
			资源消耗
			生活垃圾产生
		再利用	中水回收利用
			垃圾资源化利用
		无害化	污水处理
			危险固体废弃物处理
			垃圾无害化处理
			空气污染

续表

绿色发展目标	绿色发展内涵	绿色发展相关要素
社会系统 绿色发展	人口素质水平	第三产业从业人员
		教育发展
		专业技术人员
	基础设施与城市管理	公共绿地
		公共交通
		城市用水
		绿色标示制度
	社会发展绿色投入	环境保护支出
		科教文卫支出
		社会保障与就业支出

（资料来源：作者根据相关资料整理）

（2）城市空间结构相关要素

城市空间发展内涵是通过人为作用使城市生态空间、经济空间、社会空间达到整体协调，体现在城市自然空间结构的生态互动、经济空间结构的调整完善、社会空间结构的演替更新，并以城市整体空间结构的演化为表征。因而，研究基于城市空间发展的内涵，分析并确定城市空间结构相关要素（表4-6）。

城市空间结构相关要素一览表　　　　　　　　　　　表4-6

空间发展内涵	空间结构特征	空间结构发展目标	空间结构相关要素
城市自然 空间结构的 生态互动	自然空间的延续性	与自然环境 条件的结合	自然地形、地貌
			水文、地质、气象
			城市用地拓展方向
		自然空间结构的 生态安全	自然灾害发生
			生态恢复区用地
			城市安全防护
		自然空间结构的 生态高效	生物多样性水平
			生物多样性保护
	自然与人工环境的 空间渗透	城市建成区与郊区的 自然渗透	环、楔、廊绿化系统
		城市内部的自然渗透	城市公共绿地系统
	自然与人工环境 边缘区生态效率	生态高效性	生物种类及数量
			特有生物种类及数量
		生态稳定性	地质化学环境
			城乡交错区生态环境

续表

空间发展内涵	空间结构特征	空间结构发展目标	空间结构相关要素
城市自然空间结构的生态互动	城市生态嵌块的空间关联	生态嵌块多样性	自然要素
			开敞空间
		生态嵌块连通性	生态廊道
城市经济空间结构的协同调适	城市经济空间的联系	经济空间联系便捷性	对外交通联系
			产业空间布局
			城市建成区交通体系
	产业布局与土地利用强度的合理性	产业布局合理性	城市土地承载力
			土地利用的集约化
			城市建成区地均产出
			城市建成区开发强度
			城市产业用地形态
			城市产业集聚与分散
			城市街区形式
	土地功能布局的多样性	城市用地混合性	城市用地功能分区
			城市用地有序混合
	土地利用结构的空间协调性	城市用地协调性	城市公共绿地
			城市各类用地比例
			城市非建设用地
	经济空间结构要素布局的生态高效性	经济空间结构要素布局的生态高效性	建设用地增长与城市GDP增长的比例关系
			城市产业活动的空间布局
			城市能源利用
			城市基础设施用地布局
城市社会空间结构的演替更新	人口规模与空间规模相符性	人口规模与空间规模匹配	人均用地面积
			人均居住面积
	公共服务设施布局的合理性	城市空间资源使用便捷性	公共服务设施布局
			城市开敞空间
			城市交通组织网络
		城市交通出行生态性	城市公共交通体系
			城市慢行交通体系
			城市道路与广场
	居住空间的分异与混合的有机结合	避免社会矛盾	城市居住用地布局
			城市保障性住宅用地布局
			住区服务设施配置
	历史地段空间形态的延续性	城市历史文化特征传承	城市空间肌理
			城市历史文化遗产保护
			历史地段更新与旧城改造

续表

空间发展内涵	空间结构特征	空间结构发展目标	空间结构相关要素
城市整体空间结构的物理演化	城市空间结构的趋适性	城市空间结构与历史文化特征传承	空间结构与历史原有模式的相似
	城市空间结构的可拓性	城市空间规模与自然环境容量的适应性	城市人口规模
			城市用地规模
			城市产业规模
	城市空间结构的弹性	城市空间结构的时空协调	城市空间结构演进时序
			城市发展备用地
			重大基础设施预留用地

（资料来源：作者根据相关资料）

（3）城市空间结构相关要素与城市绿色发展要素的协同

通过对城市空间发展内涵的解析，可以将绿色发展目标中的生态环境系统、经济系统和社会系统分别与城市自然空间结构的生态互动、经济空间结构的协同调适、社会空间结构的演替更新进行对应联系，建立二者之间的协同关系。

在生态环境系统的绿色发展中，资源丰裕与生态保护目标的实现与城市自然空间结构生态互动之间的联系最为密切；自然空间的连续性及自然与人工环境边缘区生态效率对生态环境系统的绿色发展目标影响较突出（图4-2）。

在经济系统的绿色发展中，经济发展质量—减量化

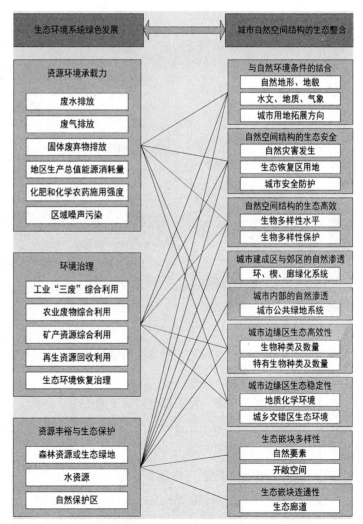

图4-2 生态环境系统绿色发展与城市自然空间结构相关要素的协同关系
（图片来源：作者自绘）

目标的实现与城市经济空间结构的联系最为密切；对城市空间结构而言，产业布局的合理性、城市用地的混合性与协调性及经济空间结构要素布局的生态高效性对经济系统的绿色发展目标影响较突出（图4-3）。

在社会系统的绿色发展中，基础设施与城市管理、社会发展绿色投入目标的实现与城市社会空间结构演替更新之间的联系较为密切；对于城市空间结构，人口规模与空间规模的匹配、城市空间资源使用的便捷性对社会系统的绿色发展目标影响突出，而城市社会空间结构的演替更新对于社会发展绿色投入目标实现具有明显作用（图4-4）。

城市空间发展各子系统的综合作用最终会带来城市

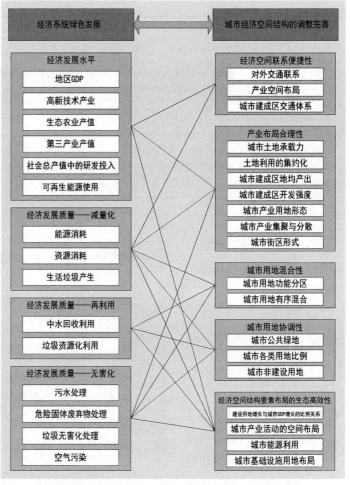

图4-3 经济系统绿色发展与城市经济空间结构相关要素的协同关系
（图片来源：作者自绘）

整体空间结构的演化。绿色发展目标在城市空间层面尤其要注重生态环境系统与经济系统的发展目标，而城市空间规模与自然环境容量的适应性以及城市空间结构的时空协调是城市绿色发展重要的空间指向（图4-5）。

从城市空间结构要素与城市绿色发展要素的联系分析，城市生态环境、土地利用、交通网络、空间布局等要素对于促进城市绿色发展具有重要的作用，这些要素间联系强弱、有效协同将与城市空间的绿色发展产生直接关系。

2．基于"绿色协调度""绿色发展度"和"绿色持续度"的城市空间结构解析

绿色发展的城市空间组织是构建"有序、高效、共生、可持续"发展的空间结构，使城市空间结构提升有机自组织的能力，城市空间各要素协调共生，各种"流"持续动态优化。

绿色发展的空间结构是从城市生态环境建设、城市经济发展和城市社会进步三方面考

图4-4 社会系统绿色发展与城市社会空间结构相关要素的协同关系
（图片来源：作者自绘）

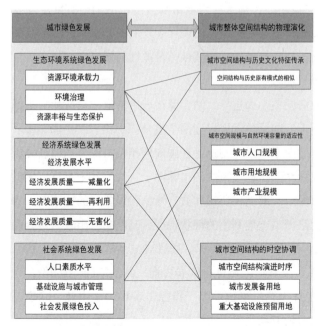

图4-5 绿色发展与城市整体空间结构演化的协同关系
（图片来源：作者自绘）

量各要素的协同，以此进行空间组织，这反映在城市环境的质量、经济发展的数量和社会发展的时间维度上。因此，研究建立城市空间的"绿色协调度""绿色发展度""绿色持续度"，在此基础上体现绿色发展的城市空间结构内涵。

（1）"绿色协调度"的城市空间结构解析

城市空间的绿色发展注重的是寻求城市空间与自然的协同共生，提高城市环境质量，改善区域生态环境。"绿色协调度"的城市空间内涵可以概括为从城市生态空间布局、城市环境安全、城市环境生物多样性维系等内容，空间发展旨在建立城市整体空间与结构元素之间的逻辑关联，以达到城市整体空间的多样共生与自组织能力的提升，反映城市空间的整体环境质量。

（2）"绿色发展度"的城市空间结构解析

绿色发展视角下的城市生产和生活活动既是城市聚落功能的具体体现，也反映出城市空间承载自然界与社会的各种能量流动的情况。在城市空间系统中，通过能量流动过程以代谢的形式平衡物质、能量等的输入及产品与废物的输出。"绿色发展度"是从城市空间系统在代谢过程中各种"流"要素的效能出发，反映城市空间发展的规模与社会经济发展状况的匹配。

城市代谢系统中各组分"流"要素输入与输出产生的能效，可以反映城市绿色发展的动力基础，避免城市走入高排放、高污染的环境状况。从城市代谢系统的高效资源、能源利用，反馈于建立城市空间各要素的彼此关联与协同，带来城市生产力和生活质量的提升，有助于推动城市空间从盲目低效扩张走向科学理性的品质发展。

（3）"绿色持续度"的城市空间结构解析

"绿色持续度"是综合考虑城市的社会进步水平，从人口素质水平、基础设施完善、生活模式健康、社会管理高效等方面，结合"环境—经济—社会"的链条，考量城市空间布局与功能是否建立起彼此匹配的空间结构，体现了城市空间可持续发展能力和潜力的时间维度要求，实现城市空间结构由量变的拓展到质变的结构更新。

3．商洛城市空间绿色发展目标因子的选取

（1）因子选取的原则

结合城市空间结构要素与绿色发展要素的协同关系分析，确定目标因子时采取生态环境系统目标为优先、经济系统目标为关键、社会系统目标为支撑的基本理念，突出重点因子。在确定因子内容和定量标准时考虑系统综合原则、科学原则、简明性原则和可操作原则。

（2）商洛城市空间绿色发展的目标

以"绿色增长"和"空间效能"为基础，建立协调共生的城市空间秩序，承载城市绿色发展，促进城市高效、低耗运行。通过城市自然空间的生态整合，构筑商洛城市绿色空间体系，为商洛城市生态网络与区域大生态系统的能量和物质交换提供空间，完善城市的生态完整性；以城市经济空间的调整完善为主要路径，构筑商洛城市社会经济活动适宜的空间秩序，调整城市生态系统能量流动与物质循环的内在机制；协调社会发展和物质空间的相互关系，注重商洛城市社会空间的演替更新，引导多样性、便捷性、自适性的城市空间模式。

（3）商洛城市空间绿色发展目标因子选取

以城市空间结构和城市绿色发展的协同关系为主导，结合商洛城市特征，选取相关指标因子。通过专家问卷咨询，确定商洛城市空间绿色发展目标因子集合。

目标因子集合的选取分为初选和精选两个阶段。初选是在国内外相关指标体系梳理分析的基础上，参考具有借鉴价值的绿色发展相关指标体系内的指标因子，排除其中重复、相近或无法在城市空间层面操作的指标，以城市空间结构要素和城市绿色发展要素的协同关系为主导，建立初选因子集合；继而结合商洛城市土地利用的现状特征，二次初选出较为符合商洛城市空间绿色发展目标的因子[195-197]，共有57个单项指标。通过对城乡规划、环境保护、生态学等研究领域的专家、行政管理人员及从业人员进行问卷咨询，共发放问卷100份，收回有效问卷96份，在初选因子范围内统计得票过半数的因子指标（表4-7）。由此，确定商洛城市空间绿色发展目标体系的因子集合为33项指标（表4-8）。

商洛城市空间绿色发展目标体系因子投票结果

表4-7

序号	单项指标	推荐票数	序号	单项指标	推荐票数
1	建成区绿地率（%）	88	30	人口密度（人/km²）	65
2	人均GDP（元/人）	87	31	职住平衡指数（%）	62
3	单位GDP能耗（吨标准煤/万元）	86	32	水体岸线自然化率（%）	58
4	生活垃圾无害化处理率（%）	86	33	教育投入（%）	51
5	环境空气质量优良率（%）	84	34	城市中心平均间距	47
6	绿色建筑占新建建筑比例（%）	84	35	居住用地占比（%）	46
7	人均绿地面积（m²/人）	83	36	生态恢复区用地面积占比（%）	46
8	再生水利用率（%）	83	37	化肥和化学农药施用强度	45
9	绿色出行分担率（%）	83	38	单位土地COD排放量（m³/hm²）	44
10	公交站点500m范围覆盖率（%）	82	39	水网密度	44
11	可再生能源使用比例（%）	82	40	城镇化水平	44
12	本地木本植物指数	82	41	人均水耗[m³/（人·日）]	43
13	住宅平均容积率（%）	81	42	城市建成区地均产出	42
14	综合物种指数	80	43	未利用地占比（%）	41
15	建设用地面积比例（%）	80	44	城市公共服务设施用地占比（%）	41
16	环境保护投资占GDP比例（%）	78	45	三产占国民经济比例（%）	41
17	森林面积比例（%）	77	46	投资协调指数	39
18	人均城市建设用地面积（m²/人）	76	47	人均可支配收入（元/人）	38
19	5min可达公共服务设施覆盖率（%）	76	48	信息化综合指数	36
20	耕地面积比例（%）	72	49	城市保障性住房用地占比（%）	35
21	建成区绿化覆盖率（%）	70	50	社会协调指数	35
22	污水处理率（%）	70	51	财政收入增长率（%）	35
23	工业粉尘排放总量密度[t/（km²·年）]	70	52	经济协调指数	33
24	各功能区声环境质量监测点次总达标率（%）	70	53	第三产业从业人员占比（%）	33
25	居民对城市生态环境的满意度（%）	69	54	人口自然增长率（‰）	29
26	年径流总量控制率（%）	68	55	基尼系数	28
27	道路绿化达标率（%）	68	56	汽车尾气达标排放率（%）	27
28	工业废水排放总量密度[t/（km²·日）]	67	57	社会负担系数	24
29	工业用地比例（%）	67			

（资料来源：作者制作）

商洛城市空间绿色发展目标体系因子集合表 表4-8

序号	因子	计算方法	计算说明
1	人均GDP（元/人）	城市国内生产总值/城市总人口	在核算期内（通常为一年）实现的生产总值与所属范围内的常住人口的比值
2	单位GDP能耗（吨标准煤/万元）	城市能耗总量（吨标准煤）/城市国内生产总值（万元）×100%	城市单位国内生产总值（万元）所消耗的能源总量（吨标准煤）
3	建成区绿地率（%）	建成区内各类城市绿地面积之和/建成区面积×100%	在城市建成区的城市绿地面积占建成区面积的百分比
4	人均绿地面积（m²/人）	城市建设用地内的城市绿地面积/城市建设用地范围内常住人口	城市建设用地内的城市绿地、广场面积与该范围内常住人口数量的比值
5	道路绿化达标率（%）	绿化达标的城市道路长度（km）/城市道路总长度（km）×100%	城市道路两旁栽种行道树的长度占道路总长度的百分比。不含历史街区及道路红线外的行道树
6	建成区绿化覆盖率（%）	建成区内所有植被的垂直投影面积/建成区面积×100%	在城市建成区的绿化覆盖面积占建成区面积的百分比
7	建设用地面积比例（%）	城市建设用地面积/市域（区域）总面积×100%	城市建设用地占市域（区域）总面积的百分比
8	耕地面积比例（%）	市域（区域）内耕地面积/市域（区域）总面积×100%	耕地占市域（区域）总面积的百分比
9	森林面积比例（%）	市域（区域）内森林面积/市域（区域）总面积×100%	森林占市域（区域）总面积的比值
10	本地木本植物指数	城市建成区本地物种数量/城市建成区全部植物物种数量×100%	区内全部木本植物物种中本地木本植物所占百分比。本地木本植物是原有天然分布或长期生长于本地、适应本地自然条件并融入本地自然生态系统、对本地区原生生物物种和生物环境不产生威胁的木本植物
11	综合物种指数	单项物种指数的平均值	选择代表性的动植物（鸟类、鱼类和植物）作为衡量城市物种多样性的标准。鸟类、鱼类均以自然环境中生存的种类计算，人工饲养者不计
12	环境空气质量优良率（%）	城市建成区全年环境空气污染指数（API）达到二级和优于二级的天数/全年天数×100%	城市建成区全年环境空气污染指数（API）达到二级和优于二级的天数占全年天数的百分比
13	住宅平均容积率	城市建成区住宅建筑总面积/中心城区居住用地总面积	城市建成区内居住用地的平均开发强度
14	污水处理率（%）	城市建成区内经管网进入污水处理厂处理的城市污水量/污水排放总量×100%	城市建成区内经管网进入污水处理厂处理的城市污水量占污水排放总量的百分比
15	人均城市建设用地面积（m²/人）	城市建成区内建设用地面积/该范围内的常住人口	城市建成区内建设用地面积与该范围内的常住人口数量的比值
16	生活垃圾无害化处理率（%）	城市建成区内经无害化处理的城市生活垃圾量（万吨）/城市生活垃圾产生量（万吨）×100%	城市建成区内经无害化处理的生活垃圾量占城市生活垃圾产生量的百分比
17	工业废水排放总量密度[t/（km²·日）]	城市建成区内每日工业废水排放总量/城市建成区用地总面积	城市建成区内每日工业废水排放总量与城市建成区内用地总面积的比值

续表

序号	因子	计算方法	计算说明
18	工业粉尘排放总量密度[t/（km²·年）]	城市建成区内全年工业粉尘排放总量/城市建成区用地总面积	城市建成区内全年工业粉尘排放总量与城市建成区用地总面积的比值。不包括电厂排入大气的烟尘
19	教育投入（%）	教育经费投入/城市国内生产总值×100%	教育经费投入在城市国内生产总值中所占的百分比
20	人口密度（人/km²）	城市建成区内人口数量/城市建成区用地面积	城市建成区单位面积内的人口数。表示人口密集程度
21	工业用地比例（%）	城市建成区工业用地面积/城市建成区建设用地总面积×100%	城市建成区内工业用地占城市建成区城市建设总用地的百分比
22	再生水利用率（%）	城市再生水利用量（万m³）/城市污水处理总量（万m³）×100%	城市再生水利用量占城市污水处理总量的百分比
23	公交站点500m范围覆盖率（%）	居民步行500m范围可达公交站点的区域面积/城市建成区面积×100%	居民步行500m范围可达公交站点的区域面积占城市建成区面积的百分比
24	绿色出行分担率（%）	城市建成区内使用绿色出行的总人次/城市出行总人次×100%	城市建成区内使用绿色出行的总人次占城市出行总人次的百分比
25	环境保护投资占GDP比例（%）	城市环境保护投资总额/GDP×100%	城市投资于环境保护总额占国民生产总值的百分比
26	绿色建筑占新建建筑比例（%）	城市建成区内绿色公共建筑面积/新建公共建筑面积×100%	城市建成区内绿色公共建筑占新建公共建筑面积的百分比
27	可再生能源使用比例（%）	城市建成区内可再生能源使用量（吨标准煤）/城市能源消费总量（吨标准煤）×100%	城市建成区内可再生能源在城市能源结构中所占比例
28	5min可达公共服务设施覆盖率（%）	城市建成区内居民步行5min内可达公共服务设施的区域面积/城市建成区面积×100%	城市建成区内居民步行5min内可达公共服务设施的区域面积占城市建成区面积的比例
29	各功能区声环境质量监测点次总达标率（%）	城市建成区内各功能区声环境质量监测达标的次数/总次数×100%	城市建成区内各功能区声环境质量监测达标的次数占总次数的百分比
30	年径流总量控制率（%）	100%-（全年外排雨量/全年总降雨量）×100%，同时参照《海绵城市建设技术指南》相关计算方法	通过自然和人工强化的渗透、集蓄、利用、蒸发、蒸腾等方式，城市建成区内累计全年得到控制的雨量占全年总降雨量的百分比
31	水体岸线自然化率（%）	城市建成区内符合自然岸线要求的水体岸线长度/城市建成区水体岸线总长度×100%	城市建成区内水体岸线保留自然状态的比例。自然状态岸线指没有永久性构筑物组成的岸线，包括生态形式的人工护岸
32	职住平衡指数（%）	城市建成区内本地就业人数/可就业人口总数×100%	居民中在本地就业人数占可就业人口总数的比例，反映居民就近就业程度
33	居民对城市生态环境的满意度（%）	被抽查的城市居民对城市环境满意（含基本满意）的人数/被抽查的公众总人数×100%	城市居民对城市环境保护工作及环境质量状况的满意程度

（资料来源：作者制作）

4. 商洛城市空间绿色发展目标体系构成

基于城市绿色发展的内涵，研究确立商洛城市空间绿色发展目标体系由目标层、因素层和指标层构成。以生态环境系统目标为优先、经济系统目标为关键、社会系统目标为支撑构成目标层，通过"绿色协调度""绿色发展度""绿色持续度"的量化指标，多维度建立城市空间结构组织模式和要素的协同关系。涵盖生物多样性保护、生态空间建设、城市环境安全、经济发展水平、土地集约利用、经济发展质量、人口素质水平、基础设施完善、生活模式健康、社会管理高效等10项因素。指标层由33项指标构成。

生态环境保护目标包含3个因素层及15个单项指标，体现城市的"绿色协调度"，其中：生物多样性保护因素包含2个指标因子，分别是城市本地木本植物指数和城市综合物种指数；生态空间建设因素包含7个指标因子，分别是耕地面积比例、森林面积比例、建成区绿地率、建成区绿化覆盖率、城市人均绿地面积、城市道路绿化达标率和水体岸线自然化率；城市环境安全因素包含6个指标因子，分别是年径流总量控制率、城市环境空气质量优良率、城市功能区声环境质量监测点次总达标率、城市生活垃圾无害化处理率、城市工业废水排放总量密度和城市工业粉尘排放总量密度。

经济循环发展目标包含3个因素层及11个单项指标，体现城市的"绿色发展度"，其中：经济发展水平因素包含2个指标因子，人均GDP、单位GDP能耗；土地集约利用因素包含5个指标因子，城市建设用地面积比例、城市住宅平均容积率、人均城市建设用地面积、城市人口密度、城市工业用地比例；经济发展质量因素包含4个指标因子，城市可再生能源使用比例、城市再生水利用率、城市污水处理率、城市绿色建筑占新建建筑比例。

社会进步目标包含4个因素层及7个单项指标，体现城市的"绿色持续度"，其中：人口素质水平包含1个指标因子，教育投入；基础设施完善因素包含2个指标因子，城市公交站点500m范围覆盖率、城市5min可达公共服务设施覆盖率；生活模式健康因素包含2个指标因子，城市绿色出行分担率、职住平衡指数；社会管理高效因素包含2个指标因子，城市环境保护投资占GDP比例、城市居民对城市生态环境的满意度。

综上所述，确定商洛城市空间绿色发展目标体系由生态环境保护、经济循环发展、社会进步3个目标层，生物多样性保护、生态空间建设、城市环境安全、经济发展水平、土地集约利用、经济发展质量、人口素质水平、基础设施完善、生活模式健康、社会管理高效10个因素层和33个单项指标组成，并由相关国际与国家标准值、商洛城市平均值及专家咨询修正得出其指标标准（表4-9）。

商洛城市空间绿色发展目标体系指标标准以量化目标为主，考核性指标为刚性目标标准，引导性指标为弹性目标标准。

研究构建的商洛城市空间绿色发展目标体系，以城市物质空间为核心考察内容，聚焦城市空间布局、土地利用、开发强度、交通组织等要素对于城市绿色发展的关键性作用，使绿

商洛城市空间绿色发展目标体系　　　　表4-9

目标层	因素层	序号	指标层	单位	指标标准	指标说明	指标内涵
生态环境保护	生物多样性保护	1	本地木本植物指数		≥0.8	引导性	绿色协调度指标体系
		2	综合物种指数		≥0.5	引导性	
	生态空间建设	3	耕地面积比例	%	≥12	考核性	
		4	森林面积比例	%	≥70	考核性	
		5	建成区绿地率	%	≥38	考核性	
		6	建成区绿化覆盖率	%	≥45	考核性	
		7	人均绿地面积	m²/人	≥13	考核性	
		8	道路绿化达标率	%	≥80	引导性	
		9	水体岸线自然化率	%	≥80	引导性	
	城市环境安全	10	年径流总量控制率	%	80~85	考核性	
		11	环境空气质量优良率	%	≥85	考核性	
		12	各功能区声环境质量监测点次总达标率	%	昼间≥90 夜间≥70	引导性	
		13	生活垃圾无害化处理率	%	≥95	考核性	
		14	工业废水排放总量密度	t/（km²·日）	≤3.5	考核性	
		15	工业粉尘排放总量密度	t/（km²·年）	≤1.5	考核性	
经济循环发展	经济发展水平	16	人均GDP	元/人	≥49000	引导性	绿色发展度指标体系
		17	单位GDP能耗	吨标准煤/万元	≤0.4	考核性	
	土地集约利用	18	建设用地面积比例	%	≤5	考核性	
		19	住宅平均容积率		1.9~2.1	考核性	
		20	人均城市建设用地面积	m²/人	≤95	考核性	
		21	人口密度	人/km²	≤10000	引导性	
		22	工业用地比例	%	≤12	引导性	
	经济发展质量	23	可再生能源使用比例	%	≥15	引导性	
		24	再生水利用率	%	≥20	考核性	
		25	污水处理率	%	≥95	考核性	
		26	绿色建筑占新建建筑比例	%	100	考核性	
社会进步	人口素质水平	27	教育投入	%	≥4	考核性	绿色持续度指标体系
	基础设施完善	28	公交站点500m范围覆盖率	%	100	考核性	
		29	5min可达公共服务设施覆盖率	%	100	引导性	
	生活模式健康	30	绿色出行分担率	%	≥75	引导性	
		31	职住平衡指数	%	≥50	引导性	
	社会管理高效	32	环境保护投资占GDP比例	%	≥3.5	考核性	
		33	居民对城市生态环境的满意度	%	≥90	引导性	

（资料来源：作者制作）

色发展目标与城市空间结构相耦合。围绕城市空间绿色发展的内涵，将生态环境系统目标对应于城市空间发展的"绿色协调度"，经济系统目标对应于城市空间发展的"绿色发展度"，社会系统目标对应于城市空间发展的"绿色持续度"，以此将城市空间的绿色发展目标进行量化。与现有的诸多城市绿色发展指标比较，研究构建的指标体系特别针对城乡生态空间协同、土地资源保护、绿色建筑、绿色发展社区等内容进行了完善，这一体系对于生态资本地区在绿色发展过程中城市空间建设与管控目标可以提供有益的参考。以此为基础，可以通过定量、定性、定位具体分析商洛城市的空间结构。

商洛城市空间绿色发展目标体系中各项因子也通过城市空间定位布局反映其数量结构，以量化标准对城市空间结构的重要因素进行导控，通过目标体系各因子的定量分析，可以对商洛城市空间的多目标问题提出判断。可以将空间布局的导控和数量结构相集成，从定量与定位两个方面来分析城市的空间结构组织特征。

4.3 商洛城市空间结构的定量分析

城市空间绿色发展是一个由若干目标构成的复合系统，研究采用层次分析法和灰色关联分析法构建多因子关联模型，对商洛城市空间结构复杂系统进行分析。

4.3.1 定量分析模型方法

1. 层次分析法

层次分析法通过定性分析与定量计算相结合，在多目标系统中，确定因子权重，从而有效地对人们的主观判断来进行客观描述，对多目标问题进行决策。

层次分析法的技术流程一般由6个步骤组成，通过"确定目标或问题—建立层次结构—构造判断矩阵—层次排序及一致性检验—评价标准选择—评价与判断"实施。具体工作中，将目标系统因子关系按其组成层次建立树状层级结构，利用层级结构的重要性构造判断矩阵，经过判断矩阵的重要性等级标度比较，计算出判断矩阵对应的特征向量 W（即权向量），其中 W 的分量（W_1，W_2，$\cdots$，W_n）即为对应 n 个要素的权重系数[198]。其后，经过一致性检验，判定各指标权重赋值的合理性，确定相应的评价标准。采用指数方法进行评价，并进行指标关联度的排序，通过指标评价结果对总体目标进行判断。

2. 灰色关联分析法

在系统研究中，由于内外扰动的存在和认识水平的局限，人们所得到的信息往往带有不确定性[199]。灰色系统理论，是一种研究少数据、贫信息不确定性问题的方法。灰色系统理论以"部分信息已知，部分信息未知"的"小样本""贫信息"不确定性系统为研究对象，主要通过对"部分"已知信息的生成、开发，提取有价值的信息，实现对系统运行行为、演化规律的正确描述和有效监控。在控制论中，信息完全明确的系统称为白色系统，信息未知的系统称为黑色系统，部分信息明确、部分信息不明确的系统则称为灰色系统[200-202]。

灰色系统是以灰色关联空间分析为依托，以灰色序列生成方法为基础，以灰色模型（GM）为核心，着重研究不确定性问题，并依据信息覆盖，通过序列算子的作用探索事物运动的现实规律。其特点是通过"少数据建模"，研究"外延明确，内涵不明确"的对象[203]。

灰色关联分析的目的在于寻求能够衡量各因素之间的关联度大小的量化方法，找出影响系统发展态势的重要因子，从而掌握事物的主要特征[204]。具体计算步骤有4个流程。

首先，确定系统的参考数列和比较数列，参考数列为母因素序列，比较数列为子因素序列。

设X_i为系统因素：

$$X_i = (x_i(1), x_i(2), \cdots, x_i(n)) \tag{4-1}$$

若k为时间序号，$x_i(k)$可为系统因素X_i在k时刻的观测数据。

根据上述表达，可以设研究的主要序列为母因素序列，表达如下：

$$X_0 = (x_0(1), x_0(2), \cdots, x_0(n)) \tag{4-2}$$

设其他与母因素序列有一定关联的序列为子因素序列，表达如下：

$$X_i = (x_i(1), x_i(2), \cdots, x_i(n)) \ (i = 1, 2, \cdots, n) \tag{4-3}$$

其次，对母因素序列和子因素序列进行无量纲化处理，采用均值化变化的计算方法，计算公式如下：

$$X'_i(k) = x_i(k)/x_i \tag{4-4}$$

$$X_i = 1/n \sum_{k=1}^{n} x_i(k) \ (k = 1, 2, \cdots, n) \tag{4-5}$$

通过以上均值化变换所得到的序列称为初值像，可表示为：

$$X'_i = (x'_i(1), x'_i(2), \cdots, x'_i(n)) \tag{4-6}$$

第三，计算关联度和关联系数，对城市空间绿色发展目标系统因子集构建度量空间，各因素为空间中的散点，依托其各点之间的空间距离计算各要素的灰色关联度。

先计算母序列与各子序列差的绝对值$\Delta_{0i}(k)$，表达如下：

$$\Delta_{0i}(k) = \left| x'_0(k) - x'_i(k) \right| \tag{4-7}$$

再计算母序列X_0与子序列X_i在k点的绝对值关联系数，采用如下公式：

$$\gamma(x_0(k), x_i(k)) = \frac{\min\limits_{i} \min\limits_{k} \Delta_{0i}(k) + \xi \max\limits_{i} \max\limits_{k} \Delta_{0i}(k)}{\Delta_{0i}(k) + \xi \max\limits_{i} \max\limits_{k} \Delta_{0i}(k)} \tag{4-8}$$

式中，ξ为分辨系数，$1 > \xi > 0$，通常取$\xi = 0.5$。

综合各点关联系数，求其平均值，即灰色关联度，用公式表示为：

$$\gamma(X_0, X_i) = \frac{1}{n}\sum_{k=1}^{n}\gamma(x_0(k), x_i(k)) \qquad (4-9)$$

第四，进行关联度排序，组成关联序，来反映研究的指标因子相对母序列的影响关系。

4.3.2 商洛城市空间发展状况评价

采用商洛城市空间绿色发展目标体系评判城市空间现状与发展目标的差距，并通过权重设定，进行量化分析。按目标层、项目层、因素层及指标层4个层次，包括33个指标因子（表4-10）。

商洛城市空间绿色发展目标评价层次体系　表4-10

目标层（P）	项目层（A）	因素层（B）	指标层（C）	单位	指标内涵
商洛城市空间绿色发展（P）	生态环境保护（A1）	生物多样性保护（B1）	本地木本植物指数（C1）		绿色协调度指标体系
			综合物种指数（C2）		
		生态空间建设（B2）	耕地面积比例（C3）	%	
			森林面积比例（C4）	%	
			建成区绿地率（C5）	%	
			建成区绿化覆盖率（C6）	%	
			人均绿地面积（C7）	m²/人	
			道路绿化达标率（C8）	%	
			水体岸线自然化率（C9）	%	
		城市环境安全（B3）	年径流总量控制率（C10）	%	
			环境空气质量优良率（C11）	%	
			各功能区声环境质量监测点次总达标率（C12）	%	
			生活垃圾无害化处理率（C13）	%	
			工业废水排放总量密度（C14）	t/（km²·日）	
			工业粉尘排放总量密度（C15）	t/（km²·年）	
	经济循环发展（A2）	经济发展水平（B4）	人均GDP（C16）	元/人	绿色发展度指标体系
			单位GDP能耗（C17）	吨标准煤/万元	

目标层（P）	项目层（A）	因素层（B）	指标层（C）	单位	指标内涵
商洛城市空间绿色发展（P）	经济循环发展（A2）	土地集约利用（B5）	建设用地面积比例（C18）	%	绿色发展度指标体系
			住宅平均容积率（C19）		
			人均城市建设用地面积（C20）	m^2/人	
			人口密度（C21）	人/km^2	
			工业用地比例（C22）	%	
		经济发展质量（B6）	可再生能源使用比例（C23）	%	
			再生水利用率（C24）	%	
			污水处理率（C25）	%	
			绿色建筑占新建建筑比例（C26）	%	
	社会进步（A3）	人口素质水平（B7）	教育投入（C27）	%	绿色持续度指标体系
		基础设施完善（B8）	公交站点500m范围覆盖率（C28）	%	
			5min可达公共服务设施覆盖率（C29）	%	
		生活模式健康（B9）	绿色出行分担率（C30）	%	
			职住平衡指数（C31）	%	
		社会管理高效（B10）	环境保护投资占GDP比例（C32）	%	
			居民对城市生态环境的满意度（C33）	%	

（资料来源：作者制作）

根据商洛城市空间的实际情况，选用层次分析（AHP）法，作为城市空间发展绿色目标因子权重的计算方法，采用综合指数多目标决策模型，对商洛城市空间绿色发展状况进行整体评价。

指标数据的来源由《陕西省统计年鉴》《商洛市统计年鉴》《商洛市国民经济和社会发展统计公报》《商洛城市土地利用现状图》（2000～2015年）的内容整理、计算以及经过实地调查所得。

参照层次分析法的步骤，采用专家打分，进行综合评判。本次评价按层次分析法的判断矩阵1～9等级标度对比方法，共构造14个矩阵，并进行层次排序，得出单排序的权重值。以矩阵P[A1–A3]为例：

$$P_{A1-A3} = \begin{bmatrix} 1 & 3 & 5 \\ 1/3 & 1 & 3 \\ 1/5 & 1/3 & 1 \end{bmatrix}$$

计算判断矩阵P的特征向量W = [0.636986，0.258285，0.104729]^T，计算判断矩阵P的最大特征根λ_{max}为3.038511，经一致性检验，可知：

$CR_{A1-A3} = CI/RI = 0.0192555/0.58 = 0.033199 < 0.1$，检验通过。

则可得出矩阵P[A1-A3]的特征向量一览表（表4-11）。

矩阵P[A1-A3]特征向量一览表　　　　　表4-11

商洛城市空间绿色发展（P）	生态环境保护（A1）	经济循环发展（A2）	社会进步（A3）	W_i
生态环境保护（A1）	1	3	5	0.6370
经济循环发展（A2）	1/3	1	3	0.2583
社会进步（A3）	1/5	1/3	1	0.1047

（$\lambda_{max} = 3.038511$，$CI = 0.0192555$，$RI = 0.58$，$CR = 0.033199$）

（资料来源：作者统计）

（1）计算各项指标权重

参照以上的计算过程得到层次单排序的结果，A对P的权重值WA_i（$i = 1, 2, 3$），B对A的权重值WB_i（$i = 1, 2, \cdots, 10$），C对B的权重值WC_i（$i = 1, 2, \cdots, 33$），对14个矩阵全部进行一致性检验后，得到目标体系的指标权重一览表（表4-12）。

商洛城市空间绿色发展目标体系指标权重一览表　　　　表4-12

目标层（P）	项目层（A）	因素层（B）	单排序权重	总排序权重	指标层（C）	单排序权重	总排序权重
商洛城市空间绿色发展（P）	生态环境保护（A1）0.6370	生物多样性保护（B1）	0.1172	0.0746	本地木本植物指数（C1）	0.7500	0.0560
					综合物种指数（C2）	0.2500	0.0187
		生态空间建设（B2）	0.2684	0.1710	耕地面积比例（C3）	0.0393	0.0067
					森林面积比例（C4）	0.0598	0.0102
					建成区绿地率（C5）	0.2029	0.0347
					建成区绿化覆盖率（C6）	0.2706	0.0463
					人均绿地面积（C7）	0.2313	0.0396
					道路绿化达标率（C8）	0.1057	0.0181
					水体岸线自然化率（C9）	0.0904	0.0154
		城市环境安全（B3）	0.6144	0.3914	年径流总量控制率（C10）	0.0524	0.0205
					环境空气质量优良率（C11）	0.1023	0.0400
					各功能区声环境质量监测点次总达标率（C12）	0.0298	0.0117
					生活垃圾无害化处理率（C13）	0.1784	0.0698
					工业废水排放总量密度（C14）	0.3994	0.1563
					工业粉尘排放总量密度（C15）	0.2377	0.0930

续表

目标层（P）	项目层（A）	因素层（B）	单排序权重	总排序权重	指标层（C）	单排序权重	总排序权重
商洛城市空间绿色发展（P）	经济循环发展（A2）0.2583	经济发展水平（B4）	0.0974	0.0252	人均GDP（C16）	0.2500	0.0063
					单位GDP能耗（C17）	0.7500	0.0189
		土地集约利用（B5）	0.3331	0.0860	建设用地面积比例（C18）	0.1641	0.0141
					住宅平均容积率（C19）	0.4035	0.0347
					人均城市建设用地面积（C20）	0.2887	0.0248
					人口密度（C21）	0.0495	0.0043
					工业用地比例（C22）	0.0942	0.0082
		经济发展质量（B6）	0.5695	0.1471	可再生能源使用比例（C23）	0.0714	0.0105
					再生水利用率（C24）	0.5147	0.0757
					污水处理率（C25）	0.2810	0.0413
					绿色建筑占新建建筑比例（C26）	0.1329	0.0195
	社会进步（A3）0.1047	人口素质水平（B7）	0.0714	0.0075	教育投入（C27）	1.0000	0.0075
		基础设施完善（B8）	0.5147	0.0539	公交站点500m范围覆盖率（C28）	0.2500	0.0135
					5min可达公共服务设施覆盖率（C29）	0.7500	0.0404
		生活模式健康（B9）	0.2810	0.0294	绿色出行分担率（C30）	0.3333	0.0098
					职住平衡指数（C31）	0.6667	0.0196
		社会管理高效（B10）	0.1329	0.0139	环境保护投资占GDP比例（C32）	0.2500	0.0035
					居民对城市生态环境的满意度（C33）	0.7500	0.0104

（资料来源：作者统计）

（2）评价指标值确定

商洛城市空间绿色发展目标体系评价指标包括正向目标趋向和逆向目标趋向两类。目标指数采用以下方法计算：

若C_i指标的实际值为X_i，C_i指标的标准值为Y_i，C_i指标的评价目标指数为P_i，其中，正向性指标若以"达标"为标准值，当$X_i \geqslant Y_i$时，$P_i = 1$，当$X_i < Y_i$时，$P_i = X_i/Y_i$；逆向性指标若以"达标"为标准值，当$X_i \leqslant Y_i$时，$P_i = 1$，当$X_i > Y_i$时，$P_i = Y_i/X_i$。

（3）综合目标值计算

要全面反映商洛城市空间系统的情况，需进行单项指标的综合评价。计算公式如下：

$$P = \sum_{i=1}^{n} P_i \times W_i \qquad (4-10)$$

公式中，P为综合目标评价值，n为指标个数，P_i为各指标的目标指数，W_i为各指标的权重。P值分值越高，商洛城市空间绿色发展状况越好，越趋近目标。计算结果见表4-13。

商洛城市空间绿色发展状况评价结果 表4-13

序号	因素	目标值	评价内涵
1	生物多样性保护	0.0605	
2	生态空间建设	0.1128	绿色协调度
3	城市环境安全	0.3551	
4	经济发展水平	0.0193	
5	土地集约利用	0.0837	绿色发展度
6	经济发展质量	0.1132	
7	人口素质水平	0.0050	
8	基础设施完善	0.0485	绿色持续度
9	生活模式健康	0.0250	
10	社会管理高效	0.0093	
	综合	0.8324	商洛城市空间绿色发展

（资料来源：作者统计）

4.3.3 商洛城市空间绿色发展相关因素的灰色关联分析

城市空间作为复杂系统具有不确定性和无序性的特点，城市空间发展是多因素共同作用的结果，具有多尺度性和高维性的特点，难以用量化的数学模型进行模拟，这一问题则需要采用灰色系统方法进行研究。

为分析各因素间的关联程度，根据商洛城市空间绿色发展目标体系的构成，将体现绿色协调度的生态空间建设、城市环境安全；体现绿色发展度的土地集约利用；体现绿色持续度的基础设施完善为主要考察因素，在这些因素指标中，选取中心城区人口密度 $[x_0(k)]$ 序列作为母因素序列，耕地面积比例序列 $[x_1(k)$ 序列]、森林面积比例序列 $[x_2(k)$ 序列]、建成区绿地率序列 $[x_3(k)$ 序列]、建成区绿化覆盖率序列 $[x_4(k)$ 序列]、人均绿地面积序列 $[x_5(k)$ 序列]、生活垃圾无害化处理率序列 $[x_6(k)$ 序列]、工业废水排放总量密度序列 $[x_7(k)$ 序列]、工业粉尘排放总量密度序列 $[x_8(k)$ 序列]、建设用地面积比例序列 $[x_9(k)$ 序列]、住宅平均容积率序列 $[x_{10}(k)$ 序列]、人均城市建设用地面积序列 $[x_{11}(k)$ 序列]、工业用地比例序列 $[x_{12}(k)$ 序列]、公交站点500m范围覆盖率序列 $[x_{13}(k)$ 序列]、5min可达公共服务设施覆盖率序列 $[x_{14}(k)$ 序列] 作为子因素序列，通过母子序列关系进行灰色关联分析（表4-14）。

对表中的指标数据进行无量纲化处理，采用灰色关联分析法要求的均值变换，得到序列初值像数据，如表4-15所示。

商洛城市空间绿色发展指标因子与数据　　　　　表4-14

序号	指标内涵	城市空间绿色发展指标因子	数值		
			2000年	2009年	2015年
1	绿色协调度	耕地面积比例（%）	12.35	6.82	6.92
2		森林面积比例（%）	53.96	64.73	66.50
3		建成区绿地率（%）	20.94	13.39	10.38
4		建成区绿化覆盖率（%）	36.72	31.65	38.00
5		人均绿地面积（m²/人）	15.84	11.72	10.32
6		生活垃圾无害化处理率（%）	32.54	72.91	96.00
7		工业废水排放总量密度[t/（km²·日）]	0.73	2.95	3.83
8		工业粉尘排放总量密度[t/（km²·年）]	0.50	0.33	0.23
9	绿色发展度	建设用地面积比例（%）	0.43	0.59	1.14
10		住宅平均容积率	1.03	1.25	1.48
11		人均城市建设用地面积（m²/人）	75.65	87.56	99.38
12		工业用地比例（%）	11.39	10.37	8.66
13	绿色持续度	公交站点500m范围覆盖率（%）	23.69	47.41	67.25
14		5min可达公共服务设施覆盖率（%）	36.92	72.16	84.73
15		中心城区人口密度（人/km²）	13216	11421	10062

（资料来源：作者统计）

商洛城市空间绿色发展指标因子序列初值像数据　　　　　表4-15

序号 k	城市空间绿色发展指标因子	序列初值		
		2000年	2009年	2015年
1	x_1'	1.4195	0.7839	0.7954
2	x_2'	0.8741	1.0486	1.0773
3	x_3'	1.4054	0.8987	0.6966
4	x_4'	1.0355	0.8926	1.0716
5	x_5'	1.2542	0.9279	0.8171
6	x_6'	0.4846	1.0858	1.4296
7	x_7'	0.2920	1.1800	1.5320
8	x_8'	1.4152	0.9341	0.6510
9	x_9'	0.5972	0.8194	1.5833
10	x_{10}'	0.8218	0.9974	1.1809
11	x_{11}'	0.8643	1.0003	1.1354
12	x_{12}'	1.1233	1.0227	0.8540
13	x_{13}'	0.5137	1.0280	1.4583
14	x_{14}'	0.5715	1.1170	1.3115
15	x_0'	1.1426	0.9874	0.8699

（资料来源：作者统计）

根据序列初值像数据，计算母子因素间距$\Delta_{0i}(k)$，计算结果如表4-16所示。

母子因素间距序列　　　　　　　　　表4-16

序号 k	城市空间绿色发展指标因子	序列差绝对值		
		2000 年	2009 年	2015 年
1	Δx_{1k}	0.2796	0.2035	0.0745
2	Δx_{2k}	0.2685	0.0612	0.2074
3	Δx_{3k}	0.2628	0.0887	0.1733
4	Δx_{4k}	0.1071	0.0948	0.2017
5	Δx_{5k}	0.1116	0.0595	0.0528
6	Δx_{6k}	0.6580	0.0984	0.5597
7	Δx_{7k}	0.8506	0.1926	0.6621
8	Δx_{8k}	0.2726	0.0560	0.2189
9	Δx_{9k}	0.5454	0.1680	0.7134
10	Δx_{10k}	0.3208	0.0100	0.3101
11	Δx_{11k}	0.2783	0.0129	0.2655
12	Δx_{12k}	0.0193	0.0353	0.0159
13	Δx_{13k}	0.6289	0.0406	0.5884
14	Δx_{14k}	0.5711	0.1296	0.4416

（资料来源：作者统计）

根据计算可得到最大绝对差值$\Delta_{\max}=0.8506$和最小绝对差值$\Delta_{\min}=0.0100$，依据关联系数公式：

$$\gamma(x_0(k),x_i(k))=\frac{\Delta_{\min}+\xi\Delta_{\max}}{\Delta_{0i}(k)+\xi\Delta_{\max}}\qquad（4-11）$$

取$\xi=0.5$，计算各指标因子不同时刻的关联系数$\gamma(x_0(k),x_i(k))$如表4-17所示。

各指标因子不同时刻关联系数　　　　　　　　　表4-17

序号 k	城市空间绿色发展指标因子	关联系数		
		2000 年	2009 年	2015 年
1	$\gamma(x_0(k),x_1(k))$	0.6175	0.6923	0.8709
2	$\gamma(x_0(k),x_2(k))$	0.6274	0.8948	0.6880
3	$\gamma(x_0(k),x_3(k))$	0.6326	0.8469	0.7272
4	$\gamma(x_0(k),x_4(k))$	0.8176	0.8370	0.6943

续表

序号 k	城市空间绿色发展指标因子	关联系数		
		2000 年	2009 年	2015 年
5	$\gamma(x_0(k), x_5(k))$	0.8108	0.8979	0.9105
6	$\gamma(x_0(k), x_6(k))$	0.4018	0.8172	0.4419
7	$\gamma(x_0(k), x_7(k))$	0.3412	0.7045	0.4003
8	$\gamma(x_0(k), x_8(k))$	0.6237	0.9044	0.6757
9	$\gamma(x_0(k), x_9(k))$	0.4484	0.7337	0.3823
10	$\gamma(x_0(k), x_{10}(k))$	0.5834	1.0000	0.5919
11	$\gamma(x_0(k), x_{11}(k))$	0.6187	0.9934	0.6301
12	$\gamma(x_0(k), x_{12}(k))$	0.9791	0.9451	0.9866
13	$\gamma(x_0(k), x_{13}(k))$	0.4129	0.9343	0.4307
14	$\gamma(x_0(k), x_{14}(k))$	0.4369	0.7845	0.5021

（资料来源：作者统计）

对各指标因子的关联度进行计算，结果如表4-18所示。

商洛城市空间绿色发展指标因子关联度 表4-18

序号	指标内涵	城市空间绿色发展指标因子	数值
1	绿色协调度	耕地面积比例（%）	0.7269
2		森林面积比例（%）	0.7367
3		建成区绿地率（%）	0.7356
4		建成区绿化覆盖率（%）	0.7830
5		人均绿地面积（m²/人）	0.8731
6		生活垃圾无害化处理率（%）	0.5536
7		工业废水排放总量密度[t/（km²·日）]	0.4820
8		工业粉尘排放总量密度[t/（km²·年）]	0.7346
9	绿色发展度	建设用地面积比例（%）	0.5215
10		住宅平均容积率	0.7251
11		人均城市建设用地面积（m²/人）	0.7474
12		工业用地比例（%）	0.9703
13	绿色持续度	公交站点500m范围覆盖率（%）	0.5926
14		5min可达公共服务设施覆盖率（%）	0.5745

（资料来源：作者统计）

从关联度计算结果分析，研究考察的14个指标因子中，工业用地比例指标的影响较大，其次是人均绿地面积、建成区绿化覆盖率、人均城市建设用地面积、森林面积比例、建成区绿地率、工业粉尘排放总量密度、耕地面积比例、住宅平均容积率等因子，而影响较小的指标因子为公交站点500m范围覆盖率、5min可达公共服务设施覆盖率、生活垃圾无害化处理率、建设用地面积比例及工业废水排放总量密度。

4.3.4　基于定量分析的商洛城市空间结构变化趋势

根据商洛城市空间绿色发展影响因素的关联分析，在指标因子中，可以将因子按关联度数值划分为3个层次，第一层次因子包括工业用地比例和人均绿地面积；第二层次因子包括建成区绿化覆盖率、人均城市建设用地面积、森林面积比例、建成区绿地率、工业粉尘排放总量密度、耕地面积比例、住宅平均容积率；第三层次因子包括公交站点500m范围覆盖率、5min可达公共服务设施覆盖率、生活垃圾无害化处理率、建设用地面积比例、工业废水排放总量密度。将以上三个层次的指标因子现状数据与2020年规划数据进行对比（表4-19）。

商洛城市空间绿色发展指标因子现状与规划数据对比一览表　　　表4-19

序号	城市空间绿色发展指标因子	关联度	2015 年	2020 年	目标值
1	工业用地比例（%）	0.9703	8.66	12.40	10.00（逆向）
2	人均绿地面积（m²/人）	0.8731	10.32	20.14	20.00（正向）
3	建成区绿化覆盖率（%）	0.7830	38.00	69.50	65.00（正向）
4	人均城市建设用地面积（m²/人）	0.7474	99.38	95.00	95.00（逆向）
5	森林面积比例（%）	0.7367	66.50	69.50	70.00（正向）
6	建成区绿地率（%）	0.7356	10.38	35.00	38.00（正向）
7	工业粉尘排放总量密度[t/（km²·年）]	0.7346	0.23	0.46	0.50（逆向）
8	耕地面积比例（%）	0.7269	6.92	10.32	12.00（正向）
9	住宅平均容积率	0.7251	1.48	1.73	1.9～2.1
10	公交站点500m范围覆盖率（%）	0.5926	67.25	90.00	100.00（正向）
11	5min可达公共服务设施覆盖率（%）	0.5745	84.73	96.00	100.00（正向）
12	生活垃圾无害化处理率（%）	0.5536	96.00	100.00	98.00（正向）
13	建设用地面积比例（%）	0.5215	1.14	1.49	1.50（逆向）
14	工业废水排放总量密度[t/（km²·日）]	0.4820	3.83	3.03	3.00（逆向）

（资料来源：作者统计）

综合商洛城市空间绿色发展的主要指标因子的关联度及指标数据现状2015年向规划2020年变化的趋势，对3个层次的14个指标因子的数量调整状况进行目标比对，分析城市空间数量结构的变化趋势，以确定城市空间绿色发展的重要研究内容。

第一层次指标因子中，关联度为0.9703的工业用地比例呈上升趋势，且增加幅度较大，并背离了目标值；关联度为0.8731的人均绿地面积的变化趋势呈上升趋势，且顺应目标值方向变化，并达到了目标值。

第二层次指标因子中，各指标因子的变化状况都呈增长趋势，达到目标值的指标因子包括建成区绿化覆盖率、人均城市建设用地面积、工业粉尘排放总量密度；而森林面积比例、建成区绿地率、耕地面积比例、住宅平均容积率趋近目标值，但未达标。

第三层次指标因子中，各指标因子的变化趋势均为顺应目标值方向变化，建设用地面积比例、生活垃圾无害化处理率达到了目标值，工业废水排放总量密度趋近于目标值，公交站点500m范围覆盖率、5min可达公共服务设施覆盖率2个指标因子距离目标值还有差距。

通过商洛城市空间数量结构的变化趋势分析，用地结构表现为建成区内部绿地面积不足，城市规划区耕地面积比例较低，说明反映城市空间"绿色协调度"的生态空间建设不够均衡；城区内的工业用地数量较高，住宅平均容积率较低，说明反映城市空间"绿色发展度"的土地集约利用程度不高；城区内公交站点500m范围覆盖率及5min可达公共服务设施覆盖率过低，说明反映城市空间"绿色持续度"的基础设施和公共服务设施建设不够完善。

4.4 商洛城市空间结构的定位分析

研究采用"空间句法"对商洛城市空间结构进行定位分析，以此审视商洛城市空间节点间的关系及其与整体结构的关系。

4.4.1 空间句法分析法

空间句法分析所指的"空间"并不是实体空间的实际距离，而是拓扑关系代表的空间关系。因此，在描述其相互关系时，常用分析变量进行表达。如控制度、选择度、深度值和集成度等。通过分析变量，可以定量描述城市空间节点的相互关系，剖析城市空间结构的内在特征。

其中，控制度（Control）为某个空间节点对其相邻节点的控制程度，反映一个空间对其周围空间的影响程度[205]。选择度（Choice）是考察一个空间出现在最短拓扑路径的次数，选择度越高，则吸引穿行交通的能力越强。深度值（Depth）为两个空间节点的深度，即从某节点到另一节点的最短路程，表达了对象节点在空间范围内的交通便捷程度，以分析拓扑涵义的空间可达性。集成度（Integration）为某一空间与局部空间或整体空间集聚或离散的程度，是采用相对不对称值的方法将深度值标准化后进行分析。

4.4.2 商洛城市重点功能用地空间的定位分析

前文4.3.3中对商洛城市空间绿色发展的目标体系及指标因子进行了关联分析，分析表明，工业用地、城市绿地、居住用地和公共服务设施用地是对商洛城市空间绿色发展起重要作用的土地使用类型，研究以商洛中心城区土地利用现状为基础资料（图4-6），对重点功能用地分别进行空间定位分析。

1．工业用地空间控制度分析

工业用地是商洛城市空间绿色发展目标的重要因子，对城市整体的功能结构与空间形态有明显影响。研究采用控制度变量判断工业用地对环境造成的负面影响，控制度数值由低到高，表明工业用地对周围环境的影响由弱至强。

如图4-7所示，商洛城区目前工业用地约95%分布在城区东部与南部，且集中于丹江南岸。现状工业用地控制度分析显示，商洛城区工业用地的空间控制度平均值为0.94。在周边100m范围的空间中选取154个节点进行分析，将控制度按三档划分比对可见，控制度位于1/3高度档的节点占9.1%；位于1/3中度档的节点占53.3%；位于1/3低度档的节点占37.6%。

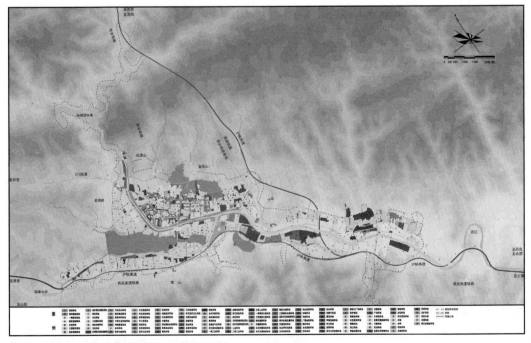

图4-6 商洛中心城区土地利用现状图（2015年）
（资料来源：商洛市城市总体规划（2011—2020年）（修改），西安建大城市规划设计研究院）

其中，控制值较高的节点在3.5～4.58之间共有5个，分别位于城区西部312国道附近、城区中部丹江北岸新安路附近及城区东部火车站附近；控制值较低的节点低于0.49的共有11个，其空间分布多在城区集中布局的工业园区内（图4-7）。分析表明，控制值较高的空间范围内的工业用地布局会对城市环境造成影响，工业用地的空间定位于中心城区东部及中南部较为适宜（图4-8）。

2. 城市绿地空间选择度分析

城市绿地是城市生态系统中自然空间的重要组成，协调城市绿地与其他建设用地的空间关系，可以避免城市建成区的无序扩张造成的生态损失与资源浪费。对城市生态系统而言，

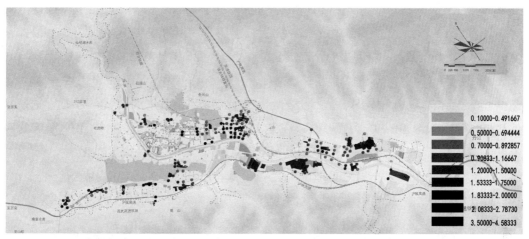

图4-7 商洛中心城区现状工业用地控制度分析
（图片来源：作者自绘）

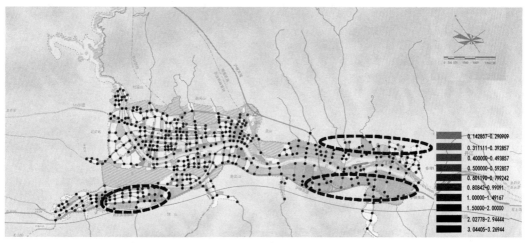

图4-8 基于控制度分析的商洛中心城区工业用地适宜空间定位
（图片来源：作者自绘）

城市绿地的景观多样性反映了不同物种生境的建设，这与生物多样性的维系也有直接的逻辑关系。

研究采用选择度对商洛城市绿地进行空间分析，能够反映局部用地与整体结构的相关性。选择度数值越高表明城市绿地的活动参与性越好，其空间系统的运作效率也越高。从图4-9可以看出，商洛市中心城区现状城市绿地约7%位于丹江两岸呈带状分布；约13%位于城区中部丹江南岸，呈团块状分布；约30%位于城区北部金凤山，约50%集中位于城区西南部丹江南岸龟山，这两处城市绿地为依托自然山体进行布局，形成规模较大的城市半自然景观游憩与生态服务空间。

商洛城区现状城市绿地选择度的平均值为14075，研究在周边100m范围的空间选取88个节点进行分析，将选择度按三档划分比对可见，选择度位于1/3高度档的节点数量占比44.8%；位于1/3中度档的节点数量占比38.5%；位于1/3低度档的节点数量占比7.7%。但各绿地节点处的选择度数值在空间内的分布并不均匀。选择度值0～988之间的节点为3个，均位于城区西南部龟山山体公园的西北角；选择度值在1009～2989之间分布的节点数为4个，分别位于城区西南部龟山山体公园的东北方向、城区北部金凤山山体公园的东北方向；选择度值在3014～6969、7091～9740范围的节点数有17个，7个位于城区北部金凤山山体公园的西南方向，8个位于城区丹江沿岸的带状绿地东西两端，2个位于城区西南部龟山山体公园的东端。选择度值在10080～19971之间的节点有26个，集中于城区西南部龟山山体公园南侧、城区静泉山公园北侧、丹江沿岸带状绿地的西侧；选择度值在20906～160935之间的节点有41个，集中分布于城区静泉山公园北侧、丹江沿岸带状绿地的东侧（图4-9）。

分析表明商洛中心城区现状绿地的选择度整体较好，龟山山体公园、静泉山公园及丹江

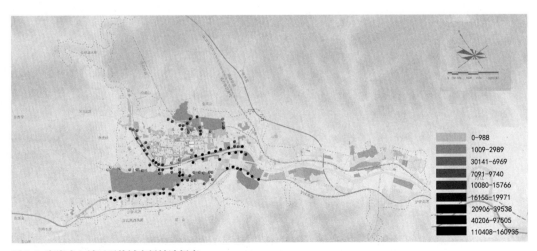

	0-988
	1009-2989
	30141-6969
	7091-9740
	10080-15766
	16155-19971
	20906-39538
	40206-97505
	110408-160935

图4-9 商洛中心城区现状城市绿地选择度
（图片来源：作者自绘）

沿岸带状绿地尤为突出。但从绿地节点100m范围的节点覆盖来看，城区内绿地不成体系，空间分布极不均衡，特别缺乏城区内部的人工景观游憩空间及生态服务空间。

3.居住用地与商业服务业设施用地空间深度值分析

居住用地的空间定位关系到城市的整体空间结构、城市的环境质量、居民的生活质量、城市空间的综合效益等多个方面。从城市空间绿色发展目标来看，减少出行距离与时间，是降低城市通勤消耗，减少城市生态足迹，提升居民生活质量，提升城市空间"绿色发展度"和"绿色持续度"的因素之一。

商业服务业设施用地是城市经济空间的重要组成，它依赖于人流的聚集性以及时空便捷性提供聚集效益，城市人口分布的空间重心与这类空间有明显的正相关关系。在城市空间的发展演化中，商业服务业用地总是与城市居住生活空间相互结合，承担市场消费与工作就业的双重角色，而它们之间的空间关系又影响城市整体的空间格局。

研究将居住用地与商业服务业设施用地作为整体进行分析，采用深度值变量对其联系的便捷程度进行判断，以反映城市居住用地的集约性及服务设施的完善覆盖。

如图4-7所示，商洛市中心城区现状居住用地约55%位于丹江北岸，主要集中在北新街、名人街及中心街周边，丹江沿岸、北新街附近地段居住用地分布较均匀，用地规模适中；现状居住用地约40%位于城区东部丹江北岸及南部沪陕高速沿线，用地规模较大；约5%分布在城区西南环城南路沿线，用地规模较小。商业用地主要分布在丹江北岸的老城区内以及丹江南岸各地段内。

商洛城区现状居住用地深度值度平均值为162587，在周边100m空间范围中选取275个节点进行分析，深度值在中心城区西部、南部、北部地区的空间分布较为均匀，城区东部地区略偏高。深度值在最小值808~9997范围内包括32个节点，均位于城区中部丹江沿岸地段；深度值梯次增加的10005~11982、12008~13972范围内包括87个节点，深度值位于中档14039~19962间包括45个节点，都集中在城区东部、北部及南部地区；深度值位于最高档20066~36838之间包括111个节点，多集中在城区东部和东南部地区（图4-10）。

商洛城区现状商业用地深度值平均为125787，在周边100m空间范围中选取122个节点进行分析，各档深度值节点数量在老城区内分布最多，其次是西南部地区，东部地段分布最少。深度值在最小值8808~9997间包括12个节点，均分布于丹江北岸老城区内；深度值梯次增加的10005~11982间包括18个节点，分布于丹江北岸老城区外围地段；深度值在中档12008~13972、14039~15978、18010~19962之间包括69个节点，主要分布于城区中部及西部地段；深度值在最高值20066~21929间包括23个节点，均分布于城区东部和西南部地段（图4-11）。

居住用地和商业用地的深度值越高，表明该节点空间与城市其他类型空间的分离度越高，不利于城市空间的集约发展，降低了城市的整体生态效益。上述分析表明，商洛中心城

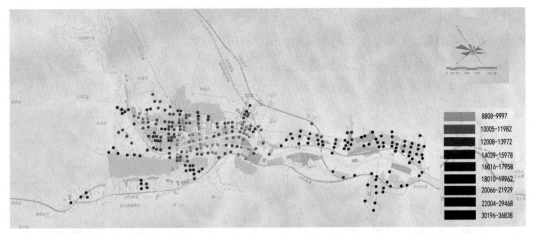

图4-10 商洛中心城区现状居住用地深度值
（图片来源：作者自绘）

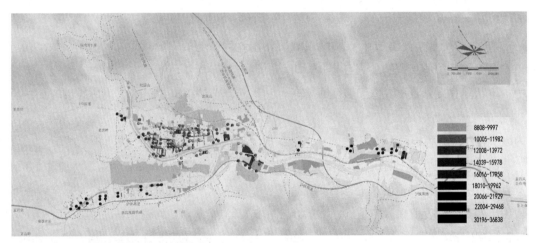

图4-11 商洛中心城区现状商业用地深度值
（图片来源：作者自绘）

区现状居住用地的分离度偏高，城市东部地区的居住用地表现出城市空间结构迅速拓展而带来的低效蔓延形态。商洛中心城区东部及西南部地段的商业服务设施空间布局尚不完善，地段内的设施服务半径过大，城市建设预期的辐射力发挥不足，城市空间拓展的效能不高。

4. 公共活动空间集成度分析

公共活动空间是城市各部分的联结体，在社会空间规律作用下，受地点和环境因素影响，通过城市内具体的人群与行为反映社会网络与城市物质空间的相互适应与协调。它可以促进城市公共交流，提升城市活力，提高城市健康与安全，带动城市的良性发展。

受到空间互动与分离机制规律的影响，公共活动空间成为城市生活的引力源之一，优质的公共资源与良好的公共空间环境不仅为城市经济发展提供基础，也使城市空间类型日益多

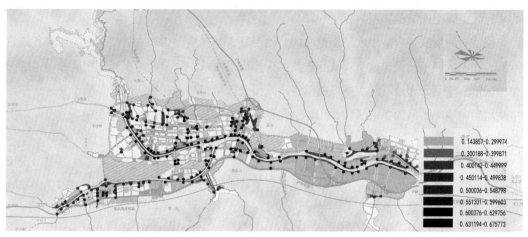

图4-12 商洛中心城区现状公共活动空间集成度
（图片来源：作者自绘）

样化。研究通过分析商洛城区的广场、文化设施、教育设施、体育场馆、大型医院等公共活动空间节点集成度，揭示城市公共活动空间与周边用地的空间互动程度。

商洛中心城区现状公共活动空间集成度分析显示，平均值为0.65，在周边100m空间范围中选取208个节点进行分析。集成度为0.143857～0.399871之间的空间节点集中分布于城区东部兴工南路附近；集成度0.400142～0.599603之间的节点空间分布较均匀；集成度在0.600376～0.675773之间的节点集中于城区中部丹江沿岸。集成度的空间分布表明商洛中心城区内现状公共活动空间节点在城东及南秦河镇南岸设置的服务半径过大，导致公共活动空间分布较为分散，在城区丹江沿岸分布则较为集中。这种空间分布格局具有生长轴延展过程的明显特征，呈现以轴线为引导的分布形态，城市整体空间层面的集成度较好，但在城市功能区内部的分布与联系却不够均衡（图4-12）。

公共空间节点的集成度越高，表明周边空间范围到达这个节点的空间联系越便捷，越有利于物质、能量及信息的流动。分析表明，商洛城市的公共活动空间分布不够均衡，设施设置与覆盖尚不够完善。

4.4.3 基于定位分析的商洛城市空间结构变化趋势

1. 城市整体空间结构由分散转向集聚

城市整体空间以规模拓展为主，但不同方位的空间拓展内涵有差异性。有因城市功能完善或调整需要的实际建设活动带来的扩展，如商丹循环经济工业园区建设，城市西部、南部的新建功能区等，受到丹江、南秦河对城市功能空间的分割影响，城市西部、南部呈现跨越丹江的组团式结构扩展；也有因城市规划区范围拓展，郊区村庄建设用地性质转变造成的空间规模增长，特别是城区东部的空间拓展，呈现由纯化功能区土地利用构成的沿河和交通线的非连续点线空间结构拓展。

城市空间发展受自然山水与交通线的制约明显，整体空间结构沿丹江、南秦河河谷地带展开，在城区内不同区位或集聚或分散发展，构成组团状空间结构。在城市用地外向扩展为主的区位，空间分布以跳跃点式或跳跃组团式呈分散状格局，用地空间形态趋于复杂，在城市用地内向填充扩展为主的区位，用地空间分布呈集聚格局，空间距离逐渐缩小，空间形态趋于规整。

可见，在城市空间由"组团+散点"向"带状多组团"的结构模式演化过程中，城市空间由外延式扩展向内部填充式扩展转变，沿河谷地散布的点状及组团状城市空间趋向于轴向蔓延，空间由分散转向集聚，紧凑度提升。

2. 城市重点功能用地空间结构互动联系不足

从城市重点功能用地的空间分析来看，受到城市整体空间结构特征的影响，各类用地通过空间转移、蔓延、演替等方式在城市空间的分布范围扩大。其中，工业用地空间区位向城区东部转移并集聚发展，其他功能用地空间在城区整体空间中呈现相对集中又有机分散的布局格局。但从用地空间的互动联系分析，老城区内的用地空间交通联系的便捷性与空间的集成度较高；而城市新区的空间联系分散，表现出单一纯化的功能空间特征，空间互动不足，特别是城市公共活动空间的集成度不高，商业服务业设施用地空间与居住空间的分离度较高。

绿地空间作为城市绿色发展最重要的生态化要素，在城市整体空间区位分布不够均衡。作为生态基质和生态廊道的半自然景观游憩与生态服务空间选择度较高，对城区空间生态效能的提升提供了基础；但作为生态斑块的城区内部的人工景观游憩空间及生态服务空间较为缺乏，致使城市绿地空间与其他功能用地空间的联系性减弱，城区内部功能体单元的生态流处于分割孤立状态，生态效应不高。

城市重点功能用地的空间结构分析表明，商洛城市内部功能空间定位不均衡，空间互动与联系不够充分，空间结构效率有待提升。

4.5 商洛城市代谢系统结构分析

绿色发展视角下的城市生产和生活活动既是城市聚落功能的具体体现，也反映出城市空间承载自然界与社会的各种能量流动的情况。在城市空间系统中，通过能量流动将资源转换为产品维持人类生存与生活，同时，向自然界输出人类生活产生的废物，这个过程以代谢的形式平衡物质、能量等的输入及产品与废物的输出。城市代谢是基于环境负荷、居住需求、经济发展等的资源输入与产品、废物输出的生态系统模式。从商洛城市系统内部的生产、消费和循环等代谢环节进行量化分析，对城市代谢过程进行解析，通过城市生态层阶的结构分析可以揭示代谢系统内在组分的相互关系，并考察商洛城市代谢系统的内部结构与特征。

4.5.1 商洛城市代谢系统结构分析的前提条件

城市代谢是将资源、能源供应给城市生态系统，经过城市内部的传递、转化、循环，最后输出产品和废弃物的过程。这一系统的分析前提需要明确系统边界、系统组分和系统过程。

1. 城市代谢系统的边界

城市系统的边界有多种界定方式，针对以人口密集的居民点研究其代谢过程，多数研究考虑到操作性及数据获取的需要，人为界定城市代谢系统的边界为行政区划体系下的地域范围。本书研究的商洛城市代谢系统包括社会经济系统构成的代谢主体，城市范围内的自然环境构成的内部环境，以及城市以外的区域构成的外部环境，系统边界即城市的行政边界。

2. 城市代谢系统的组分分析

依据城市产业的物质利用与转化过程，可将其分为动脉产业与静脉产业。动脉产业将资源转化为产品，供给其他产业和家庭进行消费，由于其转化需部分资源，因而动脉产业与家庭消费同属消费者；静脉产业将废弃物处理转化供给动脉产业，属于还原者；内部环境与外部环境可类比为生产者，也承担一定的还原功能。

静脉产业主要利用废弃物进行产业生产，归为循环加工业。动脉产业包括将原生资源引入系统的采掘业、农业；主要利用原生资产的初级加工产业、物能转化产业；利用二次资源的加工制造产业；利用大量再生资源的特殊加工产业；将资源转化为城市系统存量的建筑等。

3. 城市代谢系统的过程分析

城市代谢过程不仅包括城市从自然环境中输入资源和部分物质产品，输出废弃物和新产品，还包括在城市主体内部经历了生产产品、消费产品、排放废弃物，并将一部分废弃物还原为被重新利用或直接消费的产品的过程（图4-13）。

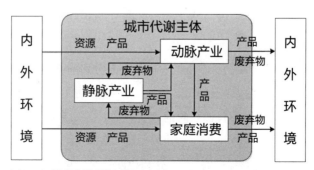

图4-13 城市代谢系统过程示意图
（图片来源：作者自绘）

4.5.2 商洛城市代谢系统模型构建

城市中产业间的物质能量交换往往涉及多个主体、多种代谢路径，这些主体与代谢路径相互交织关联在一起，形成了网络结构形态。由此，可以将城市代谢系统产业及相互作用关系抽象为网络，引入生态网络分析方法研究城市代谢系统的研究[206-208]。

1. 生态网络分析方法原理

生态网络分析是基于投入产出分析生态系统中物质、能量流动的分析方法，将代谢主体抽象为由节点、路径和流量构成的网络来模拟生态系统[209]。

（1）网络节点

研究构建的商洛城市代谢系统生态网络模型中，网络节点是代谢组分和内部环境的总和，即内部环境、农业、采掘业、加工制造业、物能转换业、建筑业、循环加工业以及家庭消费，其定义及缩写如下：

外部区域（External Environment，E）：商洛城市边界以外的区域。

内部环境（Internal Environment，I）：商洛城市边界以内的自然生态系统。

农业（Agriculture，A）：商洛城市系统内的农、林、牧、渔业。

采掘业（Mining，M）：商洛城市系统内的煤炭、石油等非生物质原生资源开采及其采选业，包括系统外能源物质交换中转库。

加工制造业（Processing and Manufacture，P）：商洛城市系统内的加工制造业，包括初级加工制造业、高级加工制造业。

物能转换业（Material-energy Transformation Industry，T）：商洛城市系统内的电力、热力的生产和供应业，包括系统内部能源转化与交换中转库。

建筑业（Construction Industry，C）：商洛城市系统内的房屋和土木工程建筑业；包括已有建筑拆除。

循环加工业（Recycling Manufacture，R）：商洛城市系统内的对污染物进行处理以及对废弃物进行加工回收的产业。

家庭消费（Domestic Sector，D）：商洛城市常住人口生活消费。

（2）网络路径

生态网络中的路径是指连接两个节点的有向线，是分室间物质、能量传递的通道，节点与路径结合，构成了城市代谢系统的概念模型，其中路径是指城市代谢过程中实际的物质传递途径[210]。研究构建商洛城市代谢系统的直接路径，表达系统内物质传递的途径及内容（表4-20、表4-21）。

综上所述，商洛城市代谢系统的代谢组分和代谢过程，可以定义为8个分室和36条直接路径，抽象得到如下的"节点—路径"图，表示城市代谢系统网络的概念模型（图4-14）。

商洛城市代谢系统直接路径   表4-20

$f_{输入/输出}$	I（内部环境）	A（农业）	M（采掘业）	P（加工制造业）	T（物能转换业）	C（建筑业）	R（循环加工业）	D（家庭消费）	E（外部区域）
I（内部环境）	—	f_{ia}	f_{im}	f_{ip}	—	f_{ic}	f_{ir}	f_{id}	z_i
A（农业）	f_{ai}	—	f_{am}	—	f_{at}	—	—	—	—
M（采掘业）	f_{mi}	—	—	—	—	—	—	—	z_m
P（加工制造业）	f_{pi}	f_{pa}	f_{pm}	—	f_{pt}	—	f_{pr}	—	z_p
T（物能转换业）	—	—	f_{tm}	—	—	—	—	—	—
C（建筑业）	—	—	f_{cm}	f_{cp}	f_{ct}	—	—	—	z_c
R（循环加工业）	f_{ri}	—	—	f_{rp}	—	—	—	f_{rd}	—
D（家庭消费）	f_{di}	f_{da}	f_{dm}	f_{dp}	f_{dt}	—	—	—	z_d
E（外部区域）	y_i	—	y_m	y_p	y_t	—	—	—	—

（资料来源：郑诗赏，石磊.基于生态网络的山东省能源代谢网络分析，作者略作调整）

商洛城市代谢系统直接路径的物质传递内容   表4-21

代码名称		表达含义
系统内的直接路径	f_{ia}	农业生产所产生的各种污染物；农产品隐流
	f_{im}	采掘业产生的隐流
	f_{ip}	制造业未达标排放的污染物
	f_{ic}	建筑、装修和拆迁垃圾
	f_{ir}	经过净化处理后排放的各种污染物
	f_{id}	城市居民的呼吸过程排放的二氧化碳；未经过净化的生活垃圾及粪便等
	f_{ai}	农业生产消耗的水、氧气及其他营养物质（隐流）
	f_{am}	农业生产消耗的系统外供给能源
	f_{at}	农业生产消耗的系统内再生产所得能源
	f_{mi}	采掘业开采的资源及隐流
	f_{pi}	制造业生产用水等
	f_{pa}	用于工业加工的农产品
	f_{pm}	铁矿等矿产原料及系统外供给能源
	f_{pt}	系统内再生产所得能源
	f_{pr}	经过处理被工业生产循环利用的资源
	f_{tm}	发电、发热、炼焦、石油加工等消耗的原料和系统外供给能源
	f_{cm}	建筑业消耗的系统外供给能源
	f_{cp}	系统内部工业供给建筑业的建筑材料
	f_{ct}	建筑业消耗的系统内再生产所得能源
	f_{ri}	污染物净化过程消耗的氧气等

续表

代码名称		表达含义
系统内的 直接路径	f_{rp}	制造业排放的待处理污染物
	f_{rd}	城市居民排放的待处理的生活垃圾和粪便
	f_{di}	城市居民呼吸消耗的氧气、生活用水
	f_{da}	农业供给居民的食品
	f_{dm}	生活消耗的系统外供给能源
	f_{dp}	制造业供给居民的生活消费品
	f_{dt}	生活消耗的系统内再生产所得能源
系统与外部 的交换路径	z_i	入境水量
	z_m	外部输入能源
	z_p	外部供给的工业原材料
	z_c	外部供给的建筑材料
	z_d	外部供给的生活消费品
	y_i	出境水量
	y_m	能源输出
	y_p	向外部输出的工业产品
	y_t	系统内再生产所得能源

（资料来源：郑诗赏，石磊. 基于生态网络的山东省能源代谢网络分析，作者略作调整）

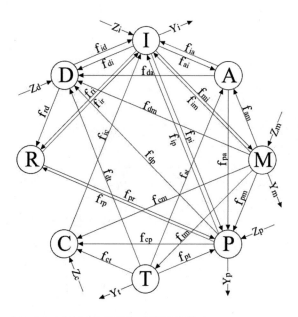

图4-14 商洛城市代谢系统网络概念模型图
（图片来源：作者自绘）

2. 商洛城市代谢系统量化模型

（1）量化分析方法

研究采用物质流核算法进行城市代谢系统的量化分析，通过收集统计数据分析物质在城市整个生命周期中的流动过程，直观显示代谢过程的各个环节。物质流核算法是基于系统中的物质流动，以质量守恒定律为原则，测度投入系统的物质量、流出系统中的物质量以及留在系统中的物质存量的核算方法，是利用物理单位（t）对物质采掘、生产、转换、消费、循环使用直到最终进行结算的系统方法[211]。

（2）数据核算内容

量化分析的原始数据来自历年年鉴和统计公报，包括《中国能源统计年鉴》《中国环境统计年鉴》《中国建筑业统计年鉴》《陕西省统计年鉴》《商洛市统计年鉴》《商洛市水资源公报》等。在数据处理中，若重复项有异，以专业年鉴为准；同一年鉴不同年份，重复数据有异，以最新年份为准。

数据核算过程中，若只有数量级差异，直接进行换算；若需要进行运算，假定前提如下：本地产品优先供应本地消费；经过循环部门排放的污染物均达标；不达标污染物即视为直接排放；去除后的污染物视为被循环利用。对于原始数据单位非重量单位的数据，采用折算系数进行折算。

研究核算了2016年商洛城市代谢系统数据，其核算结果如表4-22所示。

2016年商洛城市代谢系统流量矩阵　　　　　　　　表4-22

F	I	A	M	P	T	C	R	D	E
I	0	120752	28816595	23602031		3158467	68566471	1529910	288240000
A	1438337	0	76127.1		120100	0			
M	527993399	0	0			0			860986.4
P	60550000	2	2182680	0	4001891		2006891		799971
T	0		268132.7		0				
C	0		60850.94	2779045	11209.35				2767258
R	46984397	0		54433943		0	0	31348368	
D	5870000	580971.3	452626.6	317655.4	826921.2	0		0	11707523
E	4625000	0	4454557	924312	194509.3	0			0

（资料来源：作者统计）

4.5.3 商洛城市代谢系统评价

1. 系统的网络结构评价

系统的网络结构是指系统各分室间的相互关联及其数量关系，是基于系统网络模型的邻接矩阵进行的定性评价，研究构造商洛城市代谢系统的邻接矩阵（表4-23），通过密度、聚类系数、中心度和测地距的分析进行评价。

商洛城市代谢系统邻接矩阵　　　　　　表4-23

F	I（内部环境）	A（农业）	M（采掘业）	P（加工制造业）	T（物能转换业）	C（建筑业）	R（循环加工业）	D（家庭消费）	E（外部区域）
I（内部环境）	0	1	1	1	0	1	1	1	1
A（农业）	1	0	1	0	0	0	0	0	0
M（采掘业）	1	0	0	0	0	0	0	0	1
P（加工制造业）	1	1	1	0	1	0	1	0	1
T（物能转换业）	0	0	1	0	0	0	0	0	0
C（建筑业）	0	0	1	1	1	0	0	0	1
R（循环加工业）	1	0	0	1	0	0	0	1	0
D（家庭消费）	1	1	1	1	1	0	0	0	1
E（外部区域）	1	0	1	1	1	0	0	0	0

（资料来源：作者统计）

（1）密度评价

密度是用于描述网络中各个节点关联紧密程度的指标。一般来说，密集的网络意味着各分室间的合作行为多，物质、能量、信息等流通快，疏离的网络则说明流通不畅，合作支持少。

研究对商洛城市代谢系统的网络密度进行计算，结果可见，商洛城市代谢系统网络完备程度一般，虽然各分室间已经构建了一定的物质交流关系，但仍有许多可实现物质交换途径，系统仍有大量的发展空间（表4-24）。

商洛城市代谢系统网络密度　　　　　　表4-24

网络密度	路径数	可能的路径数
0.4821	27	56

（资料来源：作者统计）

（2）聚类系数评价

聚类系数反映了具体分室间的关系密集程度，通过节点聚类系数比较分析物质、能量、信息流的传播效率。

通过对商洛城市代谢系统的节点进行分析，聚类系数计算结果反映若某节点两个指标数的水平较低，说明系统中的节点关系密度较小，物质传递速度较慢。节点聚类分析中指标数较突出的为R节点和D节点，表明这两个节点在传播物质、能量、信息流方面的效率高于其他节点（表4-25）。

商洛城市代谢系统节点聚类系数　　　　　表4-25

节点	聚类系数	加权聚类系数
I（内部环境）	0.367	0.524
A（农业）	0.300	0.4
M（采掘业）	0.233	0.318
P（加工制造业）	0.214	0.429
T（物能转换业）	0.250	0.333
C（建筑业）	0.333	0.4
R（循环加工业）	0.833	0.833
D（家庭消费）	0.533	0.333
平均值	0.345	0.44625

（资料来源：作者统计）

（3）中心度评价

中心度是网络结构分析中最重要的指标，它用来衡量节点处于网络中心的程度，反映节点在网络中的优越性和特权性。研究通过节点中心度、中介中心度等指标对商洛城市代谢系统的网络结构中心度进行评价。

节点中心度是衡量节点控制范围大小的指标，节点中心度越高，该节点拥有的影响力也越大。计算公式如下：

$$DC_i = \frac{1}{n-1}\sum_{j=1,j\neq i}^{n} \alpha_{ij} \qquad (4-12)$$

公式中，DC_i表示节点v_i的中心度。考虑网络整体规模，进行标准化处理后，则有$0 \leqslant DC_i \leqslant 1$。若$DC_i$的计算值越大，表明节点$v_i$的中心性越强。

研究对商洛城市代谢系统节点中心度进行计算，结果表明，点出度最高的节点是M，说明其对城市代谢系统的影响分布广泛，点入度最高的节点是I，可见代谢系统网络是以I为中心建立的，节点P和节点D的中心度也较高，可判断网络是以I、P、D三个节点为主干节点构建而成。同时，节点I的点出度也较高，可见其在整个代谢系统网络中处于枢纽地位（表4-26）。

商洛城市代谢系统节点中心度 表4-26

节点	点出度	点入度	标准化点出度（%）	标准化点入度（%）
M（采掘业）	6	1	85.714	14.286
I（内部环境）	5	6	71.429	85.714
P（加工制造业）	4	5	57.143	71.429
T（物能转换业）	4	1	57.143	14.286
A（农业）	3	3	42.857	42.857
D（家庭消费）	2	5	28.571	71.429
R（循环加工业）	2	3	28.571	42.857
C（建筑业）	1	3	14.286	42.857

（资料来源：作者统计）

进一步通过节点间的最短路径分析计算节点的最大介数，以分析节点的中介中心度。计算结果表明，节点I的中介中心度值最高，且其中心程度远超过其他节点，表现出在系统网络中具有最强的控制和中介能力。节点T的中介中心度最低，表明对其他节点的活动完全不构成控制，节点A和节点C的中介中心度很低，在网络中处于边缘地位（表4-27）。

商洛城市代谢系统节点中介中心度 表4-27

节点	中介中心度	相对中介中心度
M（采掘业）	6.833	16.270
I（内部环境）	20.333	48.413
P（加工制造业）	5.333	12.698
T（物能转换业）	0.2	0.2
A（农业）	0.5	1.190
D（家庭消费）	1.667	3.968
R（循环加工业）	0.833	1.984
C（建筑业）	0.5	1.190

（资料来源：作者统计）

对系统整体的系统中心势进行分析，计算结果表明，商洛城市代谢系统的节点中心势与中介中心势均处于中等水平。可见各分室间的相互作用比较平均，没有明显的集中性和向心性，离心力也不强烈（表4-28）。

商洛城市代谢系统中心势 表4-28

点出中心势	42.857%
点入中心势	42.857%
中介中心势	43.08%

（资料来源：作者统计）

（4）测地距评价

测地距用来描述物质在网络节点间实现传递需要的路径长度，用两个节点间实现交流需要经过的路径数表示，反映了一个节点到其他每个节点的难易程度。

研究分析可见，在邻接矩阵中没有直接路径的分室之间，最多经过2个节点的中转即可实现物质传递。计算网络的平均路径长度为1.643，网络紧凑性达0.72，凝聚力高，破碎度为0.28，说明商洛城市代谢系统的网络紧凑度较好，网络的物质、能量、信息流在传递过程中由于路径增长而导致耗散增加的情况较少发生（表4-29）。

商洛城市代谢系统节点路径长度 表4-29

F	I（内部环境）	A（农业）	M（采掘业）	P（加工制造业）	T（物能转换业）	C（建筑业）	R（循环加工业）	D（家庭消费）	E（外部区域）
I（内部环境）	0	1	1	1	2	1	1	1	1
A（农业）	1	0	1	2	1	2	2	2	0
M（采掘业）	1	2	0	2	2	2	2	2	1
P（加工制造业）	1	1	1	0	1	2	1	2	1
T（物能转换业）	2	3	1	3	0	3	3	3	0
C（建筑业）	2	2	1	2	2	0	2	3	1
R（循环加工业）	1	2	2	1	2	2	0	1	0
D（家庭消费）	1	1	1	1	1	2	2	0	1
E（外部区域）	1	0	1	1	1	0	0	0	0

（资料来源：作者统计）

2. 系统的代谢水平评价

研究利用指标对商洛城市代谢系统的整体代谢水平进行评价，这也是一般定量代谢研究的常见方法，选用代谢规模、代谢强度、代谢效率及代谢影响4个指标进行分析。

（1）代谢规模

代谢规模是指通过系统某一组分或通过系统的所有物质量，总输入量及总输出量即对应了输入规模和输出规模。代谢规模反映了系统最基本的代谢特征，是对整个系统代谢过程进行研究的基础。通过以下两个公式进行计算。

$$T_{输入i} = \sum_{j=1}^{n} f_{ij} + z_i \qquad (4-13)$$

$$T_{输出j} = \sum_{i=1}^{n} f_{ij} + y_j \qquad (4-14)$$

研究计算商洛城市2010～2016年的代谢规模（表4-30、表4-31），对不同年份的代谢规模进行比较分析。

2010～2016年商洛城市代谢系统输入端代谢规模（单位：吨）　　表4-30

组分	2010年	2011年	2012年	2013年	2014年	2015年	2016年
I（内部环境）	683002451	812012542	912996321	907001459	884032100	819000189	981000234
A（农业）	341005410	339000520	340041020	342002010	339001420	335000045	347000005
M（采掘业）	110020300	140002014	169000531	198003254	220009065	249021360	266000208
P（加工制造业）	109006325	115000985	135899962	158032560	164005601	158020156	124050014
T（物能转换业）	2516411	3151125	3538708	4418376	5687159	5953296	6504060
C（建筑业）	54793215	89149059	68456555	72209233	84291569	90457931	102001236
R（循环加工业）	75204245	77753025	89813851	93930198	106000388	118005615	102036662
D（家庭消费）	71747951	76669293	79043442	80331820	82847039	85979517	107056006
输入端总规模	764293857	840726021	885794069	948927451	1001842241	1042437920	1054648191

（资料来源：作者统计）

2010～2016年商洛城市代谢系统输出端代谢规模（单位：吨）　　表4-31

组分	2010年	2011年	2012年	2013年	2014年	2015年	2016年
A（农业）	4145418	2861334	2976352	3135782	2912318	2712037	3492755
M（采掘业）	108004512	138040021	167000258	196000458	218045890	247000178	264110025
P（加工制造业）	109019985	115000597	136025579	157995200	164005551	158025694	124000059
T（物能转换业）	618900.4	1682156	739803.1	1370950	2611108	3170387	4282442
C（建筑业）	1833090	1882633	2080805	2427606	2724864	2625778	2724864
R（循环加工业）	110004523	122025630	144056002	152009625	161988562	170000599	173056224
D（家庭消费）	46741133	53187577	59321722	63394808	71912596	84891882	90118379
输出端总规模	380367561	434679948	512200521	576334429	624200889	668426555	661784748

（资料来源：作者统计）

将2010～2016年的代谢规模进行对比可见，不同组分的代谢规模变化趋势各不相同。从输入端分析，各分室的输入规模均呈现增长趋势。农业的物质输入保持稳定，几乎无变动；采掘业的输入规模较大，且增长幅度较高，表明资源需求急剧增加；建筑业、循环加工业和家庭消费呈现小幅度增加；物能转换业虽然代谢规模较小，也呈现出微小的增长趋势；加工制造业经历了直接物质利用增长又下降的变化，但到2016年，其输入端仍高于2010年（图4-15）。

从输出端分析，代谢规模逐年增长。农业、建筑业、物能转换业的输出规模变化不大，表明其生产效率逐渐提高；加工制造业与输入端发展态势一致，输出物质增加至一定点后逐渐减少，但整体上呈现增长趋势；循环加工业在输入规模减小的情况下输出规模略有增加，表明对物质循环再生能力的提高，物质在系统各组分内的循环次数有所增长；采掘业输出规模呈较明显的增长；家庭消费则在输入端增加幅度不大的情况下增长趋势明显（图4-16）。

（2）代谢强度

代谢强度指人均代谢规模，以代谢规模与城市人口的比值进行表达。代谢强度评价由输入端与输出端两方面进行，这一指标反映了城市系统去除人口总量影响因素的代谢规模，体现人类对城市代谢系统水平的影响。通过以下公式计算：

$$s = \frac{T}{Pop} \tag{4-15}$$

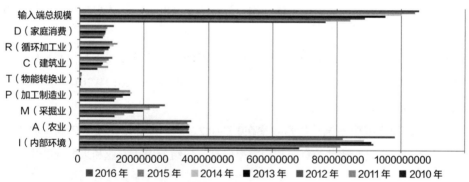

图4-15 2010～2016年商洛城市代谢系统输入端代谢规模比较
（资料来源：作者自绘）

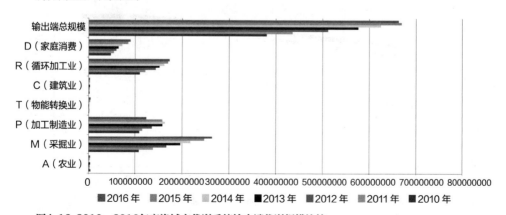

图4-16 2010～2016年商洛城市代谢系统输出端代谢规模比较
（资料来源：作者自绘）

通过计算，可以得出2010～2016年商洛城市的代谢强度变化（表4-32）。

2010～2016年商洛城市代谢系统的代谢强度（吨/人）　　　　表4-32

强度类型	2010年	2011年	2012年	2013年	2014年	2015年	2016年
输入端强度	155.3059	175.4063	205.588	229.9952	247.7351	266.0065	261.7097
输出端强度	312.1871	339.61	356.0507	378.4229	397.4711	414.8831	417.054

（资料来源：作者统计）

比较发现，近几年间商洛城市代谢系统的输入端与输出端的代谢强度均在增加，人均物质消耗与人均物质排放基本持平。将城市代谢规模与城市代谢强度的变化规律进行对比（图4-17），可以发现人均化在输入端和输出端都高于代谢水平，因而商洛城市人口增长尚未对城市代谢水平造成影响。

（3）代谢效率

代谢效率指标表示输出通量中的二次资源（产品）与输入通量的比值。反映了输入端与输出端之间的物质转化能力，用来评价系统利用资源生产产品的效率，体现系统内各代谢组分的代谢性能分异。

由于代谢效率指标是针对系统资源代谢的评价，家庭消费和建筑业在资源代谢过程中没有输出通量，因而这两类组分的代谢效率为0。通过计算，可以得出2010～2016年商洛城市的代谢效率的变化（表4-33）。

通过比较可见，商洛城市系统总代谢效率在0.1～0.2之间，产品产出效率较高，属于资源输出型城市，表明各类生产活动的资源利用效率较高。各组分中，农业和采掘业的代谢效

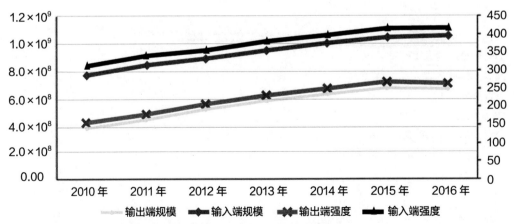

图4-17 2010～2016年商洛城市代谢系统整体代谢规模与代谢强度对比
（资料来源：作者自绘）

2010～2016年商洛城市代谢系统的代谢效率　　　　表4-33

组分	2010年	2011年	2012年	2013年	2014年	2015年	2016年
A（农业）	0.006035	0.004171	0.004428	0.004534	0.004248	0.004738	0.004682
M（采掘业）	0.065847	0.06482	0.069142	0.07696	0.07779	0.076814	0.076971
P（加工制造业）	0.715061	0.765318	0.755978	0.79066	0.777519	0.774512	0.884729
T（物能转换业）	0.245946	0.533827	0.20906	0.310284	0.459123	0.532543	0.658426
R（循环加工业）	0.01626	0.016523	0.018912	0.020484	0.020255	0.016786	0.029476
总代谢效率	0.116573	0.120781	0.133564	0.152983	0.150523	0.142067	0.132288

（资料来源：作者统计）

率平稳，产品产出率不高；加工制造业和物能转换业的代谢效率远高于其他组分，且呈增长趋势，但物能转换业波动明显，这两类产业不仅能直接利用能源物质，还能分离其他组分的产品和废弃物中的资源，代谢效率明显偏高；循环加工业呈上升趋势，可见对能源的循环利用环节逐渐增加，且再利用效率得到较大提升。

（4）代谢影响

代谢影响表示输出通量中的废弃物与城市用地规模的比值，反映了城市代谢活动造成的环境压力。这一指标将系统代谢过程的环境影响与城市的环境容量结合，用来评价城市代谢过程中的废弃物代谢水平。

在代谢影响评价中，考虑到物能转换业没有指向环境的物质流量，因而其影响为0。通过计算，可以得出2010～2016年商洛城市的代谢影响的变化（表4-34）。

2010～2016年商洛城市代谢系统的代谢影响（t/km²）　　　表4-34

组分	2010年	2011年	2012年	2013年	2014年	2015年	2016年
A（农业）	105.0659	72.81373	74.04126	79.91358	74.2261	56.64719	94.22321
M（采掘业）	5069.121	6482.602	7806.011	9119.739	10131.67	11470.69	12282.4
P（加工制造业）	1565.256	1362.34	1669.829	1667.737	1835.626	1791.053	722.8662
C（建筑业）	92.34246	94.8382	104.8212	122.2914	137.2658	132.2743	137.2658
R（循环加工业）	5479.947	6088.669	7163.507	7546.22	8028.402	8455.225	8541.861
D（家庭消费）	2354.598	2679.34	2988.349	3193.532	3622.618	4276.454	4539.74

（资料来源：作者统计）

研究数据分析反映出系统整体的代谢影响不断扩大。从各组分的变化来看，采掘业和家庭消费的代谢影响明显增加，反映出采掘业在污染物源头及生活消费带来的废弃物排放均未得到有效控制；加工制造业和建筑业的代谢影响波动变化，表明工业生产和建筑业在污染物源头控制方面取得了一些成效，但持续性效果并不明显；循环加工业的代谢影响有扩大，但由于其输入环境的物质属于废弃物排放过程，对环境危害较小。

4.5.4 商洛城市代谢系统生态关系分析

通过分析城市代谢系统关系可确定组分的层阶。研究采用生态网络的效用分析，以量化方式分析各节点间的相互利用关系，明确节点的角色和作用，判断各节点间的掠夺、共生、竞争或中性等生态关系。

1. 网络流量分析

流量分析能明确网络各节点间的直接作用与间接作用，辨别城市代谢生态网络的流量分布状况及主导类型。在直接流量强度矩阵的基础上可以计算得到无量纲的综合强度矩阵 N 来反映系统中各节点间的流量强度，通过以下公式计算。

直接流量强度矩阵为：

$$g_{ij} = \frac{f_{ij}}{T_j} \qquad (4-16)$$

公式中，f_{ij} 为各节点间的直接流量；T_j 为 j 节点流向各个节点和系统边界外的总流量。

无量纲的综合强度矩阵为：

$$N = (n_{ij}) = G^0 + G^1 + \cdots + G^m + \cdots = (I - G)^{-1} \qquad (4-17)$$

公式中，G^0 表示流经各节点流量产生的自我反馈；G^1 反映了各节点间直接传递的物质流量。

通过各组分数据的处理与计算，得到2010~2016年商洛城市代谢系统网络综合流量强度矩阵，以进行生态关系分析。结果如下所示（表4-35~表4-41）。

2. 生态关系分析

系统各组分间的生态关系可以通过生态网络中的效用分析来定量反映。利用直接效用矩阵 D，量化分析各节点之间的利用与被利用关系，确定其在系统中的地位与角色，判断各节点间的共生、竞争、掠夺和控制等关系。通过以下公式计算。

直接效用矩阵，

$$d_{ij} = \frac{f_{ij} - f_{ji}}{T_i} \qquad (4-18)$$

公式中，f_{ij} 为节点 j 到 i 的流量；f_{ji} 为节点 i 到 j 的流量；T_i 为节点 i 的总输入量。

无量纲的总效用矩阵为：

2010年商洛城市代谢网络综合流量强度矩阵
表4-35

节点	I（内部环境）	A（农业）	M（采掘业）	P（加工制造业）	T（物能转换业）	C（建筑业）	R（循环加工业）	D（家庭消费）
I（内部环境）	1.47848	1.30107	1.39334	1.08958	0.3107	1.47848	1.47415	1.47430
A（农业）	0.32945	1.28997	0.31091	0.24311	0.08556	0.32945	0.32849	0.32853
M（采掘业）	0.10563	0.09295	1.09955	0.07784	0.02220	0.10563	0.10532	0.10533
P（加工制造业）	0.07790	0.21141	0.08254	1.06054	0.18922	0.07790	0.08883	0.08845
T（物能转换业）	0.00247	0.00217	0.02566	0.00182	1.00052	0.00247	0.00246	0.00246
C（建筑业）	0.03523	0.09550	0.03785	0.47885	0.10566	1.03523	0.04016	0.03999
R（循环加工业）	0.17467	0.45862	0.16904	0.40627	0.13800	0.17467	1.17724	1.14259
D（家庭消费）	0.15866	0.41467	0.15151	0.11809	0.08893	0.15866	0.15820	1.15822

（资料来源：作者统计）

2011年商洛城市代谢网络综合流量强度矩阵
表4-36

节点	I（内部环境）	A（农业）	M（采掘业）	P（加工制造业）	T（物能转换业）	C（建筑业）	R（循环加工业）	D（家庭消费）
I（内部环境）	1.36663	1.17566	1.28752	1.22069	0.11347	1.36663	1.36510	1.36515
A（农业）	0.23379	1.20118	0.22046	0.20922	0.02649	0.23379	0.23353	0.23354
M（采掘业）	0.09645	0.08298	1.09087	0.08615	0.00801	0.09645	0.09635	0.09635
P（加工制造业）	0.06447	0.21754	0.06801	1.06005	0.04859	0.06447	0.07494	0.07462
T（物能转换业）	0.00221	0.00190	0.02495	0.00197	1.00018	0.00221	0.00220	0.00220
C（建筑业）	0.04241	0.14305	0.04498	0.69697	0.04026	1.04241	0.04929	0.04908
R（循环加工业）	0.11361	0.34102	0.10997	0.33016	0.05125	0.11361	1.11589	1.08506
D（家庭消费）	0.10208	0.30085	0.09751	0.09225	0.04149	0.10208	0.10198	1.10198

（资料来源：作者统计）

2012年商洛城市代谢网络综合流量强度矩阵
表4-37

节点	I（内部环境）	A（农业）	M（采掘业）	P（加工制造业）	T（物能转换业）	C（建筑业）	R（循环加工业）	D（家庭消费）
I（内部环境）	1.50642	1.23231	1.41191	1.03161	0.15190	1.50642	1.50081	1.50097
A（农业）	0.32131	1.26292	0.30150	0.22048	0.04700	0.32131	0.32012	0.32015
M（采掘业）	0.15930	0.13031	1.14930	0.10909	0.01606	0.15930	0.15871	0.15872
P（加工制造业）	0.08765	0.24291	0.08995	1.06290	0.05035	0.08765	0.09916	0.09884
T（物能转换业）	0.00338	0.00277	0.02441	0.00232	1.00034	0.00338	0.00337	0.00337
C（建筑业）	0.03865	0.10702	0.03999	0.46812	0.03592	1.03865	0.04372	0.04358
R（循环加工业）	0.15824	0.37399	0.15168	0.34638	0.07650	0.15824	1.16046	1.13270
D（家庭消费）	0.14142	0.32557	0.13411	0.09787	0.06644	0.14142	0.14090	1.14092

（资料来源：作者统计）

2013年商洛城市代谢网络综合流量强度矩阵　　　　表4-38

节点	I（内部环境）	A（农业）	M（采掘业）	P（加工制造业）	T（物能转换业）	C（建筑业）	R（循环加工业）	D（家庭消费）
I（内部环境）	1.42795	1.14145	1.33403	1.31422	0.33360	2.46956	1.40985	1.41032
A（农业）	0.25543	1.20429	0.23892	0.23576	0.07068	0.44229	0.25219	0.25228
M（采掘业）	0.14733	0.11777	1.13764	0.13560	0.03442	0.25480	0.14546	0.14551
P（加工制造业）	0.10742	0.32405	0.11549	1.58354	0.26255	1.36248	0.10606	0.10609
T（物能转换业）	0.00332	0.00265	0.02561	0.00305	1.00078	0.00574	0.00328	0.00328
C（建筑业）	0.04429	0.13349	0.04796	0.65215	0.12172	1.56116	0.04373	0.04374
R（循环加工业）	0.11683	0.28587	0.11408	0.41107	0.14222	0.44263	1.11535	1.08928
D（家庭消费）	0.09751	0.22585	0.09300	0.09141	0.09121	0.16995	0.09627	1.09630

（资料来源：作者统计）

2014年商洛城市代谢网络综合流量强度矩阵　　　　表4-39

节点	I（内部环境）	A（农业）	M（采掘业）	P（加工制造业）	T（物能转换业）	C（建筑业）	R（循环加工业）	D（家庭消费）
I（内部环境）	1.35096	1.01000	1.25429	0.88984	0.10499	1.35096	1.34484	1.34499
A（农业）	0.20963	1.15679	0.19483	0.13859	0.02261	0.20963	0.20869	0.20871
M（采掘业）	0.13554	0.10133	1.12584	0.08927	0.01053	0.13554	0.13492	0.13494
P（加工制造业）	0.05642	0.17361	0.06046	1.04011	0.07926	0.05642	0.06946	0.06916
T（物能转换业）	0.00353	0.00264	0.02934	0.00233	1.00028	0.00353	0.00352	0.00352
C（建筑业）	0.02464	0.07572	0.02668	0.45350	0.04424	1.02464	0.03032	0.03019
R（循环加工业）	0.09427	0.25270	0.09028	0.27948	0.03908	0.09427	1.09672	1.07346
D（家庭消费）	0.08394	0.22026	0.07897	0.05617	0.02248	0.08394	0.08357	1.08358

（资料来源：作者统计）

2015年商洛城市代谢网络综合流量强度矩阵　　　　表4-40

节点	I（内部环境）	A（农业）	M（采掘业）	P（加工制造业）	T（物能转换业）	C（建筑业）	R（循环加工业）	D（家庭消费）
I（内部环境）	1.63928	1.16564	1.52584	1.15283	0.19007	1.63928	1.63362	1.63373
A（农业）	0.36365	1.25869	0.33867	0.25635	0.04812	0.36365	0.36240	0.36243
M（采掘业）	0.26929	0.19148	1.25065	0.18938	0.03122	0.26929	0.26836	0.26838
P（加工制造业）	0.12070	0.25844	0.12204	1.08756	0.13419	0.12070	0.13196	0.13174
T（物能转换业）	0.00650	0.00462	0.03017	0.00457	1.00075	0.00650	0.00647	0.00647
C（建筑业）	0.05766	0.12336	0.05854	0.51896	0.07330	1.05766	0.06303	0.06292
R（循环加工业）	0.18059	0.34027	0.17124	0.34741	0.06713	0.18059	1.18253	1.16290
D（家庭消费）	0.15724	0.28938	0.14740	0.11165	0.03852	0.15724	0.15671	1.15672

（资料来源：作者统计）

2016年商洛城市代谢网络综合流量强度矩阵 表4-41

节点	I（内部环境）	A（农业）	M（采掘业）	P（加工制造业）	T（物能转换业）	C（建筑业）	R（循环加工业）	D（家庭消费）
I（内部环境）	3.07798	8.54935	2.86591	2.25888	0.37653	3.07798	3.06367	3.06393
A（农业）	0.53207	2.47798	0.49556	0.39127	0.06951	0.53207	0.52961	0.52966
M（采掘业）	0.40797	1.13318	1.37986	0.29941	0.04991	0.40797	0.40608	0.40611
P（加工制造业）	0.15966	0.57853	0.15858	1.11925	0.14110	0.15966	0.17643	0.17612
T（物能转换业）	0.01004	0.02788	0.03395	0.00737	1.00123	0.01004	0.00999	0.00999
C（建筑业）	0.09836	0.35633	0.09788	0.68900	0.09367	1.09836	0.10868	0.10849
R（循环加工业）	0.25136	0.85221	0.23601	0.29752	0.05996	0.25136	1.25216	1.23359
D（家庭消费）	0.23798	0.80265	0.22246	0.17616	0.04508	0.23798	0.23690	1.23692

（资料来源：作者统计）

$$U = (d_{ij}) = D^0 + D^1 + \cdots + D^k + \cdots = (I - D)^{-1} \qquad (4\text{-}19)$$

通常可以用su_{12}表示节点2到节点1的效用流，网络中两个节点之间的关系如表4-42所示。由于$su_{ij} = 0$的情况通常不会出现，因此中性关系、偏利共生、无利共生、无害寄生和偏害寄生等5种关系可以不被考虑，则节点关系可以简化为掠夺（+，−）、竞争（−，−）、控制（−，+）、共生（+，+）等4种[212]。

代谢系统网络节点间的生态关系对应表 表4-42

节点效用流符号	+	0	−
+	（+，+）互利共生	（+，0）偏利共生	（+，−）掠夺
0	（0，+）无利共生	（0，0）中性	（0，−）无害寄生
−	（−，+）控制	（−，0）偏害寄生	（−，−）竞争

（资料来源：作者统计）

（1）共生指数整体平稳

在商洛城市代谢网络关系矩阵中，共生系数以强度矩阵中的正负号数量比值从整体上反映系统的共生状况。共生指数大于1，系统为共生系统。通过计算，商洛城市代谢系统共生指数变化如下所示（表4-43）。

根据上述计算结果，可以对商洛城市代谢系统代谢关系的整体表现进行分析和评价。从总体上看，2010～2016年间，商洛城市代谢系统的共生指数大于1，符合共生系统的特征，即代谢系统内各组分的正效用大于负效用，代谢正常，且发展方向有序。从时间序列看，代

2010～2016年商洛城市代谢系统共生指数　　　　　表4-43

效用类型 ＼ 年份	2010年	2011年	2012年	2013年	2014年	2015年	2016年
正效用	37	42	39	40	42	40	40
负效用	27	22	25	24	22	24	24
共生指数	1.37037	1.909091	1.560000	1.666667	1.909091	1.666667	1.666667

（资料来源：作者统计）

谢系统的共生水平并未表现出明显的变化规律，最高点在时间序列中段，在最高值后呈现动荡趋势，有轻微的恶化。在研究区间内，系统共生指数分布在1.7附近，整体比较平稳。

（2）共生关系逐渐增加

通过分析2010～2016年间商洛城市代谢系统中共生关系的数量及比例，可以看出共生关系占比约为30%（表4-44），有一定的地位。随着时间变化，共生关系波动不稳定，整体上呈现增加趋势。由于共生关系会为系统贡献两个正效用，因而共生关系的增加会强化整体的共生关系。

2010～2016年商洛城市代谢系统中共生关系数量及比例　　　表4-44

关系特征	2010年	2011年	2012年	2013年	2014年	2015年	2016年
关系对数	7	9	8	8	9	8	8
关系比例	0.25	0.32	0.29	0.29	0.32	0.29	0.29

（资料来源：作者统计）

针对关系矩阵，可以分析2010～2016年间商洛城市代谢系统中节点i到节点j共生关系的分布与变化（图4-18）。

通过分析可见，研究期间内共生关系共有9对，其中5对为完全重叠，4对为只在部分年份中表现出共生关系。研究区的共生关系中与内部环境节点的关系最多，共生关系主要集中于与循环加工业相关的环境节点中，分析结果反映了循环加工业作为实现资源循环利用关键组分的系统角色。

（3）竞争关系整体协调

分析2010～2016年间商洛城市代谢系统中竞争关系的数量及比例，可以看出竞争关系占比约为15%（表4-45），小于共生关系所占比例，且呈现减小趋势。可见代谢系统的内部资源竞争小于资源共享持平，系统整体协调。

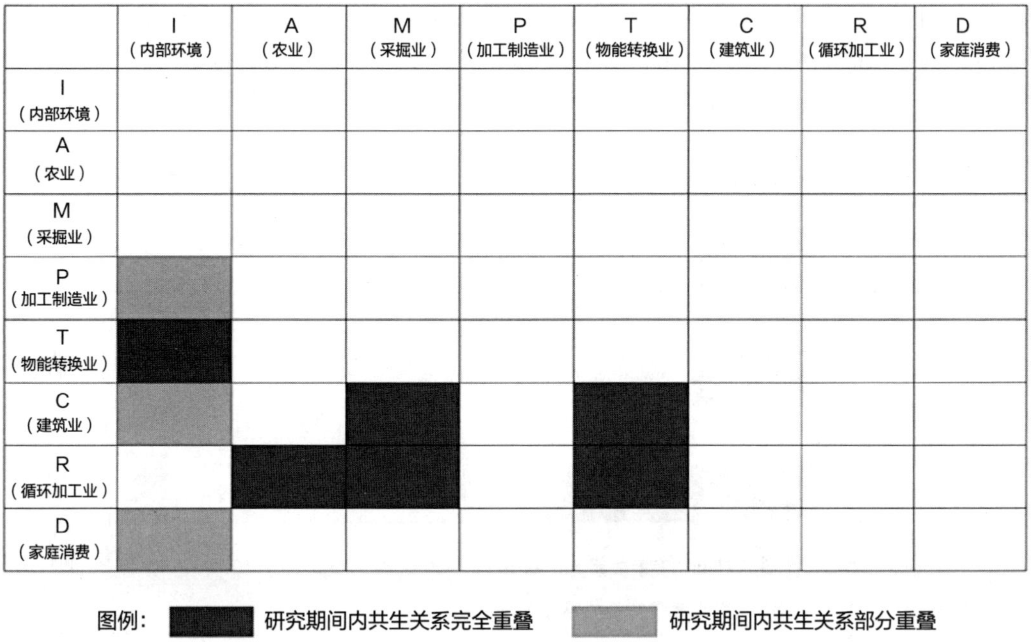

	I （内部环境）	A （农业）	M （采掘业）	P （加工制造业）	T （物能转换业）	C （建筑业）	R （循环加工业）	D （家庭消费）
I （内部环境）								
A （农业）								
M （采掘业）								
P （加工制造业）	▓							
T （物能转换业）	█							
C （建筑业）	▓		█		█			
R （循环加工业）		█	█		█			
D （家庭消费）	▓							

图例： ███ 研究期间内共生关系完全重叠　　　▓▓▓ 研究期间内共生关系部分重叠

图4-18 2010～2016年商洛城市代谢系统共生关系分布与变化
（图片来源：作者自绘）

2010～2016年商洛城市代谢系统中竞争关系数量及比例　　　表4-45

关系特征	2010 年	2011 年	2012 年	2013 年	2014 年	2015 年	2016 年
关系对数	6	3	5	4	3	4	4
关系比例	0.21	0.11	0.18	0.14	0.11	0.14	0.14

（资料来源：作者统计）

通过分析2010～2016年间商洛城市代谢系统中节点 i 到节点 j 竞争关系矩阵的分布与变化可见（图4-19），研究期间内竞争关系共有8对，其中5对为完全重叠，3对为只在部分年份中表现出竞争关系。竞争关系主要集中在农业和加工制造业两个组分，其中家庭消费与农业、采掘业和加工制造业间也存在竞争关系，可见人口增加对资源占用的必然性；建筑业与循环加工业存在一定的竞争关系，可见建筑业的再循环利用率提高，可以使能源使用率增加，污染物排放减少。

（4）掠夺和控制关系对共生水平有一定影响

2010～2016年间商洛城市代谢系统中掠夺与控制关系占57%的比例（表4-46），商洛城市代谢系统以组分间的"捕食"为主导，强化趋势明显，对系统的共生水平会产生一定影响。

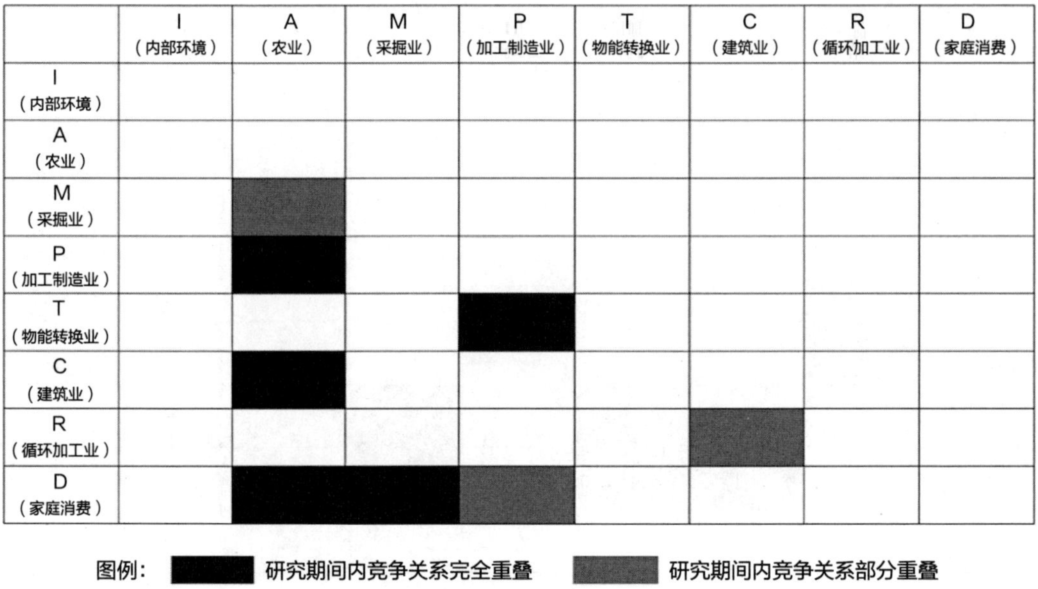

	I（内部环境）	A（农业）	M（采掘业）	P（加工制造业）	T（物能转换业）	C（建筑业）	R（循环加工业）	D（家庭消费）
I（内部环境）								
A（农业）								
M（采掘业）		■						
P（加工制造业）		■						
T（物能转换业）				■				
C（建筑业）		■						
R（循环加工业）						▨		
D（家庭消费）		■		▨				

图例：■ 研究期间内竞争关系完全重叠　　▨ 研究期间内竞争关系部分重叠

图4-19　2010～2016年商洛城市代谢系统竞争关系分布与变化
（图片来源：作者自绘）

2010～2016年商洛城市代谢系统中掠夺和控制关系数量及比例　　表4-46

关系特征	2010年	2011年	2012年	2013年	2014年	2015年	2016年
掠夺关系对数	10	8	9	9	8	9	9
控制关系对数	5	8	6	7	8	7	7
对数总和	15	16	15	16	16	16	16
关系比例	0.54	0.57	0.54	0.57	0.57	0.57	0.57

（资料来源：作者统计）

分析2010～2016年间商洛城市代谢系统中节点 i 到节点 j 掠夺与控制关系矩阵的分布与变化可见（图4-20），掠夺和控制关系稳定出现的有11对节点-路径，分别是I–A、I–M、I–R、A–T、M–P、M–T、P–C、P–R、T–D、C–D、R–D。

通常，若掠夺关系中的组分间物质交换为废弃物或污染物时，这一关系更倾向于系统的上下游交换，对系统稳定有支持作用。具体来说，I–A、I–M、I–R三组关系反映了农业、采掘业和循环加工业对资源的掠夺，与其他产业相比，农业对内部环境的依赖更加明显；A–T反映了农业对物能转换业的控制关系，反映物能转换业对农业产品的接纳；M–P、M–T反映物能转换业和加工制造业的主要掠夺对象是采掘业，将采掘产品加工转化后为加工制造业和物能转换业服务；P–C、P–R表现出建筑业和循环加工业对加工制造业的掠夺关系，建筑业依赖加工制造业的产品，循环加工业将加工制造业的废弃物进行二次加工转换；T–D表明物

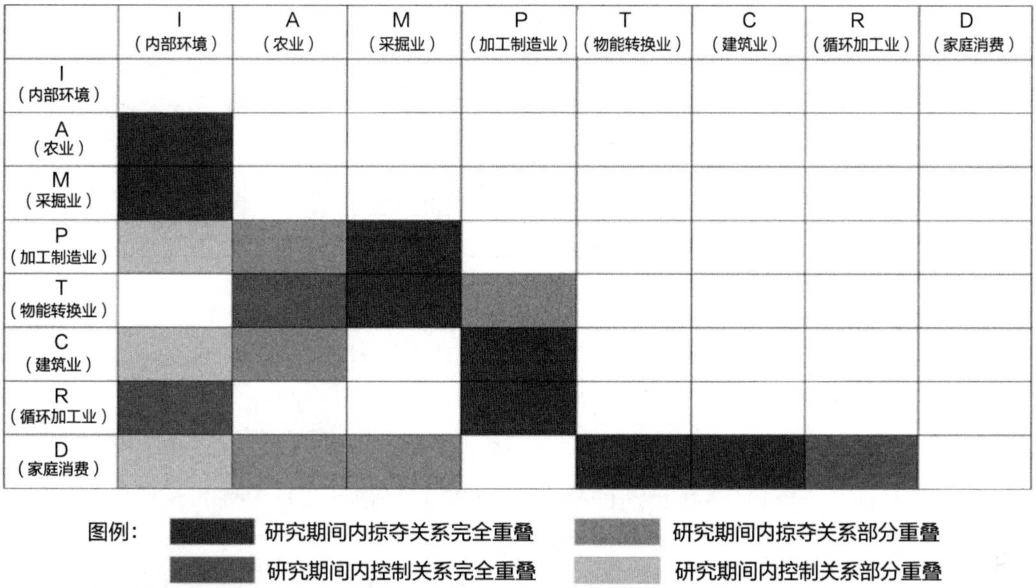

	I （内部环境）	A （农业）	M （采掘业）	P （加工制造业）	T （物能转换业）	C （建筑业）	R （循环加工业）	D （家庭消费）
I （内部环境）								
A （农业）								
M （采掘业）								
P （加工制造业）								
T （物能转换业）								
C （建筑业）								
R （循环加工业）								
D （家庭消费）								

图例：　■ 研究期间内掠夺关系完全重叠　　■ 研究期间内掠夺关系部分重叠

　■ 研究期间内控制关系完全重叠　　■ 研究期间内控制关系部分重叠

图4-20 2010~2016年商洛城市代谢系统掠夺和控制关系分布与变化
（图片来源：作者自绘）

能转换业的产品输送给家庭消费，具有正向效用。C–D、R–D表示建筑业和循环加工业产品也是家庭消费的主要类别。

在掠夺和控制关系不稳定出现的8对节点—路径中，均是由共生关系主导的，可见系统的各组分具有逐渐向共生关系转化的趋势，表明城市发展对系统内部供给能源的占用和依赖逐渐减少。

3．分室权重分析

利用综合流量强度矩阵，可以进一步量化各节点对于系统的相对权重，反映该组分对系统的影响能力，研究通过影响力权重和感应度权重指标进行分析。采用以下公式进行计算：

$$W_j = \frac{\sum_{i=1}^{n} y_{ij}}{\sum_{i=1}^{n} \sum_{j=1}^{n} y_{ij}} \tag{4-20}$$

公式中，y_j反映节点j对其他各节点的综合流量强度；W_j表示该组分对系统的影响能力。

$$W_i = \frac{\sum_{j=1}^{n} y_{ij}}{\sum_{j=1}^{n} \sum_{i=1}^{n} y_{ij}} \tag{4-21}$$

公式中，y_j反映其他各节点对节点i的综合流量强度；W_i表示该组分对系统的感应能力。

（1）内部环境影响力权重较高

计算2010~2016年商洛城市代谢系统网络各分室影响力权重的历年平均值，对系统中各分室的系统影响力权重进行整体判断（表4-47）。

2010～2016年商洛城市代谢系统网络各分室历年影响力权重平均值　表4-47

分室类型	I（内部环境）	A（农业）	M（采掘业）	P（加工制造业）	T（物能转换业）	C（建筑业）	R（循环加工业）	D（家庭消费）
权重	0.137967	0.146523	0.137958	0.113538	0.019722	0.152487	0.144422	0.147383

（资料来源：作者统计）

从计算结果可以看出，各分室对系统代谢过程的影响力差异明显。建筑业影响力最高为15.25%，物能转换业最低为1.97%，对分室影响力权重进行排序，可以看到如下结果：C建筑业（15.25%）＞D家庭消费（14.74%）＞A农业（14.65%）＞R循环加工业（14.44%）＞M采掘业（13.80%）＞I内部环境（13.80%）＞P加工制造业（11.35%）＞T物能转换业（1.97%）（图4-21）。

建筑业属于的影响度最高，但多为内部存量的转化。家庭消费、农业在城市发展中贡献的物质流动接近，维持在14.7%左右，可见农业是商洛城市代谢的主要贡献者，对城市发展具有一定的决定意义，家庭消费促进物质流动，对商洛城市代谢具有重要影响。循环加工业作为城市物质流动实现"循环"的关键分室，对城市系统的代谢发挥了关键作用。采掘业和内部环境影响力相近且权重较高，可见商洛城市对自然资源的依赖度较高，受外界影响较小。物能转换业对系统影响力很小，主要是其转换后的电力等不再参与系统的物质循环，因而对系统的物质代谢影响薄弱。

（2）内部环境感应度权重极高

研究计算2010～2016年商洛城市代谢系统网络各分室感应度权重的历年平均值，对系统中各分室的系统感应度权重进行整体判断（表4-48）。

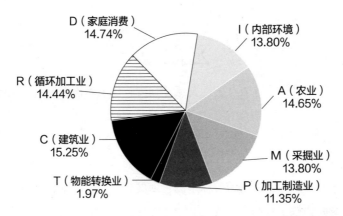

图4-21　2010～2016年商洛城市代谢网络各分室历年平均影响力权重分布
（图片来源：作者自绘）

2010～2016年商洛城市代谢系统网络各分室历年感应度权重平均值　　表4-48

分室类型	I（内部环境）	A（农业）	M（采掘业）	P（加工制造业）	T（物能转换业）	C（建筑业）	R（循环加工业）	D（家庭消费）
权重	0.932631	0.000482	0.020188	0.014682	9.30E-05	0.000226	0.024938	0.00676

（资料来源：作者统计）

计算结果可以看出，不同分室对系统的感应水平相差极其悬殊。感应度权重最高的内部环境高达93.26%，而权重值最低的物能转换业仅有0.01%。表明系统中各分室对系统代谢的感应程度差异巨大，权重值高的分室受其他分室的影响更大，即受系统代谢活动的影响更显著。

对感应度权重进行排序，可得到如下结果：I内部环境（93.26%）>R循环加工业（2.49%）>M采掘业（2.02%）>P加工制造业（1.47%）>D家庭消费（0.68%）>A农业（0.05%）>C建筑业（0.02%）>T物能转换业（0.01%）。

内部环境对系统代谢活动的感应度最高，受其他分室影响强烈，独立程度低。循环加工业、采掘业、加工制造业感应度相近，循环加工业和加工制造业依赖其他分室存在，接受了系统的大量支持，这三者之间联系密切。家庭消费感应度小，表明其没有充分发挥系统功能，但其受其他产业影响小，相对独立存在。物能转换业与建筑业受系统物质循环影响最小，是整个城市代谢系统中最稳定的组分，独立性强，受其他分室的影响很低。

从研究结果可以看出，商洛城市生态结构受农业、建筑业、家庭消费的影响突出，仍属于资源依赖性发展阶段，各组分的竞争关系不足，对城市系统的生态持续稳定不利。内部环境对系统代谢活动的感应度最高，说明城市发展对自然环境资源较为依赖，在城市产业发展中，应注重结合城市地理环境和生态条件，发展特色生态农业，利用生态农业链接其他产业，提高自然资源的再利用效率，提升自然环境的生态服务功能；家庭消费感应度小，说明其没有充分发挥系统功能，在城市用地功能组织中，应注重完善城市的公共服务设施配置，提高家庭消费活动对城市生产和生态功能的支持；物能转换业与建筑业的独立性较强，说明城市建设的物质循环还不充分，在城市建设活动中，应注重按照绿色建筑的规范要求进行建设，并使建筑业与循环加工业、加工制造业构成有效的物质循环，降低能源消耗。在城市空间结构组织中，应注重自然环境要素对城市空间的限定和支持，商洛城区的山水格局是构成城市整体空间的基底，丹江河谷及城市沿山地段是城市空间结构生态优化的重要空间，产业空间是降低能源强度、提高自然资源再利用效率的主导空间，完善生态产业链布局，合理配置不同类型产业的空间分布与空间关系，合理组织城市交通网络与基础设施体系，增强物质与能源的流动性和再利用效率。

4.5.5 商洛城市代谢系统的空间结构分析

基于2010～2016年商洛城市生态网络的量化分析结果，研究对城市代谢系统进行评价，来考察城市代谢系统的空间结构。

1. 资源利用效率呈上升趋势，城市在区域空间中处于结构强中心

从代谢规模来看，各组分输入端与输出端变化趋势一致，整体代谢规模呈上升趋势，且总输出规模基本保持在总输入规模的50%左右。系统输入端与输出端的代谢强度均呈上升趋势，但人均物质消耗与人均物质排放变动较小，保持在平衡状态。代谢影响随时间推移不断增大，代谢效率在0.1～0.2之间，产品产出效率较高，可见在区域空间发展过程中，商洛作为区域中心城市持续向外输出物质，资源利用效率较高且有上升趋势。

从商洛城市集群区域的发展来看，商洛及周边城市仍处于单中心辐射空间模式，由中心城市向周边城镇、乡村持续输出物质，但城市中人均物质消耗与人均物质排放变动较小，区域中各城市组团的协同联动尚有不足，各个城市组团仍处于各自腹地的空间发展圈层之中，缺乏相互之间的共生与竞争。而城市区域内城乡聚落代谢规模不均衡，乡镇和村落输出强度过低，区域发展难以平衡。因此，在城市集群区域内，如何组织城乡空间结构，实现不同规模、性质的城镇、乡村进行协同发展，加强城乡之间的经济交流，将是商洛城市空间绿色发展模式的关键之一。

2. 掠夺与控制关系占主导地位，城区空间为明显的单轴延伸空间结构

2010～2016年商洛城市代谢系统中三类生态关系的总体上表现为掠夺和控制关系＞共生关系＞竞争关系，表明掠夺和控制是系统的主导关系，也是联系系统各组分的直接方式。竞争关系和共生关系在商洛城市代谢系统占次要地位，竞争关系所占比例最小，表明商洛城市代谢系统较稳定，但系统健康和共生水平不高。从城市代谢系统的生态关系反映，城区空间在丹江川道内单轴连续蔓延的现实状况，城市建设用地集中布局在丹江河谷地带，并由此形成城市交通主轴，具有典型的带形空间结构特征，但沿河谷地段的过度延伸并不利于物质和资源流动，明显的单轴延伸空间结构使城市代谢系统生态关系以控制关系为主导，共生水平较低。

掠夺和控制关系具有双重作用，当分室间的物质交换为再利用时，该关系则倾向于消化、吸收，达到向共生关系的转化。因此，在商洛城区空间组织中，物质与资源的流动交换有助于生态关系的健康共生，继续依循单轴延伸的空间结构不利于城市代谢系统的稳定，实现城区各功能用地之间自然要素和经济要素的连接与互补，增强物质流的交换，需要构建资源、设施齐备的共生关系空间单元，改善人居环境和局部小气候，将自然环境与人居活动构成融合统一的空间结构。

3．内部环境的感应度极其明显，自然空间结构是商洛城市空间发展的重要基底

研究对2010～2016年商洛城市代谢系统的流量矩阵进行分析，不同分室对系统的影响力权重相差不大，但感应度权重各分室差异悬殊。内部环境的感应度权重最高，可见商洛城市的自然环境对代谢系统物质能量交换意义重大，城市发展对自然环境资源也较为依赖；循环加工业的感应度权重变动较波折，印证着环境压力的波动，且城市废弃物再利用的产业生产对代谢系统影响较大。因此，在商洛城市空间发展中，自然环境要素至关重要，自然空间结构是城市代谢系统稳定的基底条件；同时，需要将支持物质循环再利用的各项设施作为空间结构组织的重要因素。

4.6 绿色发展目标导向下商洛城市空间结构分析总结

研究建构的商洛城市空间绿色发展目标体系，以"绿色协调度""绿色发展度""绿色持续度"的三类指标因子对商洛城市空间发展趋势、空间结构及城市代谢系统生态关系进行分析，可以进一步揭示商洛城市空间结构趋向于绿色发展目标的基本状况。

4.6.1 "绿色协调度"的城市生态空间建设均衡性

"绿色协调度"反映城市空间的整体环境质量，体现城市空间与自然的协同共生。商洛城市整体内部环境的生态资源优势明显，其影响力和感应度权重均较为显著，表明城市的山水自然环境为城市代谢系统的共生关系提供了良好的生态基底，区域空间及整体城市空间格局趋向于绿色发展要求。同时，城市系统具有的开放性使城市建设也无法回避内部空间与外部自然环境的整体性，商洛城市的山水城一体，城市内部环境与自然环境相互联系，交错布局，城市沿河谷蔓延拓展，山体生态绿地、郊野公园既是城市外部环境，又是城市的重要功能空间。

但是，考察商洛城市绿色协调度指标，尽管人均公共绿地的指标已经趋近目标值，但建成区绿地率尚有不足，说明城市生态空间建设不够均衡，城市内部生态空间的质与量距离绿色发展目标要求仍有差距，城市小块公共绿地、附属绿地、住区绿地缺乏，在城市空间中观及微观层面的绿色协调度仍有待提升。

4.6.2 "绿色发展度"的城市经济产业空间建设集约性

"绿色发展度"是城市空间数量维度的发展指标，体现城市空间系统的资源及土地集约利用状况。城市空间系统中，能量流动过程以代谢的形式平衡物质、能量等的输入及产品与废物的输出，商洛城市代谢系统中资源利用效率呈上升趋势，商洛作为区域中心城市持续向

外输出物质，在区域结构中仍处于单中心辐射空间模式，区域中各城市组团的协同联动尚有不足，各个城市组团仍处于各自腹地的空间发展圈层之中，缺乏相互之间的共生与竞争。而城市区域内城乡聚落代谢规模不均衡，乡镇和村落输出强度过低，城乡之间的经济交流影响了城市区域的绿色发展度的提升。

城市内部空间的绿色发展度指标表明，城区内的工业用地数量较高，住宅平均容积率较低，说明土地集约利用程度不高。城区空间在丹江川道内单轴连续蔓延，城市建设用地集中布局在丹江河谷地带，明显的单轴延伸空间结构使城市代谢系统生态关系以控制关系为主导，共生水平较低，如果继续依循单轴延伸的空间结构将不利于城市代谢系统的稳定，需要在城市空间的微观层面构建资源、设施齐备的绿色发展空间单元，促进物质与资源的流动交换，在适应自然环境的基础上，适度提高土地建设开发强度，实现城市土地的集约利用。

4.6.3 "绿色持续度"的物质循环再利用设施与公共服务设施建设覆盖共享性

"绿色持续度"是城市社会进步水平的空间体现，考量城市功能空间的可持续发展能力和潜力的时间维度要求。通过基础设施、绿色交通出行、公共服务设施等指标因子体现城市空间可持续发展能力和潜力。城市绿色发展的目标要求城市整体环境的节能降耗，实现废弃物的再生利用或循环利用，商洛城市代谢系统分析也表明城市废弃物再利用的产业生产对代谢系统影响较大。

考察绿色持续度的相关指标，商洛城市的废弃物处理排放已经趋近或基本达到了目标值，在城市空间的中观层面工程性基础设施建设较为齐备，但在微观空间层面的物质循环再利用的设施建设不足；同时，生态型基础设施和社会型基础设施的覆盖共享性不高，特别是公交站点500m范围覆盖率、5min可达公共服务设施覆盖率2个指标因子距离目标值还有差距。绿色发展的内涵强调城市居民生活质量的提升，而基础设施的系统完备及公共服务设施的覆盖共享，是保证资源能源节约利用、物质循环再利用和居民健康生活的必要内容。

4.7　城市空间的再组织——具有绿色发展内涵的空间模式

在绿色发展理念提出后，诸多城市开展了绿色发展的路径探索，在环境保护、产业经济和社会发展各方面提供了相应的政策研究与支持。但在城市空间建设中应对绿色发展理念的探讨仍然多停留在绿色空间，特别是绿地空间或生态空间的概念范畴。从绿色发展的内涵分析，仅仅依赖质与量的自然生态环境建设只是对城市空间绿色发展的静态和片面认识，而城市空间基于所处地域的自然生态环境独特性的不断再组织也是城市绿色发展的动态过程。

绿色发展的城市空间与生态系统的关联极为密切，涉及城市自然空间结构的生态互动、经济空间结构的协同调适与社会空间结构的演替更新。而基于"GDP"增长导向的城市空间发展已经对城市生态系统与人工环境的协调带来不利影响，城市空间的粗放扩张破坏了城市空间的自组织能力和可持续性；并且，现代城市静态功能构成的空间结构组织对城市作为一个复合生态系统的复杂构成响应不足。对于商洛城市而言，城市与自然环境耦合、城市与周边城乡产业协同、城市生态经济发展、城市微气候协调、城市内部空间效能与秩序、城市生活节能降耗、城市文化特色彰显等都成为城市空间组织无法回避的问题，需要对空间模式要素进行提炼分析，结合满足绿色发展目标的需求，对城市空间进行再组织，构建具有绿色发展内涵的空间模式。

绿色发展目标下城市空间的组织不是局限于城区尺度的封闭组织，而应将城市置于所处地域的城镇集群区域进行城乡空间体系分析，在宏观、中观、微观不同空间层级应对自然空间、经济空间及社会空间结构的一体融合；城市空间组织也是功能组织关系的表达，作为抽象意义的功能空间，与城市的物质实体空间并不是单调的对应关系，必须通过物质空间与功能空间的整合，才能使物质空间系统成为协调各功能子系统运行的联系纽带，综合反映出城市的空间秩序与效能；同时，城市空间组织是一个动态演化及发展的过程，绿色发展目标也提出了"协调—发展—持续"的动态时序，从发展时序构建城市空间模式，能够更好地体现城市空间由单一目标向多元目标的递进，空间组织由简单向复杂的递进过程。

总之，绿色发展理念为城市空间组织提出了新的目标导向，绿色发展内涵为城市空间组织提出了新的视角和思路，特别是对于类似商洛这种生态资本优越而经济社会发展水平仍较为落后地区中的城市，本书将通过对绿色发展的商洛城市空间结构核心要素分析，确立绿色发展的城市空间结构，以此构建具有绿色发展内涵的城市空间模式。

4.8 本章小结

城市空间布局、土地利用、开发强度、交通组织等要素对于城市绿色发展具有关键性作用。本章通过建立城市空间结构要素与城市绿色发展要素的协同联系，分析并选取商洛城市空间绿色发展目标体系的因子，围绕城市绿色发展的内涵，确立商洛城市空间绿色发展目标体系内容。目标体系构成以生态环境系统目标为优先、经济系统目标为关键、社会系统目标为支撑形成3个目标层，通过"绿色协调度""绿色发展度""绿色持续度"的量化指标，多维度建立城市空间结构组织模式和要素的协同关系。

　　研究分析商洛城市空间的量化结构与空间因素的结合关系，通过系统耦合对商洛城市的空间结构进行定量与定位分析，揭示商洛城市空间结构的变化趋势与特征；针对城市代谢系统的基本构成，研究从商洛城市系统内部的生产、消费和循环等代谢环节进行量化分析，对城市代谢过程进行解析，揭示商洛城市代谢系统内在组分的相互关系和生态关系，总结为"绿色协调度"的城市生态空间建设均衡性、"绿色发展度"的城市经济产业空间建设集约性、"绿色持续度"的物质循环再利用设施与公共服务设施建设覆盖共享性的特征认知，在此基础上，提出需要结合满足绿色发展目标的需求，对城市空间进行再组织，构建具有绿色发展内涵的空间模式。

5 绿色发展的商洛城市空间模式要素体系

空间模式是以空间为载体的形式性结构，绿色发展的城市空间模式立足于城市作为生态系统构成发展内涵来解析空间模式的组成，涵盖了城市地域范围内或不同空间经济层级下城市空间系统物质实体要素的空间分布及空间结构，表达了在一定区域范围内，与城市所处的自然环境及社会经济相适应的自然空间、经济空间、社会空间的组构关系及组织特征。研究分析"宏观—中观—微观"三个层次的商洛城市空间结构核心要素，为绿色发展的空间模式要素体系构建建立基础。

5.1 商洛"一体两翼"地区空间结构的核心要素

商洛城市处于秦岭腹地，在城市空间系统演化发展的过程中，城市外围的农田、山林、水域等大尺度生态环境是城市空间系统与自然共生平衡发展的生态保障，也是消解城市污染的自然过滤"设备"。研究界定的商洛城市集群区域空间为商洛"一体两翼"地区，由商州区、丹凤县、洛南县三地的行政边界为基本框线（东以秦岭—洛河—蟒岭一线为界，南以流岭东麓边缘为界，西以流岭—秦岭主脉为界，北以秦岭主脉为界），以商州区、洛南县、丹凤县的城市增长边界和沪陕高速、福银高速、307省道、西合铁路等主要交通干线为划分界线。

这一地区是指以商州区为主体，以丹凤县和洛南县为两翼的一区两县所辖行政区域，总面积7940km^2。宏观绿色发展空间结构构成是从系统论的视角，在区域层面由相对明确的地理界面所限定的"自然地理空间"与"人居空间"相互作用而构成的复杂系统，研究从商洛城市全局着眼，将商洛城市与其周边地区作为一个有机整体，关注区域内生态空间格局对城市空间发展的影响，其空间结构核心要素由地理空间系统、人居环境系统、区域经济系统及地区景观生态格局构成，以此形成商洛"一体两翼"地区的空间结构。

5.1.1 垂直分异明显的地理空间系统

商洛"一体两翼"地区位于秦岭腹地，是商洛的核心区域，地理区位独特。区域内主要山脉秦岭、蟒岭和流岭均为东西走向，山地间为商（州）丹（凤）谷地和洛南盆地，丹江和洛河穿行而过，形成群山环绕、盆地谷地相间的地貌类型（图5-1）。

从区域地理空间系统来看，秦岭位于地区北部，蟒岭位于地区中部，秦岭山脉东段，属秦岭支脉，其南侧水系为丹江，北侧水系为洛河，沿丹凤和洛南两县的交接由西北向东南延伸；流岭位于地区西南边缘。依据自然地理空间的基本格局，这一地区山水交融共生，丹江、洛河与秦岭、蟒岭、流岭共同构成了"两系三脉"的基本山水格局。其中，蟒岭是区域内丹江和洛河的分水岭，也是商州区、丹凤县和洛南县行政区的自然地理分界线，成为整个地区的地理空间核心（图5-2）。

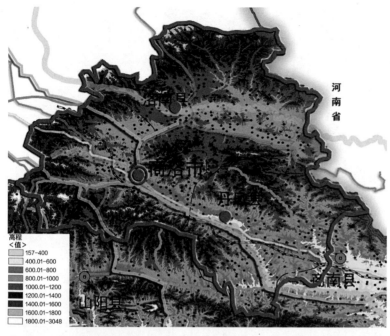

图5-1 商洛"一体两翼"地区高程分析示意图
（图片来源：作者自绘）

图5-2 商洛"一体两翼"地区山水格局分析图
（图片来源：《商洛市"一体两翼"中心城区建设规划（2014—2020年）》，西安建大城市规划设计研究院）

区域平均高程约1000m，最高处位于秦岭，海拔2561m，最低处位于丹凤县内的丹江流域，海拔约300m，地形起伏较大（图5-3）。从坡度分析来看，区域平均坡度为47°，除商丹谷地和洛南盆地外，其他地区坡度均在25°以上（图5-4）[213]。

整个区域垂直分异十分明显，具有多样的气候条件，提供了生物多样性的基础环境。从地理空间单元系统构成可以看出，平原盆地型地理空间单元主要分布在丹江沿岸的商丹谷地；丘陵河谷型地理单元主要分布在洛河河谷及丹江支流河谷地带；高山沟谷型地理单元主要分布在秦岭、蟒岭和流岭地带。

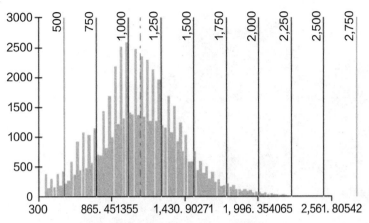

图5-3 商洛"一体两翼"地区不同高程土地面积分析图
（资料来源：路江涛. 特色产业导向下的商洛"一体两翼"地区绿色空间布局研究）

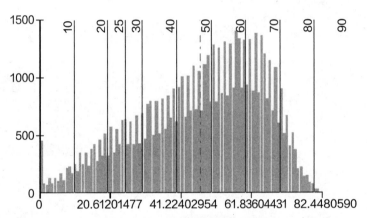

图5-4 商洛"一体两翼"地区不同坡度土地面积分析图
（资料来源：路江涛. 特色产业导向下的商洛"一体两翼"地区绿色空间布局研究）

5.1.2 沿水系与交通趋向分布的人居环境系统

地理空间系统的分析表明，商洛城市集群区域内的主要城镇聚落均沿丹江、洛河生长延伸，在商丹谷地和洛南盆地进行分布。地区中心城市间交通联系较紧密，城市间的要素流动和联系融合逐渐增强。这一地区目前处于城镇化中期阶段，区域内经济空间格局呈点轴式，主要的经济要素都集中在商州至丹凤和洛南的交通轴线上，串珠式城镇带的空间发展格局已基本成型。

商洛"一体两翼"地区包括城市建设用地50.04km²和非建设用地1241.6km²，总计1291.64km²，人居环境系统的分布格局形成以蟒岭为中心的环山分散式空间结构，呈马蹄形空间形态。蟒岭地区包括水源地保护区、自然风景保护区、生态林地保护区、基本农田保护

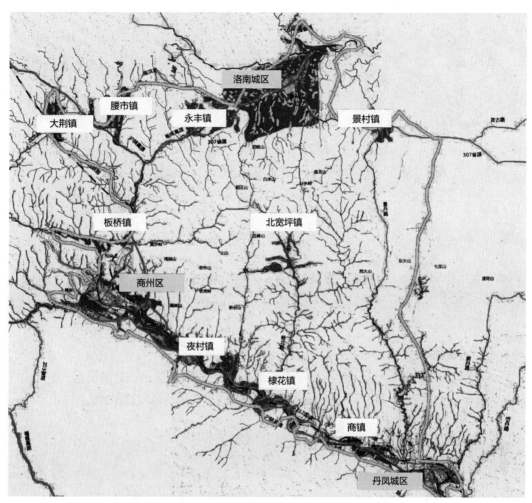

图5-5 商洛"一体两翼"地区主要城镇分布格局图
（图片来源：作者自绘）

区和浅山发展区；蟒岭外围包括三个主要城区和三个城镇连接带，其中包括商丹循环经济产业园、洛南工业园、丹凤工业园和荆河生态工业园等四个主要工业园区（图5-5）。

从城镇建设用地的基本情况分析，这一区域内居住用地共计27.42km²，包括商州区、丹凤城区、洛南城区内的居住用地以及商丹农业观光带、洛南休闲游憩带中的居住用地。其中，商州城区的居住用地主要分布在龟山南北两侧和金凤山南侧，沿丹江分布，总用地7.86km²；丹凤城区的居住用地较分散，总用地5.52km²；洛南城区的居住用地主要分布在洛河沿线，总用地5.43km²。区域内的工业用地共计3.43km²，其中，商丹循环经济产业园区用地面积1.62km²，主要发展装备制造、电子信息、新型建材、生物医药、食品加工，以及新材料、新能源、节能环保等战略性新兴产业；丹凤工业园区用地用地面积0.71km²；洛南工业园区用地用地面积0.86km²，主要发展矿产资源深加工和循环利用，食品加工和机械加工

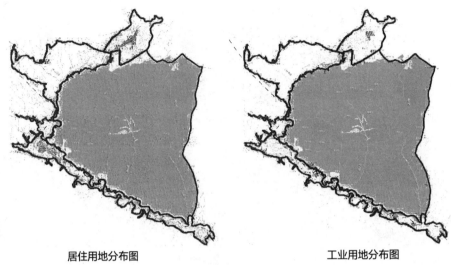

居住用地分布图　　　　　　　　　　工业用地分布图

图5-6 商洛"一体两翼"地区主要城镇建设用地分布图
（图片来源：作者自绘）

等产业；商丹农业观光园用地面积0.23km²（图5-6）。

人居环境系统的空间格局仍然体现了人居聚落空间分布的水系与交通趋向性，也是人口的流动聚集和各种"流"要素不断积累和转化的空间模式发展基础与演化结果。

5.1.3 典型的"弱单核"要素流与区域经济系统

绿色发展理论强调经济单元内各种"流"要素的相互联系与作用关系，各种城市流在集聚和辐射作用中存在并不断变化，城市的集聚与辐射也成为区域各种"流"要素互为因果累积循环的运动关系。城市集群区域中地域分工与地域联系通过经济地域运动来实现，经济地域运动依靠产业经济的要素流动并与其他要素的组合创造价值[214]。地域差异与分工是产生要素流动的直接原因。因此，要素流动的地域组合形式成为探讨城市集群区域内绿色发展空间结构构成的关键之一。

实际上，社会经济系统中的各种土地、建（构）筑物等设施作为基础要素并不能产生流动，但可以通过其他流要素的运动使其增值，进而影响整体地域形成一种发展趋势。

运用产业生态学的区位商原理，可以对商洛"一体两翼"地区的商州区、洛南、丹凤3座城市的城市流强度进行测算，城市流强度是指在城市集群区域城市间联系中城市外向功能（集聚与辐射）所产生的影响量[215]。研究通过城市流强度指标进行比较，来分析城市集群区域的城市流规律（表5-1）。

一般认为，城市某部门区位商反映了该部门的专业化水平和外向功能量的强度，而只有区位商大于1才具有专业化水平和外向功能量[216]。在商洛"一体两翼"地区的3座城市中，仅商州区的一个外向服务部门区位商大于1，说明各城市的专业化水平还不高，特别是代表第三产业的各个部门要素流动并不活跃。从城市外向功能量和城市流强度来看，各城市的外向功能量均小于1，最高的商州区也仅为0.74，说明各城市的三产比重依然较低，城市的综合服务功能有待加强（表5-2）。

商洛"一体两翼"地区各城市主要外向服务部门区位商一览表　　表5-1

城市	物流	批发零售	金融保险	房地产	社会服务	教育文化	科技服务
商州区	1.107	0.475	0.842	0.605	0.370	0.481	0.358
洛南	0.307	0.302	0.492	0.328	0.221	0.215	0.335
丹凤	0.362	0.369	0.563	0.439	0.236	0.221	0.303

（资料来源：作者统计）

商洛"一体两翼"地区各城市城市流强度对比　　表5-2

类型	商州区	洛南	丹凤
外向功能量	0.74	0.32	0.53
城市流强度	8.43	2.52	4.26

（资料来源：作者统计）

从城市流强度等级分析可见，商洛"一体两翼"地区的核心城市并不明显，城市间缺少必要的分工与协作，城市集群区域的功能结构较为单一，整体功能不强，一体化程度不高。商洛作为地区中心城市，辐射能力也很有限，难以带动城市集群内其他地区的持续协调发展。

城市流强度的空间分布特征，呈现典型的"弱单核"结构，城市的空间联系较弱，明显反映出这一地区城市的竞争力尚未形成，城市集群处于发育雏形期。城市集群区域的空间发展需要加强城市的空间联系，建设"流"要素的运行路径，同时，强化第三产业或外向型服务业的空间布局，以优化区域产业经济结构。

5.1.4 "基质—廊道—斑块"楔形环拥的景观生态格局

商洛"一体两翼"地区的森林覆盖率达到60%以上，生态林地规模占区域总面积的50%以上。地区城市外围的景观生态资源包括，林地面积约5108km²，广泛分布在秦岭、蟒岭和流岭山区；牧草地面积约997km²，主要分布在丹江和洛河沿岸的浅山地区；耕地面积约1663km²，主要分布在商丹谷地和洛南盆地，在一些坡度较缓的山区坡地也有分布；河流水系面积约3km²，包括丹江、洛河水系及5座水库。

区域内山水交融共生，地理单元类型丰富，景观生态格局要素所包含的基质、廊道、斑块均有体现，生态林地和牧草地形成基质，河流构成生态景观廊道，人居聚落与耕地共同构成斑块。完整的景观生态格局保障了这一地区成为"生物基因库"的重要组成，对维护地区生态安全起到重要的作用，在生物多样性保护、水源涵养、气候调节、缓解环境问题以及维护地区生态安全等方面发挥着重要作用。从景观生态格局的"基质—廊道—斑块"模式进行分析，可以看出，商丹谷地及洛南盆地以经营景观和人工景观占主导地位，秦岭、蟒岭和流岭山区以自然景观占主导地位，整个商洛"一体两翼"地区的景观生态格局以山岭自然景观基质为主体，以山脉腹地、丹江、洛河为带形廊道，秦岭、蟒岭和流岭环绕商丹谷地、洛南盆地的楔形环拥状空间格局。

5.1.5 "水平＋垂直"维度的绿色发展区域空间结构

绿色发展的商洛"一体两翼"地区空间结构在地理空间与景观生态格局的基础上，着重在于地区的生态空间与产业经济要素的循环运行，在城市集群区域的尺度下，建立系统的空间构成，包含相对完整的生态产业链，使物质流、能量流相对循环，促进城市流强度的提升，增进城市的外向功能量，使城市集群区域空间联系逐渐紧密，一体化程度持续加强。考虑到地区的山地特征，绿色发展的空间结构内不仅涉及水平维度空间关系，同时也考虑垂直维度空间关系的建立。依据地理空间单元的分布特征，将垂直维度划分为高山地区、低山地区、谷地盆地3种类型，对应不同的生态承载力、生态位与生态环境容量，以及生态产业的空间结构（图5-7）。

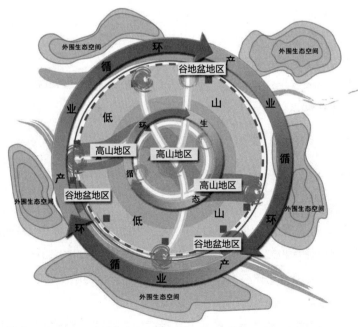

图5-7 商洛"一体两翼"地区"水平＋垂直"维度的空间结构示意图
（图片来源：作者自绘）

5.2 商洛城区空间结构的核心要素

绿色发展的城区空间结构构成需要从环境、资源、经济和社会等层面，考虑在土地利用方式、交通系统、产业体系、基础设施配置方面构建城市绿色发展的空间模式。城区空间的绿色发展，强调城市功能空间的协同，作为城市流通途径的交通系统应立足于引导城市土地、产业、基础设施等要素的优化配置，实现各要素间的功能互补与多维流动循环的发展模式。绿色发展的空间结构中，空间发展的基底是自然生态空间，空间发展的基面是交通系统和土地利用，空间发展的基质是产业体系和基础设施体系。由此，自然生态空间、交通系统和土地利用、产业体系和基础设施体系构成了城区空间结构的核心要素。

城市的自然生态空间、复合功能的土地利用方式与交通系统构成绿色发展基底面，增加城市交通可达性和经济要素的流动，体现绿色发展空间模式中交通系统与土地利用协同关系的延伸，为城市空间结构的生长，提供宽泛的生态体系和发展空间。而城市建成区内部的自然空间是生态系统要素的重要流通渠道，也是改善城市环境的生态命脉，城区空间的整体格局应以顺应城市自然肌理为前提，构建人工环境与自然系统协调平衡的生态连通空间格局。同时，产业结构的拓展是引发城市空间形态拓展和空间结构演化的重要因素，产业经济空间的一体循环要求建立产业、基础设施及绿色发展空间结构互为链接的绿色发展引导区，在城市空间发展基底面上进行合理布局。

5.2.1 自然生态空间——城区空间结构基底

商洛城市的自然生态体系特色明显，东部蟒岭、南侧流岭和西向秦岭以及丹江、南秦河构成商洛城区的自然生态空间基底，山、水成带成片，呈现丰富、生动的自然生态网络。山地水系环境、复杂的地形地貌结构构成了城市生态系统的结构要素，水系、矿产及各类生物构成城市生态系统的资源条件。自然生态空间所具有的异质性、动态性、有限性使其在城市演化中成为城市空间发展的重要条件。

从商州县志中商州疆域图可以看出，传统商洛城区具有一定的边缘结构特征，处于山地与谷地的边缘地带，自然生态空间提供了边缘生境的多样化，保障了城市生产生活的基础资料；丹江水系沿河谷延伸成为沟通城区与其他空间的廊道，这些结构与功能特征反映了传统商洛城区的多种生态需求与人居空间模式，满足了人类对食物、水源、庇护和空间运动的要求（图5-8）。

从中国传统风水理念的理想人居基本原则分析，商洛城区反映了中国传统的聚落观、界域观和生态观。城区选址在"负阴抱阳、背山面水"的风水理论指导下，通过山水格局控制，使人居环境与自然环境产生紧密的生态关联。城区北靠祖山二龙山，南面朝山流岭，南依丹江，城区与少祖山松道山、主山金凤山、青龙东龙山、水口山静泉山、案山龟山、白虎

图5-8 商州疆域图
（图片来源：商州县志）

图5-9 商洛城区自然生态空间格局解析
（图片来源：作者自绘）

老虎岭隔河相望，形成"负阴抱阳、背山面水"的基本格局，清晰地反映出一个由山、水限定的良好生态单元，单元内山、水、城融合共生，自然生态空间环境与人居聚落空间构成融合统一的理想空间格局（图5-9）。

5.2.2 交通系统与土地利用方式——城区空间结构基面

城市交通系统与土地利用方式构成城区空间结构的基面，交通系统使城区内土地承载的各项功能在多个尺度层面上进行连接，这种网络化联系使城区内的要素进行流动，为城市社会经济的运行提供了有效路径。

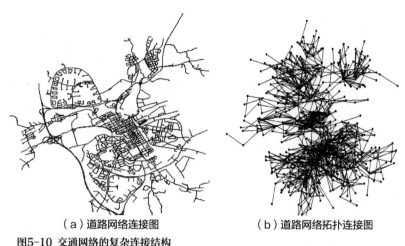

（a）道路网络连接图　　　　　　　　（b）道路网络拓扑连接图

图5-10 交通网络的复杂连接结构

（图片来源：Jiang B，Claramunt C. Topological analysis of urban street networks）

（1）城市交通网络

从绿色发展的"流"优化原则认识交通网络与城市功能的协同，有助于从更深层面理解城市网络的路径及其要素流间的关联关系。交通系统作为要素流的网络连接能直接体现城区的功能特征，反映更为直观的真实结构。如耶夫勒城区的道路网络拓扑连接图，体现了交通网络的复杂连接结构，以促进物质和能量的交换和循环[217]（图5-10）。

城市空间绿色发展的目标之一是提高资源效率，城市绿色交通模式就是结合土地与交通一体化，采用城市公共交通系统提高城区的社会经济绿色增长质量。但目前，商洛城区公共交通建设较为滞后，公共交通在城市交通中的比例不足10%。商洛城市交通模式应考虑3D发展模式，即城市优先考虑POD（有利于步行的模式）、BOD（有利于自行车）和TOD（有利于公共交通）导向[218]。遵循绿色交通最优先发展，控制小汽车交通发展的原则，建立多种绿色交通模式复合的网络系统。

城市交通系统最重要的作用之一是能为城市活动提供链接的通道和路径，因而交通可达性与出行距离就成为土地利用和道路布局的关键[219]。对商洛城市空间结构的定量分析表明，公交站点500m范围覆盖率、5min可达公共服务设施覆盖率指标因子距离目标值还有差距，也反映出城市"短路径"交通网络的完善度不高。从商洛中心城区现状居住用地的深度值分析可以看出，其平均值为162587，属于中等偏高水平，表明城区功能空间的交通联系便捷性不高，不利于城市空间的集约发展，降低了城市整体的生态效益。从商洛城市的道路交通网络路径分析可以看出，受城市基底条件的制约，轴线延伸的城市空间主要依靠长路径进行联系，城市东部、南部拓展用地的交通联系便捷度不足（图5-11）。

城市"短路径"的交通网络结构对于实现城区功能空间的高效联系十分必要（图5-12），因而，城区空间的绿色发展需要在城市土地利用方式上进行紧凑的空间组织，合理协调城市功能空间的联系。

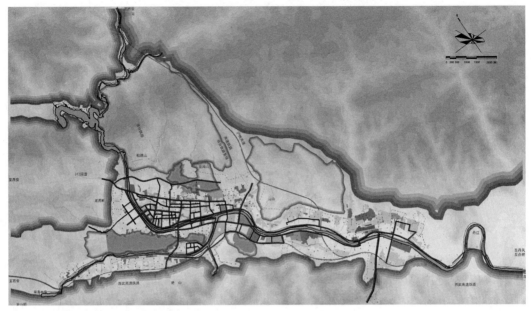

图5-11 商洛城区道路交通网络路径分析
（图片来源：作者自绘）

（2）城区土地利用方式

城市土地资源是城市空间发展的基础，与城市经济、社会及环境存在密切的关系。对商洛城市空间发展中的效能分析表明，商洛城区所处的地理空间单元决定了城市土地资源的紧缺性，促使城市土地利用方式应向高效复合的模式进行转化。城市土地利用的效能直接关系到自然生态、能源消耗、交通组织、产业经济流动等多维层面（图5-13），城市空间结构要素的协同与流动都需要以高效的土地利用为

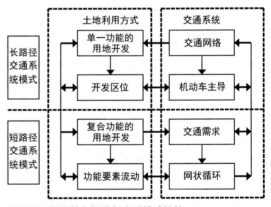

图5-12 长路径与短路径交通模式比较
（资料来源：张洪波.低碳城市的空间结构组织与协同规划研究）

核心进行组织与布局，优化城市的整体交通，连通城市生态网络和绿色交通网络，从而实现不同功能空间的协同与层级组织。

从商洛城区的空间演化特征来看，交通流线的拉力是城市空间拓展的重要影响因素，城市土地利用的轴带型空间形态十分明显，在城市中心区及拓展区的不同区位，土地利用方式又有区别。城市中心区的土地利用方式受自发演进的作用，形成生长核空间，始终在城市空间结构中占据重要地位，空间形态逐渐发展为高密度的紧凑模式，用地空间分布呈集聚格局，空间距离逐渐缩小，空间形态趋于规整。城市拓展区的土地利用方式多以单一功能的分

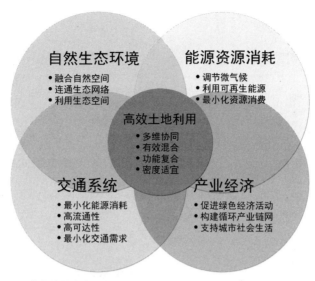

图5-13 高效的城市土地利用效应
（图片来源：作者自绘）

区模式为主，在对商洛城市空间结构进行的定量分析结果中，可以看出城市的生态空间建设与土地集约利用指标也尚有不足。通过对2015年商洛城市空间的集聚度进行分析，城区的土地使用紧凑度指数为0.087，若与国内不同自然地理条件及不同规模的城市对比，可见商洛城区空间形态的紧凑度较低，城市拓展的外部轮廓方向性较为明显（表5-3）。

不同自然地理条件城市空间土地使用紧凑度比较　　　　　　　　表5-3

城市	自然地理条件	城区空间形态	城区土地使用紧凑度指数
北京	平原	多中心—同心圆	0.586
上海	平原、跨江	多中心—放射式	0.533
深圳	滨海	带状组团	0.194
重庆	山地	组团	0.421
宝鸡	平原、跨铁路	双中心—带状	0.154
攀枝花	山地	带状组团	0.063
商洛	谷地	带状组团—散点	0.087

（资料来源：作者统计）

　　而在商洛城区的空间结构定位分析中，也表明空间分布以跳跃点式或跳跃组团式呈分散状格局，功能空间联系不紧密，空间互动不足，特别是城市公共活动空间的集成度不高，商业服务业设施用地空间与居住空间的分离度较高。通过对2015年商洛城区主要功能用地的空间集聚指数和最大斑块指数进行分析（图5-14），选取二类居住用地（R2）、三类居住用地

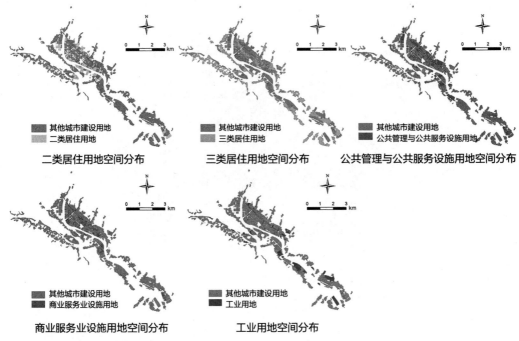

图5-14 2015年商洛城区主要功能用地空间分布
（图片来源：作者自绘）

（R3）、公共管理与公共服务设施用地（A）、商业服务业设施用地（B）、工业用地（M）、物流仓储用地（W）等城区主要功能用地数据进行计算。结果显示，商洛城区三类居住用地、工业用地的空间邻近程度最高，斑块优势较为明显，这类空间的紧凑度也较高；但商业服务业设施用地的集聚度和斑块优势较低，也进一步说明了城市公共空间活动的集成度尚有不足（表5-4）。

2015年商洛城区主要功能用地空间集聚指数和最大斑块指数一览表　　表5-4

类别	二类居住用地（R2）	三类居住用地（R3）	公共管理与公共服务设施用地（A）	商业服务业设施用地（B）	工业用地（M）
功能用地集聚度指数（AI）	78.35	81.25	78.98	59.27	85.63
功能用地最大斑块指数（LPI）	1.12	3.66	1.47	0.74	2.05

（资料来源：作者统计）

城市主要功能空间的紧凑度能够反映城市功能的集聚内涵，体现城市内部某项功能的服务强度，间接表征城市空间的交通需求量[220]。对于商洛城市的组团带状形态而言，城区外部空间轮廓可能表现为方向性扩展的放射状指数较高，紧凑度较低，但城区内部紧凑、高效

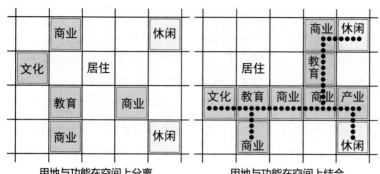

图5-15 城市土地利用模式比较

（图片来源：作者自绘）

混合的土地利用方式，可以促进不同功能在空间上进行整合，也有利于绿色交通网络结构的构成（图5-15）。

5.2.3 产业体系和基础设施体系——城区空间结构基质

绿色发展的城区空间结构中包含相对完整的生态产业链（网），并具有服务人居的功能需求。产业体系结构涉及城市的对外经济联系、城市内部的产业空间分布，这些要素与城市空间发展的合理性紧密关联；基础设施具有服务人居的重要功能，也是保障城市空间结构可持续安全发展的前提。二者共同构成城区空间结构的基质，起到促进生态与生产要素流动、构建完整生态链的作用。

1. 产业—空间相联系的复合结构

城市发展的各个阶段，其空间结构的演化和进化都在相当程度上受到产业结构变化的影响。城市产业体系是决定城市经济功能和城市性质的内在因素，是城市物质空间演变的主要原因和促进城市发展的内在动力[221]。随着城市空间结构的演化，产业体系的发展与转型可能出现两种不同的空间效应，一种是缺乏产业协作关系的空间分离式，另一种是相关产业通过协作与链接的空间集聚式。当产业体系在空间尺度上的不断拓展，分离与集聚的空间尺度也有可能产生变化。

在以第一产业为主的产业经济结构下，城市空间结构以面状经济活动为主导，受自然生态条件和资源条件的影响，产业空间体现出自然集聚的空间节点和通道，如河道和山谷，这种空间结构是典型的原生空间，没有要素流及产业网络体系的形成。当产业结构以粗加工制造业作为主导时，产业空间呈现总体发散局部集聚的状态，空间差异化逐渐明显，要素流及产业网络体系在地方空间内逐渐形成。随着资源导向型的产业结构向高精加工方向转化，农业集约化程度增加，生产性服务业开始发展，产业空间结构由不同区位、不同交通通道组成多等级连接的多维垂直网络，形成承接空间结构。绿色发展所强调的要素流动，是要求产业结构向高加工制造业、新兴制造业、特色加工业和服务业为主导进行转化，产业空间结构由多等级、多类型的空间联结节点和通道组成，且有形通道不断系统化，无形通道不断出现并逐渐凸显其带动产业要素流动的经济和社会价值，即形成流动空间结构。

对商洛城区内工业用地的分析表明，城市的产业空间结构处于转移集聚的演化过程，由地方空间向承接空间模式发展，如商丹循环经济产业园的建设，进驻比亚迪汽车电池、光伏电池等制造企业，城市产业体系已逐步由资源导向的传统制造加工业向新能源、新材料等新兴制造业转变。城市的产业空间向城区东部集聚，空间句法分析结果说明，产业集聚空间的控制度值较低，产业负面嫡流对城市造成的环境影响较小。分析商洛城市的产业与空间关联可以发现，产业体系基本形成了三种空间模式组成的复合结构（表5-5）。

商洛城区产业—空间联系结构模式　　　　　　　　　　　　表5-5

模式	结构特征	功能特征
东部延伸模式	沿河流（丹江）及交通线（G312）向东进行带状拓展，形成循环经济产业集聚区	新兴制造业为主导，沟通产业集聚区内部的要素流动，沟通与其他城市的要素流动与经济联系
中心放射模式	以老城区为中心向外围辐射	以城市中心区的商业服务业为核心，沟通城市内部的经济联系
带状＋星状联系模式	沿河流（丹江）分散布局，结合居住空间交错布局	传统制造业与商业服务业为主，零散的对外联系，沟通城市街道的经济联系

（资料来源：作者制作）

从商洛城区产业—空间的联系结构模式可以看出，东部延伸的产业模式以新兴制造业为主导，以承接空间结构形式，在产业集聚区内部形成相对完善的生态产业链网，并通过静脉产业的链接，加强资源的再利用，基本实现产业经济的闭环循环，减少对生态环境的干扰及危害。但是，其他模式的产业类型较为单一，特别是生产性服务业及公共性服务业功能由城区中心向周边逐渐衰减，导致城区产业体系活动的空间流动性不足。由此，产业体系作为城区的绿色发展基质，不仅需要构筑生态产业链网完善的承接空间，也需要调整或增加多元的产业类型，尤其是新兴服务业类型的引入，以在城区内部促进经济要素的流动和循环。

2．工程性—生态性—社会性的基础设施体系

城市基础设施作为城市公共产品供给对城市和地区发展起着重要的作用，基础设施体系的完善是保证城区各种功能活动顺利运转，保障城市空间结构可持续安全发展的前提。本书涉及的城市基础设施包括工程性基础设施、社会性基础设施和生态性基础设施三类。

（1）工程性基础设施

从绿色发展的实施过程维度来看，工程性基础设施强调在城区层面封闭物质与能量流动回路，在现有的能源结构和技术条件下，主要涉及代谢系统输入端和输出端的能量与物质流动。在输入端提供资源能源利用，在输出端进行废弃物的资源化转化，减少自然资源的消耗和污染物排放对生态系统的影响。商洛城市空间结构的量化分析可以看出，工程性基础设施

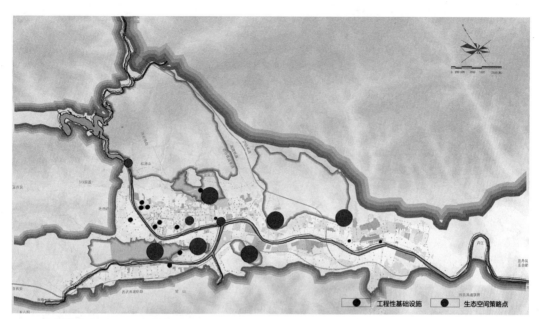

图5-16 商洛城区工程性基础设施空间分布
（图片来源：作者自绘）

体系相关的几个指标因子均已达到或趋近目标值，表明其对城市空间结构的设施完善起到了一定的支撑作用（图5-16）。

从城区空间的整体结构来看，工程性基础设施的空间布局应与物质能量流动和生态空间的策略点分析相结合，以适当的空间配置减缓废弃物对环境的影响，尤其是废水的处理、废热的再循环利用及生产生活垃圾的无害化处理再利用，这不仅需要在城区空间结构中进行需求主导型的控制，也需要在微观空间层面进行供应主导型的引导设置，以体现基础设施在循环实施过程中的不同空间向度及分枝链接式空间组织模式。而随着新能源产业的应用，工程性基础设施对于土地资源利用的方式可能发生改变，如太阳能、风能等新型能源生产物质空间场所的需求，将会对城市空间结构自上而下进行全面的调整，而工程性基础设施也可能转而建构为生态型基础设施。

（2）社会性基础设施

社会性基础设施指城市行政管理、文化教育、医疗卫生、教育科研、宗教、社会福利及住房保障等公共产品的供给。这类基础设施的空间组织与社会组织的层级特点和人类需求的层次特点相关，在城区尺度的空间分布上看，是以城市"人居空间"为本底分布着不同规模的块状或点状形态。因此，这类空间与其他空间的互动与联系成为城区空间绿色发展的关键，也是构建无形通道以实现城市社会经济要素流动的重要空间组成，若该类设施与其附近一定空间范围内其他节点的联系紧密度，集成度高，表明周边空间范围到达这个节点的空间联系越便捷，越有利于物质、能量及信息的流动。通过空间句法的分析表明，商洛城市的社

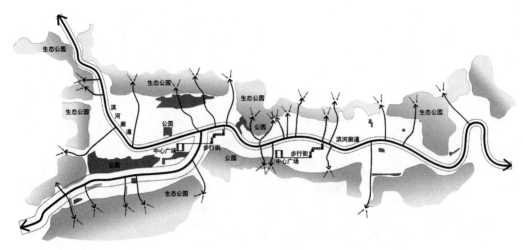

图5-17　商洛城区开放空间体系
（图片来源：作者自绘）

会性基础设施在功能区内部分布不够均衡，设施设置与覆盖尚不够完善，需要进行集合包容式的空间组织。

（3）生态性基础设施

生态性基础设施由城市中可以发挥调节空气质量、水质、微气候以及管理能量资源等功能的自然及人工系统和元素组成，这些系统和元素发挥着类似于自然过程与功能的作用，以城市开放空间形态保障城市空间结构的安全性，协调城市空间结构的灵活性[222]。这种更具有弹性的空间，可以调节城市微气候环境、有效促进城市环境与自然生态环境的物质循环。

以自然生态空间作为基底，城市交通体系及土地利用方式为基面，城市开放空间可以看作为城市的"连通器"[223]。商洛城区的开放空间体系在城市空间结构中以线状和网状格局，串联城市各功能区，成为城市各要素的联通廊道（图5-17）。因而，创造具有高选择度、多层级的公共开放空间系统，有助于发挥城市开放空间的生态作用，城市开放空间是完成物质与能量在城市空间系统中进行整体流动的重要基质。

目前商洛城市建成区的绿地系统空间定位很不均衡，特别缺乏协调人与自然关系的城区内部人工景观游憩空间及生态服务空间。受到快速的城市扩张影响，城市用地的拓展对城市开放空间的边界蚕食明显，造成自然生态空间系统的分解。以生态平衡为宗旨，通过城市生态基础设施的连通性，对城市空间的绿色发展可以起到关键作用。

5.2.4 "基底—基面—基质"的绿色发展城区空间结构

绿色发展的商洛城区空间结构以"基底—基面—基质"组成，构建以城市自然生态空间山水格局为基底，以绿色发展目标导向的交通组织与土地开发利用方式为基面，着重在于产

图5-18 商洛城区"基底—基面—基质"空间结构示意图
（图片来源：作者自绘）

业经济空间、基础设施载体基质空间的完整连通。建立城市自然生态空间山水格局的城市"绿色支撑基底"，维护城市生态安全和基本生态格局；进行交通—土地复合化的城市建设用地开发，以基质连通形成"以点带面、以线带片"的流动空间效应，促进物质流、能量流的循环，以达到城区空间结构系统内的功能空间多元高效（图5-18）。

1."五山、一芯、一湖、两水"的生态基底

自然生态基底是城市基本生态格局的底线控制，对城市空间发展具有约束与导向作用，也是城区空间结构的自然支撑空间系统。

商洛城区属东秦岭山地的组成部分，丹江及其南秦河两岸为河谷川塬地貌，自然地形坡度小于10%，主要为农田分布地区；丹江上游、龟山、龙山、静泉山及城区南北两侧为低山丘陵地貌，缓坡段在25%以下，主要为农田及生态林地分布，形成了商洛城区的"群山夹峙、一谷一川"的地形特征。城区北部有金凤山、松道山，西部有老虎岭，南部有龟山、静泉山等山体，丹江和南秦河穿越城区，仙娥湖（二龙山水库）位于城区西北，基本构成了"五山一芯一湖两水"的山水格局（图5-19），五山分别为：二龙山、金凤山、东龙山、楚山、静泉山；一芯为龟山；一湖为仙娥湖；两水为南秦河、丹江。

根据商洛城区所处的自然生态空间，将坡度大于25%的地段作为生态山地控制区，禁止建设，加强生态环境、生物多样性及水土的保护，结合田园林地，提高林木封闭度；将沿丹江、南秦河等水系两岸20~50m地段作为生态水系控制区，加强滨河风景生态林地保护与建设，充分发挥生态林应有的作用和效应；将仙娥湖（二龙山水库）水域及其正常水位线（高程765m）外延300m的陆域，以及流入水库的丹江、板桥河（含龙王庙河）入口上溯2000m的水域，及其河岸两侧外延200m的陆域地段作为城市水源地生态控制区，进行水源地涵养

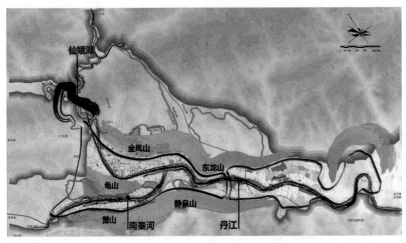

图5-19 商洛城区"五山、一芯、一湖、两水"的山水格局
（图片来源：作者自绘）

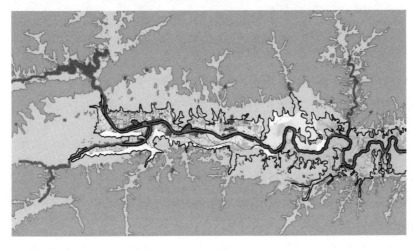

图5-20 商洛城区空间结构的自然生态基底线
（图片来源：作者自绘）

及生态保护措施，划定城区绿色发展空间结构的自然生态基底线（图5-20）。

生态基底作为城区绿色发展空间建设的生态保护红线，这一区域内的水、土地、林地、能源等资源的开发和利用构成城区人居环境建设的承载力极限，成为以提供生态服务或生态产品为主体功能的空间。

2."混合利用土地—3D交通"的复合基面

交通—土地复合基面是绿色发展空间结构的物质载体，体现了城市交通组织方式与土地利用方式的有效结合。

（1）土地混合利用的功能空间

商洛城市建设用地的拓展及空间结构演化分析表明，城市空间以"依山就势，顺水而生"的演进进程为主线，城市空间沿水系生长的特征十分明显。近年来商洛城市空间结构表现为外延内紧的演化特征，城区由5个片区形成带状组团—散点的结构形态（图5-21、图5-22）。

分析商洛城区城市功能用地的拓展方向，城市建设用地以东南方向拓展为主，西部方向

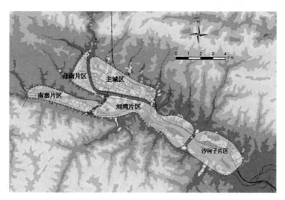

图5-21 2015年商洛中心城区五片区示意图
（图片来源：作者自绘）

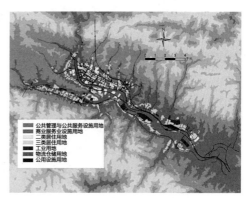

图5-22 2015年商洛中心城区土地使用分布图
（图片来源：作者自绘）

扩展次之，南部方向略有拓展，新增城市功能用地集中于丹江南岸和南秦川地区（表5-6、图5-23）。

　　2015年商洛城区土地利用结构信息熵为1.540，土地利用均衡度为0.741，说明各类功能用地所占城市建设用地的比例差距逐渐缩小，用地结构的整体均衡性较好。

2015年商洛城市建设用地象限分布一览表　　　　　　表5-6

象限序号	方位	城区建设用地面积（hm²）	不同方位建设用地偏差
1	NNE-N	11.89	−95.10%
2	NE-NNE	12.57	−94.82%
3	NEE-NE	14.03	−94.22%
4	E-NEE	12.87	−94.70%
5	SEE-E	33.16	−86.34%
6	SE-SEE	408.60	68.37%
7	SSE-SE	516.76	112.94%
8	S-SSE	71.84	−70.40%
9	SSW-S	65.42	−73.04%
10	SW-SSW	79.36	−67.30%
11	SWW-SW	112.27	−53.74%
12	W-SWW	177.52	−26.85%
13	NWW-W	229.29	−5.52%
14	NW-NWW	194.97	−19.66%
15	NNW-NW	94.34	−61.13%
16	N-NNW	27.88	−88.51%

（资料来源：陈治金.商洛市中心城区用地演变研究（2001—2015年））

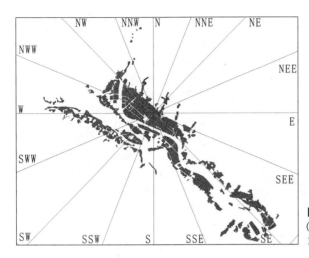

图5-23 2015年商洛城市功能用地象限分布图
（图片来源：陈冶金.商洛市中心城区用地演变研究（2001—2015年））

　　城市土地利用的空间拓展反映了城市空间秩序的调整与变化，绿色发展的空间结构基面更强调土地利用与功能空间的组织关系。作为抽象意义的功能空间，与城市土地并不是单调的对应关系，必须通过土地使用与功能空间的整合，才能使物质空间系统成为协调各功能子系统运行的联系纽带。交通—土地复合基面才具备更好的自组织和共生式的发展状态。

　　在城区空间结构的人居建设空间系统中，可以将城市土地利用按照功能特点与空间形态划分为7大系统，包括居住生活系统、公共管理与公共服务系统、商业服务业设施系统、社会工业生产系统、交通运输系统、公用设施系统、景观绿地系统（图5-24）。

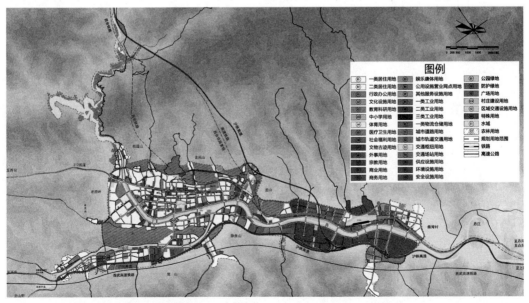

图5-24 商洛城市中心城区土地使用规划图
（资料来源：商洛市城市总体规划（2011—2020年）（修改），西安建大城市规划设计研究院）

这种划分主要是依据城市土地使用的直观功能或主导功能，本质上，自然生态系统、循环经济系统与社会生活系统活动开展的每一种功能空间都可能呈现出混合的土地使用状态，这种混合状态使功能空间在物质实体空间上的分布边界模糊，反映出绿色发展空间系统的混沌特征。可以根据这一特性，分析商洛城区土地利用与功能空间兼容耦合的混合对应关系，促进不同功能在空间上进行整合，也体现紧凑、高效混合的土地利用方式（表5-7）。

绿色发展的商洛城区空间结构中功能空间与土地利用对应关系一览表　　表5-7

系统	商洛城区土地利用类型	商洛城区功能空间类型			备注
		自然空间	经济空间	社会空间	
A	居住	★☆	★☆	★★	
B	行政办公	☆☆	☆☆	★★	
	文化设施	★☆	★☆	★★	
	教育科研	☆☆	★☆	★★	小类功能空间有所侧重
	体育	★☆	★☆	★★	
	医疗卫生	★☆	★☆	★★	小类功能空间有所侧重
	社会福利	★☆	★☆	★★	
	文物古迹	★☆	☆☆	★★	
	外事机构与设施	☆☆	☆☆	★★	
	宗教活动	★☆	☆☆	★★	
C	商业商务	☆☆	★★	★☆	
	娱乐康体	★☆	★★	★☆	小类功能空间有所侧重
	公用设施营业网点	☆☆	★★	★☆	
	综合公共设施	☆☆	★★	★☆	根据主导功能有所侧重
D	工业	★☆	★★	★☆	
	物流仓储	☆☆	★★	★☆	
E	道路及轨道交通	★☆	★★	★☆	
	交通枢纽	☆☆	★★	★☆	
	交通场站	☆☆	★★	★☆	
F	供应设施	☆☆	★★	☆☆	
	环境设施	☆☆	★★	☆☆	
	安全设施	☆☆	★☆	★☆	

续表

系统	商洛城区土地利用类型	商洛城区功能空间类型			备注
		自然空间	经济空间	社会空间	
G	公园绿地	★★	★☆	★☆	
	防护绿地	★★	★☆	★☆	
	广场	★☆	★☆	★★	
	水域	★★	★☆	★☆	
	农林用地	★★	★★	★☆	根据主导功能有所侧重

（说明：★★表示对应关系极强，是该物质实体空间的主导功能空间类型；★☆表示有一定对应关系，对该物质实体空间有一定影响；☆☆表示对应关系较弱，对该物质实体空间影响较小。本表以《城市用地分类与规划建设用地标准（GB 50137—2011）》中的用地分类作为依据，以城市总体规划及控制性详细规划中计入城市用地平衡表及城乡用地汇总表的用地类型作为城市物质实体空间的划分基础。其中，A表示居住生活系统；B表示公共管理与公共服务系统；C表示商业服务业设施系统；D表示社会工业生产系统；E表示交通运输系统；F表示公用设施系统；G表示景观绿地系统。作者制作）

绿色发展的空间结构保证城区中各种功能空间都能适得其所并有机融合，以形成合理的城市功能布局，提高城市土地的综合利用效能。结合商洛城市总体规划的原则与要求，确定商洛城区空间结构中土地的多功能混合利用，可以进一步确定各类建设用地的适建范围，促进各功能要素的联系与复合（表5-8）。

（2）3D交通系统

在城区土地功能复合利用的基础上，交通—土地复合基面需要充分考虑城市公共交通与"短路径"交通网络结构，以实现城区功能空间的高效联系。

结合商洛城区带状组团—散点的空间结构，在城区空间结构中通过3D发展模式带动城区各组团片区间的要素流动，遵循绿色交通优先发展，控制小汽车交通发展的原则，以城区慢行交通和公共交通为先导，建立一个有秩序指向的多模式叠加复合的交通网络系统。

商洛城区的慢行交通系统主要由POD（有利于步行的模式）和BOD（有利于自行车）系统组成。结合城区主要的功能空间节点，如丹江、龟山公园、莲湖公园、中心广场、商业街等，建立多层次的POD和BOD系统（图5-25）。

POD系统以沿丹江和南秦河的滨水步行带为主要组织轴线，由绿色景观步行空间、商业步行街、道路步行空间结合城市广场（游憩集会广场、交通集散广场），交通枢纽形成步行环线，滨水步行带同时满足防洪（潮）、景观及休闲的功能需求。受水系分割的影响，为加强组团用地之间的联系，可设步行桥联系丹江两岸，位于龟山大道、通江西路、中心街和东新街。通过步行桥结合通江东西路、中心街，将商鞅广场、文化中心艺术广场、望江楼、两江口公园、中心广场等城市绿地空间、居住与商业服务业设施用地空间、城市公共活动空间进行联系，提升城区局部空间与整体空间结构的联系便捷度、空间集成度和活动选择度。BOD系统将自行车交通线路分为三类，分别是专用自行车道，隔离自行车道（含绿化隔离

绿色发展的商洛城区空间结构混合功能用地一览表

表5-8

可混合用地类型	用地类型	用地代码	R2	A1	A2	A3	A4	A5	A6	A7	A9	B1	B2	B3	B4	B9	M1	W1	S1	S3	S4	S9	U1	U2	U3	U9	G1	G2	G3
二类居住用地		R2	▲	△	△	△	△	△	△	×	△	△	△	△	△	△	×	×	×	×	×	×	×	×	×	×	△	△	△
公共管理与公共服务设施用地	行政办公用地	A1	×	▲	×	×	×	×	×	×	×	×	×	×	×	×	×	×	×	×	×	×	×	×	×	×	×	×	×
	文化设施用地	A2	×	×	▲	×	×	×	×	×	×	×	×	×	×	×	×	×	×	×	×	×	×	×	×	×	×	×	×
	教育科研用地	A3	×	×	×	▲	×	×	×	×	×	×	×	×	×	×	×	×	×	×	×	×	×	×	×	×	×	×	×
	体育用地	A4	×	×	×	×	▲	×	×	×	×	×	×	×	×	×	×	×	×	×	×	×	×	×	×	×	×	×	×
	医疗卫生用地	A5	×	×	×	×	×	▲	×	×	×	×	×	×	×	×	×	×	×	×	×	×	×	×	×	×	×	×	×
	社会福利用地	A6	×	×	×	×	×	×	▲	×	×	×	×	×	×	×	×	×	×	×	×	×	×	×	×	×	×	×	×
	文物古迹用地	A7	×	×	×	×	×	×	×	▲	×	×	×	×	×	×	×	×	×	×	×	×	×	×	×	×	×	×	×
	宗教用地	A9	×	×	×	×	×	×	×	×	▲	×	×	×	×	×	×	×	×	×	×	×	×	×	×	×	×	×	×
商业服务业设施用地	商业用地	B1	△	△	△	△	△	△	△	×	×	▲	△	△	△	△	×	×	×	×	△	×	×	×	×	×	△	△	△

续表

用地代码

可混合用地类型	名称	R2	A1	A2	A3	A4	A5	A6	A7	A9	B1	B2	B3	B4	B9	M1	W1	S1	S3	S4	S9	U1	U2	U3	U9	G1	G2	G3
B2	商务用地	△	△	△	△	△	△	△	×	×	△	◀	△	△	△	×	×	×	×	△	×	×	×	×	×	△	△	△
B3	娱乐康体用地	△	△	△	△	△	△	△	×	×	△	△	◀	△	△	×	×	×	×	△	×	×	×	×	×	△	△	△
B4	公用设施营业网点用地	△	△	△	△	△	△	△	×	×	△	△	△	◀	△	×	×	×	×	△	×	×	×	×	×	△	△	△
B9	其他服务设施用地	△	△	△	△	△	△	△	×	×	△	△	△	△	◀	×	×	×	×	△	×	×	×	×	×	△	△	△
M1	一类工业用地	△	×	×	×	×	×	×	×	×	△	△	×	×	△	◀	△	×	×	△	×	×	×	×	×	△	△	△
W1	一类物流仓储用地	△	×	×	×	×	×	×	×	×	△	△	×	×	△	△	◀	×	×	△	×	×	×	×	×	△	△	△
S1	城市道路用地	×	×	×	×	×	×	×	×	×	×	×	×	×	×	×	×	◀	×	×	×	×	×	×	×	×	×	×
S3	交通枢纽用地	×	×	×	×	×	×	×	×	×	×	×	×	×	×	×	×	×	◀	×	×	×	×	×	×	×	×	×
S4	交通场站用地	×	×	×	×	×	×	×	×	×	×	×	×	×	×	×	×	×	×	◀	×	×	×	×	×	×	×	×
S9	其他交通设施用地	×	×	×	×	×	×	×	×	×	×	×	×	×	×	×	×	×	×	×	◀	×	×	×	×	△	△	△

商业服务业设施用地（B2、B3、B4、B9）；一类工业用地（M1）；一类物流仓储用地（W1）；道路与交通设施用地（S1、S3、S4、S9）

续表

可混合用地类型		用地代码																										
用地类型		R2	A1	A2	A3	A4	A5	A6	A7	A9	B1	B2	B3	B4	B9	M1	W1	S1	S3	S4	S9	U1	U2	U3	U9	G1	G2	G3
公用设施用地	U1 供应设施用地	×	×	×	×	×	×	×	×	×	×	×	×	×	×	×	×	×	×	×	×	▲	×	×	×	×	×	×
	U2 环境设施用地	×	×	×	×	×	×	×	×	×	×	×	×	×	×	×	×	×	×	×	×	×	▲	×	×	×	×	×
	U3 安全设施用地	×	×	×	×	×	×	×	×	×	×	×	×	×	×	×	×	×	×	×	×	×	×	▲	×	×	×	×
	U9 其他公用设施用地	×	×	×	×	×	×	×	×	×	×	×	×	×	×	×	×	×	×	×	×	×	×	×	▲	×	×	×
绿地与广场用地	G1 公园绿地	×	×	×	×	×	×	×	×	×	×	×	×	×	×	×	×	×	×	×	×	×	×	×	×	▲	×	×
	G2 防护绿地	×	×	×	×	×	×	×	×	×	×	×	×	×	×	×	×	×	×	×	×	×	×	×	×	×	▲	×
	G3 广场用地	×	×	×	×	×	×	×	×	×	×	×	×	×	×	×	×	×	×	×	×	×	×	×	×	×	×	▲

（注：▲表示最可混合；△表示可混合；×表示不可混合。作者制作）

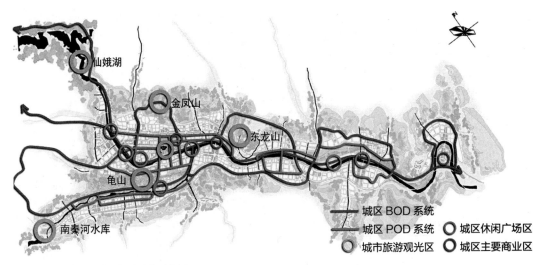

图5-25 商洛城区慢行交通系统示意图
（图片来源：作者自绘）

和隔离栏隔离），划线自行车道（含与机动车道同标高和与人行道同标高）。专用自行车道与城区绿道结合设置，平行于主干路开设，路面宽度不小于3.5m，并将城市的重点生态观光区、水系、休闲广场、商业区等串联起来，促进物质和能量的交换和循环，提高资源效率，从土地与交通一体化发展出发，减少生态足迹，提高城区的社会经济绿色增长质量。

城市的绿色交通模式选择之一是着眼城市公共交通系统在城市空间中的最大化利用，通过3D交通系统中的TOD模式来带动城区空间结构各要素间的联系。

商洛城区的公共交通系统采用普快结合的综合公交网络，以轨道交通、公交快线与公交干线走廊作为基本骨架，并根据客流需求配置普通公交线路，形成完整的公共交通网络。城区内沿环城北路、商鞅大道、环城南路和商丹中路分别设置公交快线，同时可预留轻轨线路，作为城市快速公交网的重要组成部分，承担商洛至西安、商洛"一体两翼"地区、商洛城区内的大容量快速公交运输功能。结合城市主干路设置公交干线走廊，作为快速公交线路的延伸，共同组成公交干线网络，建立密集的公交网络。结合城区内的功能空间设置普通公交线网，形成环网状结构，并与公交干线走廊进行衔接和换乘，使城区形成完整的公交网络。普通公交线网密度应达到2.5～3.5km/km²。围绕公交换乘节点设置区级公共服务中心，扩大公交站点500m范围覆盖率、5min可达公共服务设施覆盖率，以TOD模式通过公共交通可达性的提高带动城区交通—土地复合基面的形成，实现城区功能空间的高效联系（图5-26）。

3."生态—生产要素流动"的链网基质

产业及基础设施是商洛城区空间结构内促进生态与生产要素流动、构建完整生态链的重要基质。商洛城市代谢系统结构的分析表明，构建相对完整的生态产业链（网），并服务于人居的功能需求是生态关系趋向合理竞争与共生的必要组成。

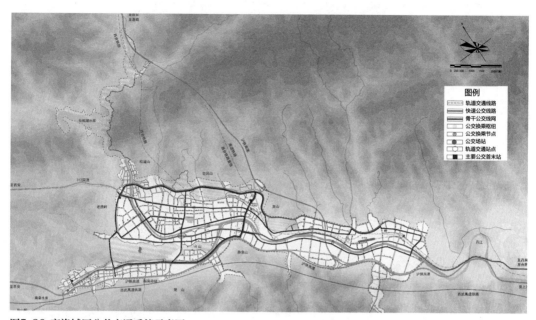

图5-26 商洛城区公共交通系统示意图
（图片来源：商洛市城市总体规划（2011—2020年）（修改），西安建大城市规划设计研究院）

依据商洛城市代谢系统结构，绿色发展的城区空间结构产业布局，以利用生态农业链接其他产业，提高自然资源的再利用效率；完善第三产业配置，提高家庭消费对城市其他功能的支持；加强建筑业与循环加工业、加工制造业构成有效的物质循环，降低能源消耗为主导，构筑生态产业链网完善的承接空间，调整或增加多元的产业类型，在城区内部促进经济要素的流动和循环。

商洛城区的产业及基础设施类型应为具有高效经济过程及和谐生态功能的网络型、进化型产业。可以通过多个生产环节或生产体系的系统耦合，使物质、能量多级利用、高效产出，资源、环境合理开发、持续利用[224]。产业运作以对社会的服务功能作为主要目标，将生产消费过程的各环节与环境保护、社会文化纵向结合。因此，在商洛城区空间结构中根据产业发展层次顺序及其与自然界的关系，采用三次产业分类方法，将产业分为生态农业、生态工业和生态服务业（表5-9）。

绿色发展的商洛城区空间结构生态产业类型

表5-9

序号	基本类型	主要内容	基本定义	具体内涵	空间布局
1	生态农业	生态种养业；生态林业	提高太阳能的固定率和利用率，促进物质在系统内部的循环利用和重复利用，获得生态经济效益的农业生产方式	农林立体结构模式；生物物种共生模式；庭院生态农业模式；多功能贸工农综合经营模式	生态农业园区的集中布局；结合城市功能用地的分散布局

续表

序号	基本类型	主要内容	基本定义	具体内涵	空间布局
2	生态工业	新兴制药、食品加工、新能源、新材料制造业；生态建筑	多层次、多结构、多功能、循环生产及利用的综合工业生产体系	物质减量化；清洁生产；面向环境设计；工业共生系统	循环经济产业集聚区的紧凑布局
3	生态服务业	生态旅游；生态物流；教育、贸易、文化建设、管理等	减少对生态环境扰动，提升整体社会生态文化及生态意识、促进自然区域保护、可持续发展的服务业体系	社会服务生态行为；政府生态环境监管	结合城市功能用地的分散布局

（资料来源：作者制作）

从商洛城区工业用地的空间分布节点来看，现状工业用地的负面嫡流可能对周边地段造成环境影响，如主城区文卫路、东店路；刘湾片区中兴大道、四皓大道、环城南路；南秦片区龟山四路等地段。结合商洛城区的地形地貌及气候条件，从工业用地的控制度分析，适宜的集中工业用地空间可位于刘湾片区中部地段、沙河子片区东部地段及南秦片区西部地段，是城区工业产业东部延伸模式的典型空间区位选择，形成循环经济产业集聚区，以新兴制药、食品加工、新能源、新材料制造业为主导，沟通产业集聚区内部的要素流动，沟通与其他城市的要素流动与经济联系。而位于主城区、南秦片区、丹江沿岸的工业用地以生态农业和商业服务业为主导，形成星状—中心放射状的空间布局。这种空间布局体现了商洛城区生产过程的各个阶段，也反映了由于城区土地利用性质变化带来的商务成本及生态成本变化，产业生态位格局在空间上由多类型的空间联结节点组成，由交通通道及产业链接带动产业要素流动的经济和社会价值，形成流动空间组织（图5-27）。

商洛城区空间结构中的生态服务业同时承担社会性基础设施的功能，以构建无形通道实现城市社会经济要素的流动。同时，城区内的社会性基础设施与工程性基础设施、生态性基础设施共同为各种功能活动顺利运转提供保障。

工程性基础设施涉及供水、排水、电力、电信、燃气、供热、环卫、防灾避难设施，在城区代谢系统的输入端提供资源能源利用，在输出端进行废弃物的资源化转化，减少自然资源的消耗和污染物排放对生态系统的影响。如城区再生水利用可结合污水处理厂增设深度处理装置，以满足部分污水的资源化回用要求，再生水生产规模达到10000m³/d。废弃物的资源化处理需结合产业基质布局，在刘湾、沙河子循环经济工业聚集区中按产业链特征设置静脉产业，对工业生产的废弃物再循环利用；城区的生活空间内设置多层次的垃圾收集、转运、处理设施，实行分类收集、储放、处理，以满足环境无害化的要求。

防灾避难设施是进行应急保障、应急辅助的基础设施，并可在灾时提供人员的集中救援和避难栖息场地。这类工程性基础设施与生态性基础设施、城区功能用地可结合设置，如城市绿地、公共活动中心、广场、医院及学校运动场等。由此，防灾避难设施应在空间集成度较高的区

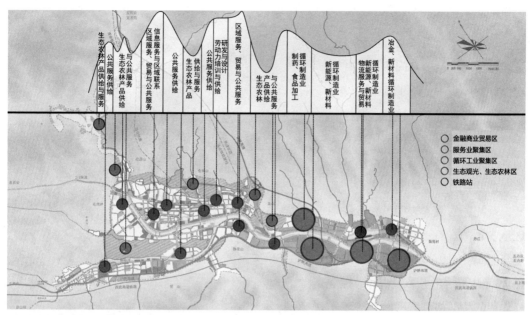

图5-27 商洛城区产业基质生态位示意图
（图片来源：作者自绘）

域进行重点布局，主要包括商洛主城区中部和东部地段，刘湾片区西部以及丹江沿岸地段。

商洛城区带状组团—散点的空间结构，导致城区空间形态趋向东西轴向的"X"形，因而产业和基础设施基质在空间布局中，应采用最小半径覆盖最大服务面积，进行集合包容式的空间组织。将每一层级的产业和基础设施空间子系统看作一个集合，指高层级的系统集合内可以同时包容从基础层次到该层级新增殖的所有同类的物质空间。如商业服务业设施系统物质空间，在城区的商业中心地域，可能出现从最基础的小型便利店到最大型的城市购物中心各种空间类型。

集合包容组织方式有可能出现完全包容与嵌套包容的组织方式。如商业服务业设施系统、各类基础设施系统，反映出完全包容的组织方式，而工业生产系统受到产业本身的特点及相关性的影响，往往出现物质空间单元嵌套的包容组织。

5.3 商洛城市住区空间结构的核心要素

城市的日常生活空间关系到人的行为方式和活动范围，这些活动产生具有明显的重复性和自组织的特征，日常生活空间也受到外部空间环境、社会意识形态和价值观念等因素的影响。城市生活空间对于社会经济活动有着重要的影响，是市民进行日常社会经济活动的行为场所，也是践行绿色发展理念的空间纽带。构建绿色发展的生活空间是构筑"城市—生活空间—绿色发展社会"的重要环节。

从生活空间视角来看，住区是城市居民生活的空间单元，其建设和发展集中反映了城市建设中面临的各种矛盾和挑战，涵盖了自然、经济、政治和文化生活的各个方面，是微观层面推动城市绿色发展的基本空间类型。

系统论的观点表明，城市住区是一个"自然—经济—社会"的复合生态综合体，其构成要素通过整合外部因素的作用以及内部的相互作用，共同构成居民的生活环境。绿色发展的住区空间结构包含相对完整的生态链（网），服务人居生活的基础功能，并实现物质流、能量流的相对循环和信息传递，具有系统循环性（图5-28）。

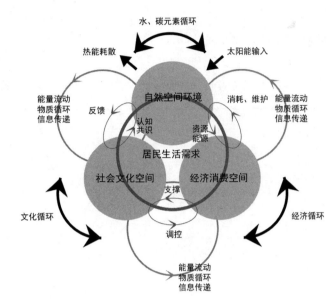

图5-28 绿色发展的城市住区空间循环互动系统
（图片来源：作者自绘）

城市住区空间的系统循环性是空间本底自然资源和生态系统的物质客观属性，包含了物质生产、能量流动、物质循环和信息传递等基本功能。空间的系统互动性是指各要素处于不断交流之中，不仅各类物质要素之间相互作用，也包括人对空间环境及人与人的交互作用，使系统发生改变。在城市住区中，人是自然—经济—社会三类要素产生互动的关键种群，三类要素为人的生活提供基础条件和保障手段，人通过主观能动性，对系统结构进行反馈。城市住区空间的循环互动揭示了基本结构特征，物质及其循环是本底要素，人的生活需求和行为活动带来的人与自然—经济—社会的互动是功能协同要素。

5.3.1 "微气候—水系统—居住用地资源"构成的本底要素

地球生态系统的物质循环稳定性主要取决于自然元素和水的供应、交换和转化，其中最重要的是碳循环和水循环。碳循环是城市住区空间本底生物化学循环的主要动力，当前对生活环境构成最大潜在威胁的气候问题，根本原因也是碳循环的规律特征发生了改变。水循环是物质循环和能量输送的动力和载体，也是各类营养物质循环的介质，生活环境中的水循环受自然因素和人类活动的双重影响，如不合理的场地开发导致城市生活空间的径流系数增加，水循环的通道被阻隔和破坏。

1．热负荷影响下的城区微气候

当前，全球气候变暖及极端气候现象成为世界环境问题之首。中国在2013年发布了《国家适应气候变化战略》，推出国家层面的气候适应性战略和策略。2016年国家发展和改革委员会、住房和城乡建设部发布《城市适应气候变化行动方案》，方案提出在城市规划中应充分考虑气候变化因素，以提高城市适应气候变化能力；同时，在全国范围内，根据地理位置、气候特征、城市规模、城市功能选择典型城市，探索和推广城市适应气候变化的有效经验[225]。2017年国家和发展改革委员会发布《气候适应型城市建设试点工作方案》，选择气候适应型城市建设试点，提出在城市规划中充分考虑气候变化因素，强化城市气候敏感脆弱领域区域和人群的适应行动，提高城市适应气候变化能力等工作任务[226]。商洛以其优越的自然生态条件和特殊的气候特征入选国家气候适应型城市建设试点。

商洛城市地跨北亚热带和暖温带气候带，具有两大气候区的交界特征。城区"负阴抱阳、背山面水"的基本格局，创造了小气候形成的基本条件，形成水热同季，气温、降水年际变化大的半湿润山地气候特征。从商洛市近年气温时空变化特征分析，商洛城区高温天气增多，且高温持续时间、强度、范围都有增强趋势[227]，平均气温逐年上升，季节差异下降[228]。以商洛城区近35年累年月值气温进行分析，可见城区中心地段平均气温高，气温分布由城区中心向周边地段递减（图5-29）。

城市生活空间中人与自然的交融受热环境的影响十分突出，静风状态下的热环境与城市空间中的建筑体积值（SVF[①]）[229]、城市绿地及地形高程因素关系密切。研究分析商洛城区建筑体积值的空间分布，老城区内建设容积率为0.95~1.79，丹江周边地段的容积率高达5.46，建筑密度较高，建筑体积值较高；城西和城东新开发区域，建筑平均高度较高，建筑体积值也较高，对城区热负荷有正向作用。将建筑体积值、城市绿地和地形进行叠加分析，高热负荷区域集中在老城区及东部局部地区（图5-30），高开发强度带来城区热负荷的增加，影响城区的微气候。

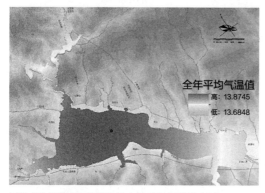

图5-29 商洛城区近35年来年平均气温分布图
（图片来源：作者自绘）

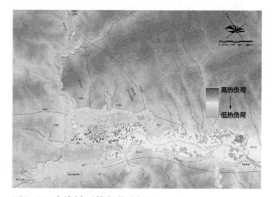

图5-30 商洛城区热负荷分析图
（图片来源：作者自绘）

① SVF是天穹可见度因子，表示空中平面接收（或发射）的辐射与整个半球辐射环境发射（或接收）的辐射比例，是对城市建设空间开敞程度的描述，SVF与城市热环境呈现明显的负相关关系，SVF越低，城市热环境越高，热岛越明显。

2."两源、两脉、多支"的鱼骨状水系统

商洛市区地处丹江上游段,城区内的主要河流包括丹江、南秦河、黄沙河、刘家沟河、大小赵峪、大面河、大流峪和东西干渠等。多年平均水资源量在100万m³的河流有19条;主要水库包括二龙山水库、南秦水库和草庙沟水库等(表5-10),整体结构为"两源、两脉、多支"的鱼骨状布局(图5-31),受秦岭山脉及地形的影响,水资源总量在时空分配上不均匀,丹江上游黑龙口一带为暴雨易发区,汛期降雨量大,在局部地区易形成洪灾,城区内如莲湖地段地势低洼,难以正常自流排水,易形成涝灾,但在高温干旱期,城区缺水问题也较为突出。

商洛城区河流水资源量一览表 表5-10

序号	河流名称	左岸支流	右岸支流	多年平均水资源量(万 m³)	多年平均流量(m³/s)	可利用水资源量(万 m³)
1	丹江	草庙沟		182.56	0.06	
2		柳家沟		214.24	0.07	
3		小赵峪		129.99	0.04	
4		大赵峪		268.35	0.09	
5		草沟河		103.38	0.03	
6		冀家沟		59.39	0.02	
7		青崖沟		279.35	0.09	
8		东沟		134.17	0.04	
9		大面河		666.47	0.21	
10		西沟		85.78	0.03	
11		冬青沟		83.58	0.03	
12		四沟河		129.77	0.04	
13		石门沟		233.15	0.07	
14		王山沟		950.22	0.30	
15			张峪沟	230.96	0.07	
16			腰渠	32.99	0.01	
17			白土陶	76.99	0.03	
18			西涧沟	912.82	0.29	
19			党沙沟	105.58	0.03	
20			南沟	49.05	0.02	
21	南秦河	银沟		96.78	0.03	
22		仁治河		481.71	0.15	
23			大流峪	1742.06	0.55	
24			杨峪沟	972.21	0.31	

续表

序号	河流名称	左岸支流	右岸支流	多年平均水资源量 （万m³）	多年平均流量 （m³/s）	可利用水资源量 （万m³）
25	二龙山水库（仙娥湖水库）			21225.90	6.73	8550.0
26	南秦水库			9964.07	3.16	610.5
27	草庙沟水库			182.56	0.06	
28	张村以上丹江			39531.64	12.54	2129.7

（资料来源：作者统计）

图5-31 商洛城区"两源、两脉、多支"的鱼骨状水系布局
（图片来源：作者自绘）

商洛城区内河流存在淤泥堵塞河道现象，水岸均已硬质渠化，水资源利用率偏低，水质存在污染，水体的自净能力减弱，水系周边生态环境也面临恶化，城区水环境存在安全隐患。水系统循环对合理应用地形条件、高效利用生态资源、有效减缓城市生态安全威胁具有重要的意义。

3. 建设利用率不均的居住用地资源

土地资源是绿色发展的城市住区空间本底要素，其具有的自然限定因素可能成为空间的价值边界，也是土地资源的承载极限。这些自然限定因素具有普遍意义，是绿色发展空间结构确定的基础。

商洛城区的空间演化状况表明，2000年以来，受城市空间拓展的影响，二类居住用地以老城区为核心，呈斑块状向外扩展，城区内三类居住用地在原有的农村居民点基础上逐步征转为城市建设用地，部分三类居住用地更新为其他城市用地（图5-32、图5-33）。受城市自然空间结构的制约，城区居住空间的土地资源仍以丹江和南秦河两岸为主，与城市整体空间结构的演化相契合。

商洛城区现状居住用地面积为1242.75hm²，人均居住用地为51.01m²/人，占城市建设总

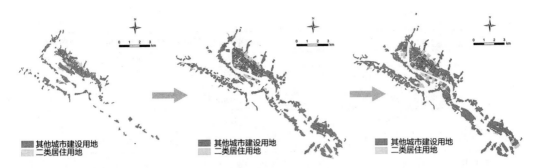

图5-32 2000~2015年商洛城区二类居住用地空间分布演化示意图
（图片来源：作者自绘）

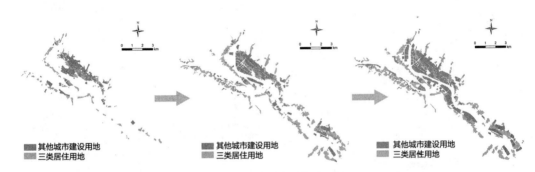

图5-33 2000~2015年商洛城区三类居住用地空间分布演化示意图
（图片来源：作者自绘）

用地的51.30%，居住用地比例较国家标准明显偏高。主要形成三个居住片区，丹北片区以三类居住用地为主；丹北片区西侧、南侧以二类居住用地为主；丹南片区以二类居住用地为主，多集中于丹江南岸。

　　研究运用格网分析法，结合商洛城区用地，测定城市用地的建筑高度和建筑密度，测度城市用地的开发强度。对商洛城区用地按50m×50m进行格网化，将城区土地的开发建设情况分为5类，分别为高层建筑区、多层建筑区、中低层建筑区、低层建筑区和非建筑区，对五类用地的开发强度进行分档赋值，以此比较城区空间土地开发强度的关系（图5-34）。

　　分析可见，商洛城区建设用地的高开发强度片区分布于莲湖公园周边

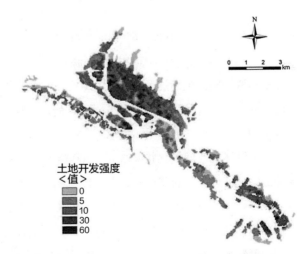

图5-34 2015年商洛城区用地开发强度空间分布示意图
（图片来源：作者自绘）

及龟山南麓地段，沿北新街及通江路为城市开发的主要区域，城区整体开发强度的空间分布呈现沿丹江的"一轴两区"模式，老城区及沙河子片区建设用地的开发强度较高，而丹江南岸的开发强度较低，特别是三类居住用地的土地资源建设利用率不高。

5.3.2 "生态循环—经济循环—社会化"的功能协同要素

在城市住区空间中人作为关键种群对空间的利用方式、物质的输入及输出产生重要的影响，伴随人的生活需求和行为活动引发一系列人与自然—经济—社会的互动，这些互动关系通过要素流的循环在本底要素上构成功能空间的协同。

1. 生态循环的空间结构要素

人的社会属性都以自然生存为基础，人的亲自然性也决定了"自然空间"结构是生活空间系统中不可或缺的组成部分，这类功能空间对维护居民身心健康具有重要的意义，维持生态循环的空间成为住区中保障局部生态稳定和人群健康的重要功能组成。依据不同功能类型，可包括休闲游憩绿地、雨洪设施绿地及自然留存绿地。休闲游憩绿地为居民提供日常休憩与交往活动，雨洪设施绿地通过对雨水的"蓄积利用"，维持生态过程，自然留存绿地是城市住区中未进行人工改造的原生绿地，如林地或灌木丛，以保护住区及其周边地区的生态敏感地带，提高生态效益。

2. 经济循环的空间结构要素

住区空间中，人的生活需求和行为活动带来的交通出行方式、土地利用方式、建筑建造及使用都与城市经济系统形成互动。在满足居民生活需求基础上，通过相关绿色生态技术介入可以实现城市生活环境的能源低消耗，减少废物处理，如采用绿色建筑降低生态影响，对建筑材料及废物进行循环利用。这类要素包括单元内土地使用、交通空间、废弃物回收空间与设施、资源与生态流的再生管理空间、产业经济空间等，如单元的土地利用方式、道路系统、基础设施、资源能源再利用设施等。

3. 社会化空间

城市住区空间受到社会化特征的影响，在功能上以"社会空间"结构为主导。从生命周期理论分析入手，人口年龄结构是影响空间系统社会需求的重要因素，伴随年龄增长，人的消费需求呈现从简单到复杂，从低层次到高层次的演化。根据人口年龄结构的梯度变迁可以将城市住区绿色发展空间的社会需求划分为社会化的准备空间、基层社会的构建空间和社会化的服务空间三种不同功能类型。社会化的准备空间为步入社会化之前年龄阶段的人群进行服务，包括基础性教育设施及青少年活动场所等，如幼托机构、青少年文化活动室、小学；基层社会的建构空间是形成邻里关系，满足居民基础社会交往的空间场所，为基层社会关系的构建提供条件，如游乐园、老年活动室、邻里交往场所、住区公园；社会化的服务空间为居民提供相互协作行为的需要，包括住区中的基础生活服务设施或场所、公共管理服务设施

等，如菜市场、便利店、便民服务点、住区卫生站、超市、健身场所、信息服务设施、商业
金融设施、物业服务等（表5-11）。

绿色发展的住区空间功能协同要素构成　　　　　　　　　表5-11

要素体系	空间类型	功能	要素
生态循环的空间结构要素	休闲游憩绿地	为居民提供日常休憩与交往活动	住区公园、宅间绿地、游乐园
	雨洪设施绿地	通过对雨水的"蓄积利用"，维持单元的生态过程	雨水池塘、湿地花园
	自然留存绿地	保护住区及其周边地区的生态敏感地带，提高单元的生态效益	未进行人工改造的原生绿地，如林地或灌木丛
经济循环的空间结构要素	土地利用	与城市经济系统形成互动，实现城市生活环境的能源低消耗，减少废物处理	土地利用方式
	交通网络		道路系统
	废弃物回收空间		废弃物处理设施
	资源与生态流的再生管理空间		资源能源再利用设施
	产业经济空间		低成本办公空间、小型物流空间、文化艺术培训空间等
社会化空间	社会化的准备空间	步入社会化之前年龄阶段的人群进行服务	幼托机构、青少年文化活动室、小学
	基层社会的构建空间	形成邻里关系，满足居民基础社会交往	游乐园、老年活动室、邻里交往场所、住区公园
	社会化的服务空间	为居民提供相互协作行为	菜市场、便利店、便民服务点、住区卫生站、超市、健身场所、信息服务设施、商业金融设施、物业服务

（资料来源：作者制作）

5.3.3 "节能降耗—物质循环"的绿色发展住区空间结构

提升人居质量，实现绿色栖居与绿色增长是绿色发展的总目标。从人的生活需求与动机
出发，个体栖居是生息繁衍的首要空间需求，城市中个体栖居空间往往以家庭生活空间为依
托，但城市所处的自然环境、城市人群社会组织构建的众多规范习俗、经济消费水平和生活
方式都对个体栖居空间的抉择产生影响和作用，这包含了自然、经济、社会文化诸多因素的
综合反映。因此，受人类种群生存本质和生活本位的影响，绿色发展的住区空间结构围绕
"个体栖居空间"，以"社会空间"和"自然空间"结构为依托相互结合，并与城市经济系
统产生互动，以实现生活空间中的节能降耗与物质循环（图5-35）。

近山滨水的环境特征是商洛城市住区空间结构的本底，个体栖居空间、微气候调节的生
态循环空间、经济循环空间、社会化空间的功能协同构成系统的一体性。

1. 个体栖居空间

个体栖居空间是最贴近于人的生活空间，现代城市环境中的个体栖居空间，以血缘为基

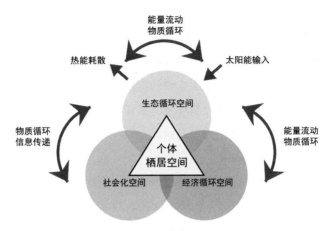

图5-35　商洛城市住区空间的节能降耗与物质循环
（图片来源：作者自绘）

础的"家庭"成为城市社会的基本构成单位，其规模、结构及生活方式决定了个体栖居空间模式，住宅建筑即成为个体栖居空间的基本建设方式。

统计数据表明，城市环境碳循环中碳排放的60%来自于维持建筑本身的功能使用，我国现存建筑总面积约为430亿m²，而节能建筑面积仅有29.3亿m²左右，且每年新增加的20亿~30亿m²建筑中，80%都是高能耗建筑[230]。商洛市政府在2015年发布了《关于进一步推进绿色建筑工作的通知》，2017年发布了《关于进一步规范建筑节能监督管理和落实绿色建筑行动方案的通知》，要求政府投资的保障房住宅建筑全面执行绿色建筑标准。2018年，商洛市房屋建筑施工面积571.47万m²，但绿色建筑所占比例不足20%，城市建成的绿色住宅示范项目，也仅是采用了地源热泵技术，在建筑设计、材料、建设过程、绿色技术的综合集成应用方面明显不足，对于住宅建筑生产、运行以及维护等全过程的能源消耗及再利用更是缺乏考虑。

节能节地低碳住宅应成为商洛城市住区个体栖居空间的重要建筑类型，在建筑设计中依据商洛城市滨水近山的地形特点，适度改造，合理利用高差，在住宅设计中结合功能、空间需要，组织地上、地下、半地下空间层次。根据商洛城区的气候条件，夏季东南风为主导风向，住宅建筑朝向东偏南15°的为最佳选择。设计中可以通过对温度、太阳辐射、风向、风速、云量等情况进行综合分析，将绿色建筑技术综合应用于工程设计中，如热冷空气的自然交换、屋顶绿化、遮阳板、外围护结构等被动式太阳能技术。

2．微气候调节的生态循环空间

人居生活空间的构建中，自然要素是栖居环境中的重要组成部分。城市住区空间中的绿地系统空间正是以自然要素为主导，对居住环境的微气候进行调节，并使居民在日常生活中能够接触自然要素，以维护人的身心健康。这类空间的功能与区域或城区空间尺度下的生态保护区、自然保留地有一定的区别，不是以保护自然和维持城市生态平衡为主要目标，而是以保障居民生活环境的舒适度、人体自身健康及环境生态效益为核心，协调人与自然的关系。

商洛城市处于良好的山水环境中，山水格局与城区外围的自然生态环境为城市的自然保留地空间和半自然的生态服务空间提供了必要的资源支撑。但在微观尺度下的人居生活空间中，现有住区内的绿地布局对改善户外热环境、增加碳汇效益、提高生态效益的作用并不突出。研究在商洛现状城区的金凤山南麓、老城区、丹江北岸、丹江南岸、龟山山麓分别选取已建成的5个住区进行分析（图5-36）。

御园小区位于金凤山南麓，西临香菊路，用地面积约5.5hm^2，容积率约为1.64，绿地率约30%；商洛市委家属区位于老城区，南临府前路，西临陵园路，始建于20世纪80年代，用地面积约4.93hm^2，容积率约为1.23，绿地率约36%；桂园新村位于丹江北岸，北临桂园巷，西临通信路，用地面积约8.28hm^2，容积率约为3.46，绿地率约38%；商州金岸住区位于龟山山麓，南秦河北岸，南临龟山大道，用地面积约5.79 hm^2，容积率约为2.42，绿地率约35%；江南小区位于丹江南岸，北临丹江，南临沪霍线，用地面积约20.04hm^2，容积率约为2.13，绿地率约30%。比较这5个住区可见，住区内的绿地布局主要以组团及宅间绿地为主，绿地空间形态多为带状或点状，缺少规模较大的团块状集中绿地（图5-37）。如御园小区于2011年开始建设，规划定位为"商洛首席山境、居住佳地"，但实际建成后原规划中的住区小游园及水面均被取消，规划用地为一低层建筑占用，生态循环空间明显不足。

商洛城区的气候特征变化表明，高温天气增多，平均气温逐年上升，且高温持续时间、强度都呈增强趋势。城区中不同类型地区的微气候情况各异，住区绿色发展空间作为小尺

图5-36 商洛城区典型住区区位示意图
（图片来源：作者自绘）

御园小区

商洛市委家属区

桂园新村

商州金岸住区

江南小区

图5-37 商洛城区典型住区内生态循环空间的缺乏
（图片来源：作者自绘）

度的城市空间，其微气候质量与居民关系极为密切（表5-12）。研究表明，城区的气候环境对夏季空调用能及平时照明用电的快速增长有明显作用，空气温度太高和不适当的空气流动会造成住区居民生活舒适性降低[231]。诸多研究通过不同国家及地区城市的现场测试都得出绿化率、绿化种类等会对住区的热环境造成影响，特别是成片的绿地降温作用明显高于分散绿地，更容易形成"冷岛"效应。如小区的乔木覆盖率达到40%，城市的热岛强度将会降低0.5℃[232]，乔木覆盖率达到70%，首层不架空的住宅区比首层架空住宅区的空气温度低0.8℃[233]，树木的冠层特性（叶面积指数和冠层盖度）对住区绿地群落的微气候因子和不舒适指数具有重要的调节作用。可见，在商洛住区生态循环空间构成中，应合理提高绿地率，配置"乔木＋低矮花台＋草地"的复层结构植物群落，创造滨水风道的有效开口，对建筑能耗和居民的舒适度有积极的作用与意义。

商洛城区不同类型住区微气候分析　　　　　　　　表5-12

不同区位住区	地面覆盖物	气温	通风	太阳辐射	空气污染
老城区住区	80%以上硬质地面铺装	偏高于城市平均气温	流通不畅	辐射较均匀	中度污染
金凤山南麓住区	70%以上硬质地面铺装	略偏高于城市平均气温	流通适当	辐射较均匀	—
丹江北岸住区	70%以上硬质地面铺装	城市平均气温	通风良好	辐射均匀	CO_2、碳水化合物、粉尘
丹江南岸住区	60%以上硬质地面铺装	城市平均气温	流通适当	辐射均匀	CO_2、碳水化合物、粉尘
龟山山麓住区	60%以上硬质地面铺装	略偏低于城市平均气温	通风良好	辐射均匀	—

（资料来源：作者统计）

3. 资源与生态流再生利用的经济循环空间

绿色发展的生活空间作为城市子系统之一，与城市整体生态系统和经济系统始终进行着联系与互动。构成本底要素之一的土地资源，既具有人居生活空间建设的自然限定特征，也具有土地开发建设和土地保护控制的适宜度的重要意义。此外，交通空间、废弃物回收空间、资源与生态流的再生管理空间、产业经济空间等都与城市经济系统产生互动，以实现生活空间中的节能降耗和物质循环。

商洛城区具有良好的自然生态环境，从土地资源保护和控制的适宜度出发，分析土地利用与开发，呈现出生态资源丰富、生态安全环境复杂、生态敏感性高的特点，特别是山麓滨水地段的人居生活空间建设，需要考虑生态安全需求，研究综合土地发展建设和保护控制的兼容性和适宜性利用方式，确定土地利用的兼容、不兼容及相邻土地利用的相互干扰程度，识别住区土地混合利用的配置组合（表5-13）。从表5-13中可以分析在城市住区的开发建设中，建设区域内可共存与可兼容的土地利用潜力，在保护控制的适宜范围内尽可能提高土地资源的利用效率；对于城市再开发地段，通过比较土地使用性质的转换方式，对老城区中老旧住区的土地使用潜力进行判定，在生活空间内进行适宜的功能植入与置换，既可以实现老旧住区空间质量的提升，也能够提高城区土地资源再循环与再利用的可行性。绿色发展的空间结构中占主要地位的土地利用可以与可兼容的土地利用方式进行组合，可兼容表明两者的功能可以置换，中度兼容表明次要土地的利用方式不可超过主要土地利用方式的50%，低度兼容表明次要土地的利用方式不可超过主要土地利用方式的20%，不可兼容则二者不可共同出现[234]。

根据商洛城市空间绿色发展目标体系指标因子的构成，住宅平均容积率、公交站点500m范围覆盖率、5min可达公共服务设施覆盖率、绿色出行分担率、职住平衡指数都与住

商洛城市住区土地利用兼容性矩阵

表5-13

类型		住区土地利用兼容度												自然限定因素					
		城市建设				保护区域			农林业				水源保护	地形坡度			气候		充足水源供应
		居住	商业服务业	工业	交通设施	水域	历史遗迹	生态公园	耕地	原始林	次生林	经济林果园	水源保护	0~8度	8~25度	大于25度	极端气候	雾和霜冻	充足水源供应
城市建设	居住	¤	○	◎	◎	○	○	●	◎	●	●	◎	●	¤	¤	◎	◎	◎	¤
	商业服务业	○	¤	◎	¤	○	○	●	◎	●	●	●	●	¤	¤	◎	◎	◎	¤
	工业	◎	◎	¤	○	●	●	●	◎	●	●	●	●	¤	○	●	◎	◎	◎
	交通设施	◎	¤	○	¤	○	○	◎	◎	◎	◎	◎	●	¤	○	●	◎	●	◎
保护区域	水域	○	○	●	○	¤	¤	◎	¤	◎	◎	¤	◎				¤	¤	◎
	历史遗迹	○	○	●	○	¤	¤	○	◎	○	○	○	◎				¤	¤	◎
	生态公园	●	●	●	◎	◎	○	¤	○	○	○	○	¤	¤	○	◎	◎	○	○
农林业	耕地	◎	◎	◎	◎	¤	◎	○	¤	◎	◎	◎	¤	¤	¤	¤	¤	¤	○
	原始林	●	●	●	◎	¤	¤	○	●	¤	○	¤	●	¤	¤	¤	¤	¤	◎
	次生林	●	●	●	◎	¤	○	○	◎	○	¤	¤	○	¤	¤	¤	¤	¤	◎
	经济林果园	◎	●	●	◎	◎	◎	○	◎	¤	¤	¤	◎	¤	¤	¤	¤	¤	◎
水源保护		●	●	●	●	◎	◎	¤	¤	●	○	◎	¤				¤	¤	¤

注：¤ 为无分兼容，○ 为中度兼容，◎ 为低度兼容，● 为不可兼容。
（资料来源：黄杉，城市生态社区规划理论与方法研究，作者略有调整）

区内的土地混合利用紧密关联。用地的混合度越高，居民人均交通出行的碳排放量越低，对于绿色发展具有积极的促进作用（图5-38）。

资源与生态流的再生管理是城市空间绿色发展目标体系中环境安全和经济发展质量的要素构成，用能、运行、用材与排放是资源与生态流再生管理的完整过程体系。这一过程中，用能与排放是对绿色发展影响较大的环节。

商洛城区建成的绿色住区示范项目，用能多采用地源热泵技术，开发利用浅层热能的住区主要分布在丹江沿岸，开发利用方式为地下水地源热泵类型，主要用于供暖/制冷、生活热水供应，供热/制冷面积合计$97.6 \times 10^4 m^2$[235]。

绿色发展的住区空间结构关键点之一是水环境的利用与管理，商洛城区水资源较为丰富，在保证水资源合理利用，满足供给和需求平衡的基础上，采用低影响开发，促进水体自然蒸发，通过生态循环调节微气候。针对商洛城市的自然地形特征，空间布局中，沿山麓开发区域，建筑组群与道路沿等高线布置，保护场地的自然特征，减少对自然地形的改造，通过分级错层的场地处理，控制雨水径流；滨水开发区域，利用场地微地形，采用自然排水系统，以保持水文结构的连续性，实现雨水资源的再生循环（图5-39）。并可在建筑组群或组团的最低点设置湿地或雨水池塘，对雨水进行分散处理，结合建筑立体垂直绿化设置，实现雨水的滞留、渗透与利用（图5-40）。

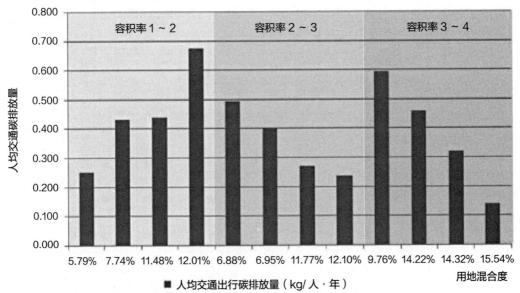

图5-38 住区用地混合度与居民交通出行碳排放量关系
（资料来源：黄欣，颜文涛.山地住区规划要素与碳排放量相关性分析——以重庆主城住区为例）

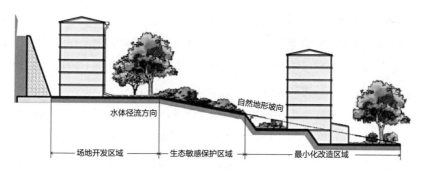

山麓开发区域保护场地自然特征

滨水开发区域利用自然排水系统

图5-39 商洛城市住区低影响开发场地设计示意图

（资料来源：徐煜辉，韩浩.基于低影响开发的山地生态住区规划策略研究）

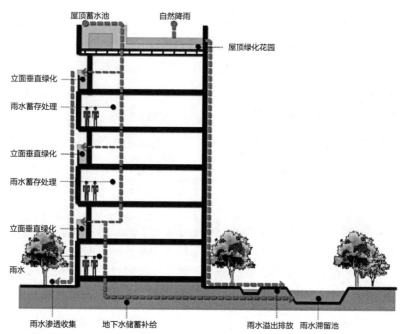

图5-40 商洛城市住宅建筑空间设计中雨水利用示意图

（图片来源：作者自绘）

4. 适宜需求层次及年龄梯度的社会化空间

社会化空间是个体在成长中为更好地适应城市环境，进行社会化，并形成邻里、社区场所感的必备空间。这类空间对于不同年龄阶段的居民具有不同的意义，但整体上是为城市社会组织模式的建立创造基础，提高社会运行效率。

住区社会化空间可分为社会化的准备空间和社会化的服务空间，在个体→家庭→社会的组织构成中，通过基础知识的学习、社会技能的交流、邻里关系的交往、社会资源的交换，由个体栖居到社会化生活的空间过渡。社会化的准备空间包括基础教育设施，如托儿所、幼儿园、文化、体育等服务设施，主要为个体成长过程提供社会化知识的学习积累，辅助低龄个体接触了解城市社会，融合社交活动与学习过程中的空间场所。社会化的服务空间是基层社会的构建空间，包括物业管理、商业、金融、医疗健康、物流服务、养老助残设施及邻里交往空间场所。如菜市场、住区卫生站等设施，为解决基层社会化需求进行服务。

城市居民的社会化需求与居住人群的年龄结构特征密切相关，处于生命周期不同阶段的少年人口、成年人口和老年人口的社会化需求水平与结构都不相同。从商洛城市人口的年龄梯度变迁分析可见，2000年以前为增长型年龄结构；2000～2015年为稳定型年龄结构，趋于缓慢增长；2015年以后老年人口逐渐增加，人口年龄结构也开始逐渐缩减（图5-41）。

商洛城区的人口年龄结构变迁使住区空间结构的社会化需求产生变化，也反映出当前城市生活空间内公共服务的供求矛盾，如供给与需求的不平衡，表现在公共服务设施不健全，5min可达公共服务设施覆盖率较低，在城市新拓展区域的住区尤为突出；功能与范围的不

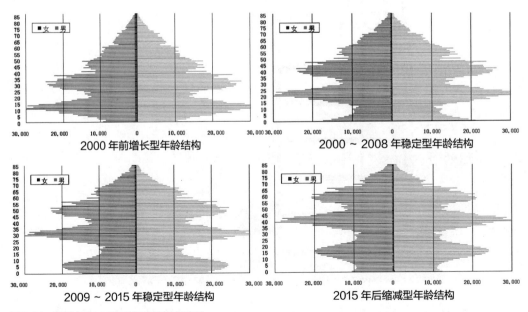

图5-41 商洛城区人口性别年龄结构变迁图

（图片来源：作者自绘）

协调，表现在公共服务设施的服务半径不够合理，设施能力不充分，一些生活性公共服务设施依托原有的农村居民点进行自发性布局，服务能力和水平较低；类型与需求的不相符，表现在公共服务设施不够完备，功能类型较单一，特别是在近年来商洛社会经济快速发展、人口趋于老龄化、绿色发展转型的背景下，一般性生活设施规模不足、类型缺乏。因此，社会化空间需要建立与居民需求层次及年龄梯度适应的功能类型，以满足城市绿色发展阶段时序中不同年龄人群居住的社会化需求（表5-14）。

商洛城市住区人口年龄梯度的社会化需求设施类型梯次　　　　表5-14

类型	幼儿需求	少年需求	青年需求	中年需求	老年需求
餐饮服务	—	快餐	快餐、便利店	特色餐饮	家常餐馆、社区食堂
商业零售	便利店	超市、便利店	超市、便利店、咖啡厅	超市、便利店、咖啡厅、菜市场	超市、菜市场
医疗健康	儿保机构	卫生所、社区医院	卫生所、社区医院	社区医院、家政服务、医疗保健	看护服务、家政服务、医疗保健、健康咨询
教育培训	托儿所、幼儿园	课外兴趣班、教育培训	职业培训	职业培训	老年大学
文化娱乐	游乐园、社区公园	游乐园、图书室、社区公园	图书室、社区公园	健身场所、社区公园	老年人活动室、健身场所、社区公园
商业金融	—	—	ATM	ATM、银行	储蓄所、银行
信息服务	—	电信营业点	物业管理、物流服务	物业管理、电信营业点、物流服务	物业管理、邮政点、电信营业点、物流服务
休闲体育	绿地、社区公园	绿地、社区公园	绿地、社区公园、户外健身场地	绿地、社区公园、户外健身场地	户外健身场地、老年人活动室、绿地、社区公园

（资料来源：作者制作）

5.4 绿色发展的商洛城市空间模式要素体系

从绿色发展目标的本质来看，城市空间组织是构建"有序、高效、共生、可持续"发展的空间结构，使城市空间结构提升有机自组织的能力，城市空间各要素协调共生，各种"流"持续动态优化。

绿色发展的城市空间组织所体现出的4个基本原则，与自然空间、经济空间和社会空间子系统有着不同强度的关联特性，说明了城市空间组织对于实现城市绿色发展目标的重要程度（表5-15）。

绿色发展的城市空间系统关联特性分析　　　　　　　　　表5-15

系统构成	城市空间发展基本原则			
	提升自组织能力	维系多样共生	持续"流"优化	延续遗传基因
自然空间系统	强关联	强关联	弱关联	强关联
经济空间系统	弱关联	强关联	强关联	弱关联
社会空间系统	强关联	强关联	弱关联	强关联
整体空间结构	强关联	强关联	弱关联	强关联

（资料来源：作者制作）

城市空间系统是城市与区域环境以及城市空间内部要素有效组合和联系的共同作用系统，是城市空间运行的发展动力和制约机制框架[236]。绿色发展的城市空间系统包括自然生态要素、循环经济要素和社会生活要素，这些要素通过空间组织的作用，在城市代谢过程中，以输入和输出两个层面，体现生态、共生、高效的特性。这些要素作用在地域环境、空间格局、空间形态等方面体现城市空间的整体结构和组织关系。

5.4.1 商洛城市空间模式要素组成

商洛城市位于秦岭腹地，山环水绕，具有典型的山水格局特征，是人工环境与自然环境有机融合的综合体。基于本书对商洛空间研究的尺度，可以将商洛城市空间模式的要素分为三大类：地域环境、空间格局、空间形态。区域环境，包括城市所处的自然环境和区域环境；空间格局，以自然要素、交通组织和城市土地使用方式为主导形成城市各功能组团或功能单元的空间分布逻辑；空间形态，反映城市空间结构的外在表现形式，体现城市各要素的空间分布特征。本书梳理了商洛城市空间模式包含的各类要素，列举各项要素的详细内容。研究地域环境要素时，包括自然环境和区域环境两个方面，主要分析地理环境、山水格局、生态植被、城市选址、城镇体系等因素，其中生态植被可以用来考虑植物生态物种的多样性。研究空间格局要素时，主要分析自然要素、交通、公共活动空间、功能空间分布等因素。研究空间形态时，主要分析形态特征、空间肌理等因素（表5-16）。

商洛城市空间模式要素组成及特征　　　　　　　　　表5-16

大类要素	中类要素	小类要素	要素特征
地域环境	自然环境	地理环境	秦岭腹地，群山环绕、盆地谷地相间
		山水格局	主要山脉呈东西走向，形成丹江、洛河与秦岭、蟒岭、流岭共同构成的"两系三脉"山水格局
		生态植被	马尾松、杉木、柏木、黄栌、野生杜鹃、紫斑牡丹
	区域环境	城市选址	倚山就势，择水而栖，山环水抱，藏风聚气
		城镇分布	规模较小，环山依水，点轴分布

续表

大类要素	中类要素	小类要素	要素特征
空间格局	自然要素	山体	北靠二龙山，南面流岭，城区与松道山、金凤山、东龙山、静泉山、龟山、老虎岭隔河相望
		河流水系	丹江、南秦河穿越城区，仙娥湖（二龙山水库）位于城区西北
	交通	道路	交通轴线平行河道，主次道路与河流呈明显的几何关系
		重要交通设施	西合铁路、沪陕高速、商洛火车站
	公共活动空间	城市中心区	位于城区中部，商业、居住混合
		开放空间	丹江、南秦河沿岸滨水地带、商鞅广场、大云寺、山体公园、城区公共绿地、莲湖公园等
	功能空间分布	功能空间区位	城区中部为老城居住区和商业密集区，西部、南部为居住区和城市发展新区，东部为火车站和工业集中区
		土地利用方式	老城区内土地使用混合度较高，交通联系的便捷性与空间集成度较高；城市新区土地使用单一纯化，商业服务业设施用地与居住用地分离度较高
空间形态	形态特征	城市整体空间形态	"组团＋散点"向"带状＋组团"演化，城市外部边界曲折灵活，城市内部空间轴线明确，与河流流向一致
		重要节点空间形态	带状、矩形为主
	空间肌理	路网结构	轴线＋网格状
		开发强度	呈现沿丹江"一轴两区"模式，老城区及沙河子片区建设用地的开发强度较高，其他地区较低

（资料来源：作者制作）

5.4.2　商洛城市空间模式要素研究

1．地域环境

城市所处的地域环境是城市空间构成的基底，与城市空间模式有一定的契合关系。在地域环境中，自然环境是城市形成与发展的基础，城市所在的社会经济区域是城市发展的重要条件。

良好的自然环境是城市形成与发展的基础，其中，地理环境、山水格局及生态植被是城市空间模式的关键考量因素。商洛城市处于秦巴山地区，这一地区自然资源富集，有生物基因库的美誉，是我国重要的生态功能区和水源涵养地，属于生态环境脆弱、敏感地区，其"两山夹一川"的地貌格局，北亚热带大陆性湿润季风气候，垂直地带性的地理分异，丰富的水系资源，具有鲜明的生态特征与地域特色。商洛城市位于秦岭腹地的商丹盆地内，群山环绕，山地山谷相随，岭盆相间，地貌层次清晰。城市周边有秦岭、蟒岭、流岭、鹘岭、新开岭和郧岭六大山脉，洛河、丹江、金钱河、洵河和乾佑河五大水系，五大水系基本以蟒岭为界，分属黄河（15.8%）和长江（79.1%）两大流域（图5-42）。

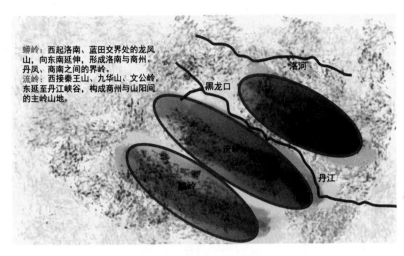

蟒岭：西起洛南、蓝田交界处的龙凤山，向东南延伸，形成洛南与商州、丹凤、商南之间的界岭。
流岭：西接秦王山、九华山、文公岭，东延至丹江峡谷，构成商州与山阳间的主岭山地。

图5-42 商洛城市所处区域的地理环境
（图片来源：商洛市"一体两翼"中心城市建设规划，西安建大城市规划设计研究院）

　　商洛城市所处地域，岭谷相间排列，具有山地、丘陵、盆地等多种地形地貌和森林、草地、湿地等多样生态类型并存的生态环境，表现出典型的山体林地自然生态景观，具有显著的空间可识别性（图5-43）。

　　城市选址及区域中城镇空间分布的状况主要受到自然环境因素和交通因素的影响。商洛城市选址于丹江北岸，丹江冲积形成的商丹盆地，为商洛城市发展提供了良好的自然资源条件与交通优势，促使城市规模得以扩展。山坡地及沟谷地分布的城镇，建设用地空间不足，规模难以拓

图5-43 商洛城市周边的山体林地自然景观
（图片来源：网络图片）

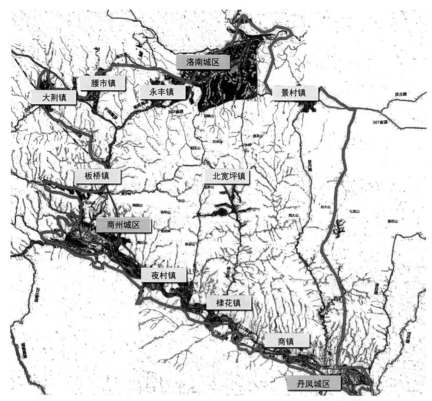

图5-44 商洛"一体两翼"地区城镇空间分布图
（图片来源：商洛市"一体两翼"中心城市建设规划，西安建大城市规划设计研究院）

展，职能较为单一。如商洛"一体两翼"地区，包括商州区、洛南县、丹凤县、景村镇、永丰镇、腰市镇、大荆镇、板桥镇、北宽坪镇、夜村镇、棣花镇、商镇等11个城镇，城镇的空间分布充分契合了山水格局和交通轴线，呈现环山依水、点轴分布的空间形态（图5-44）。

2．空间格局

城市的形成和发展经历了相当长的历史过程，在这个过程中各种空间结构要素不断传承演化并趋于稳定，导致城市具有一定的空间结构，形成一定的空间格局。城市的空间格局是动态变化的，但在一个时期内是相对稳定的。城市在发展中会随着人口增长、经济转型、交通组织方式的转变、资源环境承载力不足等问题而影响城市空间结构的变化，表现在自然要素、交通因素、城市公共活动空间和功能空间的分布。

（1）自然要素

自然要素是人居聚落形成和发展的基础要素，但随着城市空间的不断演化，自然要素中的山体、河流水系也是城市空间格局的结构性要素。商洛城市北靠二龙山，南面流岭，城区与松道山、金凤山、东龙山、静泉山、龟山、老虎岭隔河相望，丹江、南秦河穿越城区，仙娥湖（二龙山水库）位于城区西北部，山水要素构成了城市空间格局的基本限定框架。

（2）交通因素

城市中的道路及重要的交通设施是影响空间格局的重要因素。铁路、高速公路等交通设施既是城市空间"流要素"联系的通道和门户，也是空间格局的限定因素之一，跨越这些要素进行空间拓展，会带来城市空间结构的转型。商洛城市中主要的交通设施为西合铁路、沪陕高速和商洛火车站，西合铁路东西向穿越城区，沪陕高速位于城区以南，成为城市空间向南拓展的限定因素。东西向的过境交通线和丹江既是商洛城市的空间拓展轴线，也对城市整体空间造成分割，跨越过境交通线和河流的联系要素有限，造成城市南北向空间联系受限。商洛火车站位于城区东侧，成为带动城市向东拓展的主要要素。城市道路是城市构成空间格局的骨架，商洛城市的交通轴线平行于河道，主次道路与河流呈现东西轴线延展、网状脉络的空间形态。

（3）公共活动空间

公共活动空间是城市中最重要的节点空间或开放空间，既是城市空间结构的连接点，也可能是城市人工环境与自然环境交接的边缘地段，成为连接自然空间、经济空间的纽带，实现生态服务功能，完成物质与能量在城市空间系统中的整体流动，如滨水空间、山麓绿道等。公共活动空间需要满足可达性、可识别性、可驻留性的特点，其空间形态具有多样性，空间功能具有复合性，往往也是城市空间特色的重要体现。

商洛城市中心区位于城区中部老城区，商业、居住功能混合，是城市确立和发展的空间与功能凝结核，始终在城市空间结构中占据重要地位，也是城市持续渐进演化的关键点。商洛城市中心区以中心街、北新街、工农路、滨江大道围合地段构成，空间形态为规则矩形，中心区内用地类型包括商业用地、居住用地、公共绿地、文物古迹用地及文化设施用地等。其中，莲湖公园是城区内重要的人工景观游憩空间及生态服务空间（图5-45）；大云寺现存为清代建筑遗存，基本保留了四合院式的高宇建筑群体空间布局，目前为商洛市博物馆所在地。商洛城市中心区具有鲜明的空间特色，融合自然空间、经济空间、社会空间为一体，体

图5-45 商洛城市中心区

（图片来源：https://mp.weixin.qq.com/s?__biz=MzI0NDIzNTUxNA==&mid=201804130447139978&idx=1&sn=b8a6b5b8c09cfd200b8aac6e7b58890e）

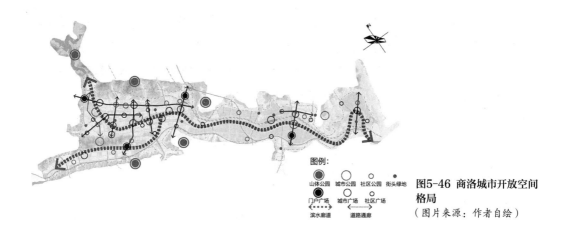

图例：

● 山体公园　○ 城市公园　○ 社区公园　　街头绿地

◆ 门户广场　◇ 城市广场　◇ 社区广场

⋯⋯ 滨水廊道　—— 道路通廊

图5-46 商洛城市开放空间格局

（图片来源：作者自绘）

现出经济功能、文化功能及生态服务功能的整体复合性。2016年后，随商洛市政府向西迁移，城市中心区逐渐转移至城西的名人街——民生路地段，以行政办公、商业服务及居住为主要功能，空间特色并不突出。

　　商洛城市开放空间系统由城市公共绿地、城市广场、滨水廊道和道路通廊构成。公共绿地包括山体公园、城市公园、社区公园和街头绿地四个空间层次。山体公园以城市周边的金凤山、东龙山、静泉山、楚山、龟山生态山体为依托，以生态空间保护为主导，复合城市居民的景观游憩需求，也是商洛城市空间特色的重要体现；城市广场包括城市门户广场、城市广场和社区广场三个空间层次；滨水廊道指丹江和南秦河的水域及滨水绿地，是商洛城市开放空间系统的骨架，连通着城市的内部人工环境与外部自然环境；道路通廊指道路为载体的开放步行空间，是城市公共绿地和广场的主要线形联系空间。商洛城区的开放空间整体呈现以线带点的空间格局（图5-46）。

　　（4）功能空间分布

　　城市的物质空间及功能空间的组织关系可以综合反映出城市的空间秩序与效率，城市空间模式通过物质空间与功能空间的整合，体现不同功能的空间分布，包括功能空间区位和土地使用方式。

　　根据商洛城市绿色发展的内涵将功能空间划分为自然空间、经济空间和社会空间，自然空间包括城市边缘地带与自然环境的生态融合带和城市建成区内部空间的自然环境与人工环境的生态嵌体。从空间分布来看，生态服务功能空间主要分布于城市周边山体、南秦河、丹江沿岸和城市中心区的莲湖公园。构成山山相连、山水相依、山—城相嵌、山—水—城一体的城市空间框架，城市周边山体环绕、城内两江四岸带状成廊、城中莲湖公园斑嵌的空间分布。

　　经济空间以工业用地及商业服务业设施用地承载的功能为主，商洛市中心城区目前工业用地约95%分布在城区东部与南部，空间分布较松散，且主要集中于丹江河谷地带，城区东部形成较为独立的工业组团，但距主城区较远，空间上表现出工业用地与居住用地交错分布的状况；商业服务业设施用地主要分布在丹江北岸老城区内，其次是城区中部及西部地段，城区东部和西南部地段呈散点分布，空间分布并不均衡，空间体系尚不完善。

社会空间以居住用地及公共管理与公共服务设施用地承载的功能为主，商洛中心城区内居住空间以老城区为核心，沿丹江和南秦河两岸带状延伸，呈斑块状向外扩展，与城市整体空间结构相契合。商洛城区内公共管理与公共服务设施用地主要集中分布于老城区内，沿工农路、名人街、通江路、江滨路等主要街道分散布局，没有明显的中心空间结构，除老城区外的城区其他组团，公共设施十分匮乏（表5-17）。

商洛城市功能空间区位特征　　　　　　　　　　　表5-17

功能空间	主要用地类型	区位	空间分布特征
自然空间	生态用地	城市边缘地带与自然环境的生态融合带，分布于城区周边	山山相连、山水相依、山城相嵌、山水城一体
	水域及公共绿地	城市建成区内部空间的自然环境与人工环境的生态嵌体，分布于南秦河、丹江沿岸和城市中心区	两江四岸带状成廊，莲湖公园斑嵌
经济空间	工业用地	主要集中于丹江河谷地带，城区东部形成较为独立的工业组团	空间分布较松散，与居住用地交错分布
	商业服务业设施用地	主要分布于丹江北岸老城区内，其次是城区中部及西部地段，城区东部和西南部地段呈散点分布	空间分布不均衡
社会空间	居住用地	以老城区为核心，沿丹江和南秦河两岸带状延伸，呈斑块状向外扩展	老城区成组成团，城市新区斑块分布
	公共管理与公共服务设施用地	集中分布于老城区内，沿工农路、名人街、通江路、江滨路等主要街道分散布局	没有明显的中心空间结构，空间分布不均衡

（资料来源：作者制作）

商洛城市的土地利用方式可以通过城市空间的演化及城市建设用地的构成情况进行分析。伴随城镇化进程，商洛城市空间演化呈现出由老城区的单核心紧凑形态向沿丹江河谷生长轴延展形态的发展过程。城市建设用地总量不断扩张，但城市新建地段物质功能形态单一，城市空间低密度蔓延，土地利用方式纯化。

商洛城市整体空间分布以跳跃点式或跳跃组团式呈分散状格局，老城区内土地使用的混合度较高，交通联系的便捷性与空间集成度较高；城市新区土地使用单一纯化，功能空间联系不紧密，空间互动不足，特别是城市公共活动空间的集成度不高，商业服务业设施用地与居住用地的分离度较高。

3．空间形态

空间形态是城市空间结构的外在表现形式，受到空间各要素的分布的影响，包含城市的空间形态特征和空间肌理。

（1）形态特征

自然环境要素中地形地貌及水文条件是影响商洛城市空间形态的主要因素。城市最初的选址原则考虑了所处的地理单元及其与山水之间的关系，以丹江及南秦河交汇的河谷地带作为城市空间与功能的凝结核，在长期的发展建设中充分结合山水格局，表现出带状集聚的空间形态。

商洛城区内部空间依山沿河在老城区高度集聚，空间拓展沿丹江河谷带状延伸，由"组团＋散点"向"带状多组团"结构演化。从商洛中心城区的三维地形图可以看出，随城市用地规模扩展，老城区内建设密集，空间增长以内部填充为主，整体形态相对复杂，城市东部新拓展地段呈独立点状、组团状空间模式，城郊乡村与城区相互交错，城市空间肌理割裂零碎（图5-47）。

城市重要空间节点包括城区中心的莲湖公园、丹江滨江绿地、广场等，莲湖公园及广场空间形态较为规整，滨江绿地为带状空间形态，随河流蜿蜒曲折，但沿线城市建设主要为板式、连体式高层建筑和住宅小区，导致滨江空间界面较封闭（图5-48）。

（2）空间肌理

商洛城市空间形态受山水格局影响，呈典型的河谷型城市空间特征，空间布局沿南北两侧山体与丹江、南秦河延展线呈线性带状发展。城市东西长约20km，南北受龟山阻隔最大视距约2.5km²，城市纵宽比为1:10，城市空间尺度较狭窄。城区内高程最高点位于城北金凤山，高程值约980m，丹江河谷地段最低高程约为631m，城市建设区与周边山体竖向维度高差范围为170～280m。南北夹山，河谷狭长的地理空间条件，使现状老城区道路网络呈现"三横六纵"的空间格局，形成"轴线＋网格"状路网结构，中心广场和通江西路南段区域的路网密度较高，城市其他区域道路密度很低（图5-49）。

通过GIS工具可以对商洛城区现状建设开发强度进行分析，依据单体建筑的规模划定为4个级别，分别为100m²、100～1000m²、1000～10000m²、10000m²以上，10000m²以上的建筑多为高层住宅及大型公共建筑，空间分布呈离散状；100～10000m²的建筑构成了商洛城

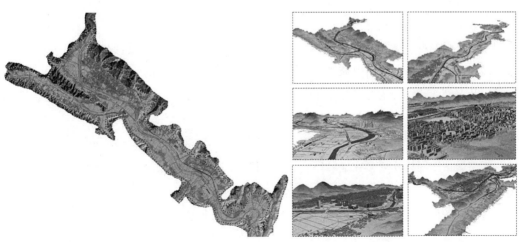

图5-47 商洛城市空间形态
（图片来源：作者自绘）

图5-48 商洛城区滨江空间界面
（图片来源：网络图片）

图5-49 商洛城区路网结构
（图片来源：作者自绘）

区的主要建设空间，分布在城区丹江北岸大部分街区及丹江南岸的江南小区；100m²级别的建筑多为老城区的历史建筑及城区周边的低层民宅。可见，老城区的高开发强度地段多，丹江南岸及东部工业组团的开发强度较低（图5-50）。

5.4.3 商洛城市空间模式要素组织特征

商洛城市空间模式要素在地域环境、空间格局、空间形态上体现出不同空间尺度界定下的人居构成。

丹江冲积形成的商丹盆地，形成群山环绕、盆地谷地相间的地貌类型，秦岭、蟒岭、流岭与丹江、洛河山水交融共生，共同构成了"两系三脉"的基本山水格局，通过山水格局控制，大尺度上形成群体性的空间构成。这一空间范围内，城镇规模较小，除了商州区、洛南

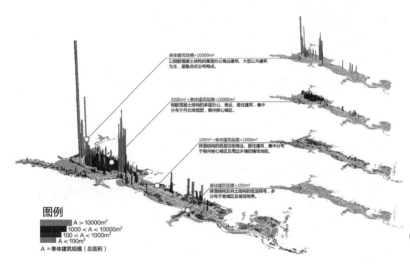

单体建筑规模>10000m²
以钢筋混凝土结构的高层办公商业建筑、大型公共建筑
为主，呈散点式分布特点。

1000m²<单体建筑规模<10000m²
钢筋混凝土结构的多层办公、商业、居住建筑，集中
分布于丹北珠坦组团，商州核心城区。

100m²<单体建筑规模<1000m²
砖混结构的低层沿街商业、居住建筑，集中分布
于商州核心城区及周边乡镇的填筑地段。

单体建筑规模<100m²
砖混结构及夯土结构的低居民宅，多
分布于老城区及城郊地带。

图例

■ A > 10000m²
■ 1000 < A < 10000m²
□ 100 < A < 1000m²
□ A < 100m²

A = 单体建筑规模（总面积）

图5-50 商洛城区空间开发强度分析示意

（图片来源：陕西商洛市城市风貌总体规划，作者改绘）

县、丹凤县，其他城镇职能较单一，多呈点状分散分布，城镇的空间分布充分契合了山水格局和交通轴线，呈现环山依水、点轴分布的空间形态（图5-51）。

丹江冲积而成的河谷用地是商洛城区发展的地理空间，城区北靠二龙山，南面流岭，南依丹江，城区周边松道山、金凤山、东龙山、静泉山、龟山、老虎岭等山体与丹江、南秦河共同构成由山、水限定的良好生态环境，山、水、城融合共生。周边山体成为城区空间的外部边界，城区内部空间在老城区高度集聚，沿丹江河谷带状延伸，城市外部边界曲折灵动，内部空间错落有致，形成自然生态空间环境与人居聚落空间构成融合统一的空间格局（图5-52）。

商洛城市南北夹山，河谷狭长的地理空间条件，使内部空间布局沿南北两侧山体与丹江、南秦河延展线呈线性带状发展。老城区内建设密集，空间增长以内部填充为主，城市东部新拓展地段呈独立点状、组团状空间模式，城郊乡村与城区相互交错。丹江两岸、老城区

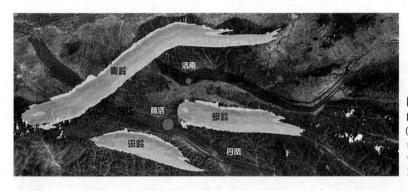

图5-51 商洛城市所处区域的山水格局
（图片来源：商洛市"一体两翼"中心城市建设规划，西安建大城市规划设计研究院）

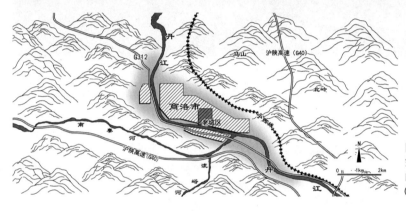

图5-52 商洛城市自然生态空间环境与人居聚落空间的融合统一
（图片来源：作者自绘）

及其周边地段形成主要的居住空间，城区东部形成较为独立的工业组团。

从宏观区域尺度到微观地块尺度，商洛城市空间模式要素以地理空间单元为基本特征，相互作用，互为表里，构成大尺度区域—中尺度城区—小尺度地块的空间单元组织，体现出不同空间尺度界定下的人居环境构成。

5.5　本章小结

城市空间发展是城市在动力机制的作用下，城市空间的推进和演化，绿色发展的城市空间是将实现全社会绿色增长的发展方式落脚于城市物质空间的探讨。

研究分析"宏观—中观—微观"三个层次的绿色发展商洛城市空间结构核心要素，为空间模式构建建立基础。由地理空间系统、人居环境系统、区域经济系统与景观生态格局的系统要素耦合构成"水平＋垂直"维度的商洛"一体两翼"地区空间结构；由自然生态基底、交通—土地复合基面与产业及基础设施基质的系统要素耦合构成"基底—基面—基质"的商洛城区空间结构；由个体栖居空间、生态循环空间、经济循环空间和社会化空间构成"节能降耗—物质循环"的商洛城市住区空间结构。

6 绿色发展的商洛城市空间模式

前文提出商洛城市绿色发展空间模式的要素体系，搭建了绿色发展目标的商洛城市空间组织框架构成。本章将在此基础上，提出空间层级、空间格局、功能空间、时空阶段的商洛城市空间模式构建原则，阐述绿色发展的商洛"一体两翼"地区、商洛城区与商洛城市住区的空间模式，构建多尺度下的商洛城市空间模式体系框架。

6.1 绿色发展目标的商洛城市空间模式构建原则

城市空间存在的载体是城市地域三维场所中的各类元素和地点，人对城市空间的感知通过个体或群体体验具体或整体的空间序列之后对其进行分类梳理、归纳总结，借助要素之间的联系，构成空间组织、运行和抽象概念的提炼。从城市空间发展的内涵来看，城市空间的绿色发展是遵循一定原则，在城市自然空间、经济空间、社会空间结构上的整合、调适与更新，以实现城市整体空间结构的演替与发展。空间系统是城市中各类生命主体的"栖息地"和各类城市活动发生及相互作用的场所，不同的空间单元按照一定内在逻辑规律结合成具有有机整体性的空间系统，并通过物质流、能量流和信息流而相互作用。

6.1.1 传统的城市空间模式

城市空间模式在人居环境学及地理学下通常指城市空间的物质实体及其实体要素的相互关系。传统的城市空间模式研究主要是基于城市地域范围内，着眼于城市自然环境、空间格局、建筑布局等方面的空间形态特征及其相互之间的结构关系，从宏观到微观层面，基本由三个圈层组成（图6-1）。位于中心的圈层是建筑布局特征和街区环境要素，中间圈层包括城市空间肌理、公共空间结构和街巷空间结构，最外围的自然环境是城市所处地域的山水关系，这些要素共同构成城市的空间模式。

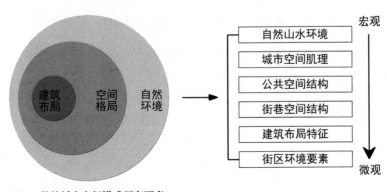

图6-1 传统城市空间模式研究要素
（图片来源：作者自绘）

6.1.2 城市绿色发展空间结构与空间模式

城市空间结构是城市空间的物质实体也是城市空间各部分组成关系的一种观念形态，表达了城市整体组分的合理组织关系和及各要素的相互作用。从早期的区位理论到经济视角下的城市土地使用结构理论都着重于经济活动对城市空间的作用与影响；《雅典宪章》提出了现代城市空间结构以功能为主导的组织方式，构成城市空间以邻里单位—居住组团—居住小区—居住区—城市的结构方式；其后的行为—空间理论，修正了文化因素对于空间决策实际过程的缺失，注重空间结构相关的个体决策行为及人的思维特点带来的空间体验与感知。

绿色发展的城市空间结构是基于生态、经济、社会系统综合组成的三维结构，其目的在于创建一个建立在"自然—城市—社会"基础上的保持人类身心健康的人居环境，实现这一结构的基本组成是在城市中居民日常生活空间中建立绿色发展的基本空间模式。城市的日常生活空间关系到人的行为方式和活动范围，这些活动产生具有明显的重复性和自组织的特征，日常生活空间也受到外部空间环境、社会意识形态和价值观念等因素的影响。城市生活空间对于社会经济活动有着重要的影响，是市民进行日常社会经济活动的行为场所，也是践行绿色发展理念的空间纽带。构建绿色发展的生活空间是构筑"城市—生活空间—绿色发展社会"的重要环节。

从生活空间视角来看，住区是城市居民生活的空间单元，其建设和发展集中反映了城市建设中面临的各种矛盾和挑战，涵盖了自然、经济、政治和文化生活的各个方面，是微观层面城市绿色发展的基本空间类型。因此，城市绿色发展空间结构以城市居民生活的基本空间单元为出发点，在这一空间单元中，结构要素相互依存与联系，如生态单元一般，内在的相互作用通过物质、能量、信息的交换而实现。

空间模式中包含的空间与结构是以空间为载体的形式性结构，对空间模式的探讨也基于城市居民生活的基本空间单元为基础层级，并涉及其物质、能量、信息的交换对空间模式的影响与作用。因此，绿色发展的城市空间模式立足于城市作为生态系统构成发展内涵来解析空间模式的组成，涵盖了城市地域范围内或不同空间经济层级下城市空间系统物质实体要素的空间分布及空间结构，表达了在一定区域范围内，与城市所处的自然环境及社会经济相适应的自然空间、经济空间、社会空间的组构关系及组织特征。

绿色发展目标下城市空间组织不是局限于城区尺度的封闭态，不是功能空间与物质实体空间的单调对应，也不是一个静态的稳定状况，应是体现城市空间由单一目标向多元目标的递进，空间组织由简单向复杂的递进过程的多层级、差异化空间格局、功能协同空间和多时空阶段的组织原则。

6.1.3 "宏观—中观—微观"的层级性原则

对于现代城市空间模式的研究，从《雅典宪章》的基本城市活动类型提出的功能分区模式开始，到亚历山大提出的"半网络"模式的多因素、多层面作用机制下，越来越多的研究认为城市的空间模式具有层级特点。同时，在生态学领域对生命系统的研究也较早就提出了一系列在尺度上由小到大的组织层次的系统构成[①]。诸多研究都认为这些系统呈现出螺旋型的系统结构特征。商洛城市绿色发展空间模式也是遵循系统性和整体性的观点，以绿色发展目标体系为导向，研究空间分布及其组织关系。

中国传统的人居空间模式和人类聚居学都体现了城市大系统与子系统的内在层级特性。事实上，城市物质空间系统的层级性结构既是城市空间演进发展的必然规律，也是物质空间单元按照功能组织的层级性机制不断整合成为具有自身内在逻辑性和有机整体性的结果。商洛城市功能空间组织与城市所处地域的原生态系统层级结构高度相关，秦岭山地地区自然生态空间的外在表现呈现复杂且不规则的破碎形态，但却具有几何形态的自相似特征。东西走向的山脉地理，自然分形体的水系形态，使商洛城市所处的地理环境具有典型的枝状分形特征，如选取丹江的典型支流进行分析，可以看出其枝状分形的空间特征，并与地形具有分形关联性（图6-2），枝状结构成为秦岭地区城乡空间分布的基本模式框架。

商洛城市空间所处的区域山体环绕，线性水体穿流而过，水系的干流和各个支流与山体的交融关系形成了一个个地理空间单元，其中包含着整体的地理特征。以层级逻辑为基础，构成商洛城市自然生态系统的基本结构，从宏观到微观层面，这种层级组织也贯穿于各个层面。商洛城区内以丹江和南秦河构成自然空间结构的主要轴线，两条河流的次级支流众多，包括黄沙河、柳家沟、小赵峪、大赵峪、大面河、党沙河、西沟河、石门沟、玉山沟，这些

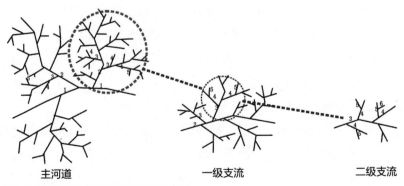

主河道　　　　　　　　一级支流　　　　　　　二级支流

图6-2 秦岭地区水系分形空间特征示意图
（图片来源：作者自绘）

---

① 1971年Odum对此进行了详细讨论，认为生命是由一系列在尺度上由小到大的组织层次（Levels of Organization）的系统构成的一个生物学谱（Biological Spectrum）。

图6-3 商洛城区水系空间分布图
（图片来源：作者自绘）

冲沟、河渠与山水环境共同形成了城区自然空间层级结构框架（图6-3）。

经济空间的层级结构伴随着社会经济的发展逐渐形成，并与城市空间的演化升级互为因果。从区域到城区，经济空间的组织更多来自于"生物人"层面的对相关生产生活活动进行空间整合后作出的反应，区域空间层面城镇的集聚与扩散，城镇规模的层级性及差异性也体现出人的生产生活对应于经济活动的空间需求，这种空间需求的满足与地理空间单元契合，构成了经济空间的层级结构，也使经济空间呈现丰富多元的形态特征。商洛市域范围内城镇空间分布受自然地理环境的影响，人口及经济活动多集聚于河谷川塬地区和浅山丘陵地区，中山区仅有少量的城镇分布（图6-4、表6-1）。

城镇职能体现出的经济活动类型，也由于规模等级的构成表现出从单一性向综合性的变

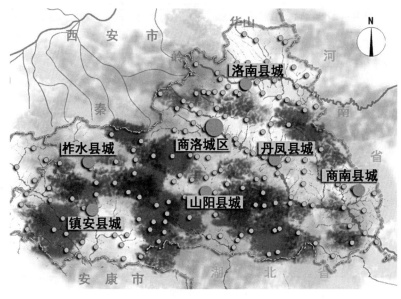

**图6-4 商洛市域城镇规模
等级空间分布图**
（图片来源：作者自绘）

商洛市域城镇体系现状规模结构一览表 表6-1

级别	数量	城镇名称	人口（万人）
1	1	商洛中心城区（包括城关、大赵峪、陈塬、刘湾办事处、沙河子镇）	>15
2	6	洛南县城：城关镇 丹凤县城：龙驹寨镇 商南县城：城关镇 山阳县城：城关镇 镇安县城：永乐镇 柞水县城：乾佑镇	>3
3	6	丹凤县：竹林关镇 商南县：赵川镇、富水镇、金丝峡镇 山阳县：漫川关镇 柞水县：凤凰镇	0.5 ~ 1
4	19	商州区（3）：大荆镇、腰市镇、夜村镇 洛南县（5）：石门镇、永丰镇、景村镇、古城镇、三要镇 丹凤县（3）：商镇、棣花镇、武关镇 山阳县（4）：银花镇、中村镇、高坝店镇、南宽坪镇 镇安县（3）：回龙镇、青铜关镇、云盖寺镇 柞水县（1）：下梁镇	0.3 ~ 0.5
5	33	商州区（6）：杨峪河镇、黑山镇、杨斜镇、金陵寺镇、北宽坪镇、牧护关镇 洛南县（6）：寺耳镇、巡检镇、石坡镇、洛源镇、保安镇、卫东镇 丹凤县（2）：土门镇、寺坪镇、资峪镇 商南县（5）：湘河镇、白浪镇、过风楼镇、试马镇、清油河镇 山阳县（6）：西照川镇、杨地镇、牛耳川镇、色河铺、十里铺镇、延坪镇 镇安县（4）：西口回族镇、柴坪镇、木王镇、东川镇 柞水县（4）：营盘镇、石瓮镇、小岭镇、红岩寺镇	0.1 ~ 0.3
6	56	商州区（8）：麻街镇、板桥镇、砚池河镇、麻池河镇、西荆镇、三岔河镇、上官坊镇、阎村镇 洛南县（7）：灵口镇、麻坪镇、谢湾镇、四皓镇、寺坡镇、柏峪寺镇、高耀镇 丹凤县（9）：庾岭镇、峦庄镇、蔡川镇、铁峪铺镇、北赵川镇、桃坪镇、月日镇、花瓶子镇、大荆镇 商南县（4）：十里坪镇、青山镇、水沟镇、魏家台镇 山阳县（11）：户家塬镇、小河口镇、板岩镇、元子街镇、天竺山镇、两岭乡镇、王阎镇、天桥镇、石佛寺镇、法官镇、双坪镇 镇安县（11）：铁厂镇、大坪镇、米粮镇、茅坪回族镇、高峰镇、达仁镇、庙沟镇、张家镇、灵龙镇、月河镇、杨泗镇 柞水县（6）：杏坪镇、曹坪镇、蔡玉窑镇、瓦房口镇、柴庄镇、丰北河镇	0.1以下

（资料来源：商洛市城市总体规划（2011—2020年）（修改），西安建大城市规划设计研究院）

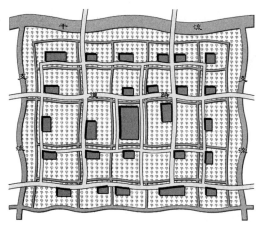
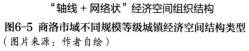
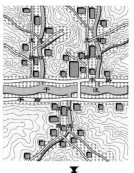

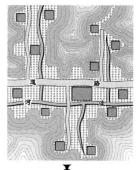

"轴线＋网络状"经济空间组织结构　　"枝状"经济空间组织结构　"藤叶状"经济空间组织结构

图6-5 商洛市域不同规模等级城镇经济空间结构类型
（图片来源：作者自绘）

化，在经济空间上反映为空间组织及形态由简单型向复杂型的递进。规模等级较高的城市，如商洛城区、洛南县城等，经济空间以轴线＋网络状的形态为主，规模等级较低的城镇，则以枝状或藤叶状构成经济空间格局（图6-5）。

城市社会空间的层级结构与人类社会层级组织结构相关，社会层级结构建立于行政管理关系或人群社会关系之上。中国"城—镇—村"的行政组织层级构成了城乡规划体系模式的基本框架，每一层级对空间地域进行定位，指导下一层级的规划和空间发展建设，形成层级相扣的规划体系。受社会层级机构的影响，宏观物质空间结构层面更多反映出社会群体意识，微观层面的物质空间则更能反映具体使用者的生活习惯与行为特征。

从商洛城市所处的自然地理环境出发，综合考虑自然空间结构、经济空间结构、社会空间结构的层级性，绿色发展的空间模式组织也应体现宏观—中观—微观的空间层次，宏观层次区域以资源控制性为主导，跨行政边界综合考虑商洛市域内的城市集聚区域，在商洛"一体两翼"地区范围内进行研究；中观层次以发展调控性为主导，在商洛中心城区空间范围内开展研究；微观层次以空间落实性为主导，针对商洛城区社区空间开展研究，以此构成商洛城市绿色发展空间模式层级组织体系（表6-2）。

商洛城市绿色发展空间模式层级组织体系　　　　　　　　　　表6-2

绿色发展空间模式层级	空间层次	地域范围	空间发展导向
区域绿色发展空间模式	宏观	商洛"一体两翼"地区	资源控制性
城区绿色发展空间模式	中观	商洛中心城区	发展调控性
社区绿色发展空间模式	微观	商洛城市社区	空间落实性

（资料来源：作者制作）

6.1.4 "浅绿—中绿—深绿—全绿"的差异性原则

商洛城市所处的秦巴山区，包含多种生态资源条件各异的地理空间，以此为基础形成了不同类型及规模的人居聚落空间。在此基础上，结合生态基础和产业条件，以绿色发展程度为导向，提出"浅绿—中绿—深绿—全绿"的人居空间格局（图6-6、表6-3），以此引导不同区域、不同规模与不同类型的人居聚落绿色发展模式。

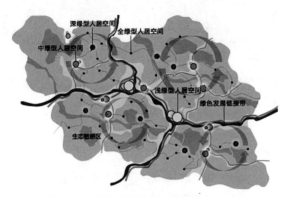

图6-6　秦巴山地区绿色发展人居空间格局
（图片来源：中国工程院重大咨询项目"秦巴山脉绿色循环发展战略研究"课题组，作者改绘）

秦巴山地区浅绿—中绿—深绿—全绿人居空间格局　　　　　　　表6-3

绿色发展程度	主要产业联动	主要职能	公共中心	对应行政单元	建设模式	发展管控措施
浅绿型	生态、经济、社会的全系统复合	居住、旅游、绿色加工、先进制造	商业中心、商务中心、旅游服务中心、医院、中小学	地区中心城市	全面建立各系统绿色发展模式	加快城镇化、建立区域绿色发展的系统模式，为生态、经济、社会功能组织提供载体
中绿型	第一、第二、第三产业链复合	居住、旅游、绿色加工、创意产业	综合服务中心、中小学、体育场馆、中心医院	县域中心城市	网络化设施、完善产业链	建立绿色发展链接带，完善向全绿型、深绿型人居空间的交通辐射和市政基础设施辐射，建立区域绿色发展中转站
深绿型	第一、第二、第三产业链复合	居住、旅游、农林畜药生产、绿色加工	中小学、卫生院、活动中心	镇	控制规模、禁止污染	控制规模，禁止污染工业，衔接全绿型与中绿型人居空间，建立绿色发展空间格局的重要节点
全绿型	第一、第三产业链复合	居住、农林畜药生产	农村社区中心	村庄	生态移民、绿色生产	控制规模，迁并生态敏感区、灾害频发区居民点，为中绿型、浅绿型人居空间提供产品加工原料

（资料来源：中国工程院重大咨询项目"秦巴山脉绿色循环发展战略研究"课题组，作者有调整）

浅绿型人居空间为秦巴山地区的区域中心城市，如商洛城区。中绿型人居空间包括秦巴山地区内河谷地理单元的小城市，具有较好的交通条件和产业基础，如商洛"一体两翼"

地区的洛南县城、丹凤县城。深绿型人居空间包括地处生态保护要求相对较低，距离生态敏感区、水源保护地具有一定距离的一般型乡镇或规模较大的乡村聚落，如商洛城市周边的景村镇、永丰镇、腰市镇、大荆镇、板桥镇、北宽坪镇、夜村镇、棣花镇、商镇等。全绿型人居空间包括秦巴山地区范围内的大部分村庄及处于自然保护区、生态敏感区、水源地、国家公园等生态极为敏感区域内的部分乡镇，此类人居聚落规模较小，空间分布较为分散，如商洛城市周边的蟒岭山区及其周边峡口村、韩子坪村、郭湾村、四岔口、小宽屏、张河村、王那、腰庄、白家台、马河、芊子槽村等村庄。

依据秦巴山地区绿色发展人居空间格局，商洛城市内丹江河谷地段作为浅绿型人居空间，发展中应充分考虑城镇建设与山水环境的空间关系，利用沟壑、河谷、水系等自然要素划分城市组团，避免城市空间的蔓延拓展，利用快捷交通方式按照多中心、组团式的布局模式组织城市空间，沿城市周边山体的建设地段作为中绿型人居空间，保护生态，控制峪道、山体的建设活动，保护自然生态。在商洛"一体两翼"地区，洛南县城和丹凤县城作为中绿型人居空间，城市发展趋于紧凑模式，适当提高建设密度。"一体两翼"区域中的乡镇、村庄依据其地理位置、生态敏感度、保护地保护级别、产业发展条件作为深绿型或全绿型人居空间，进行适当迁并，禁止污染性工业及农业的生产，建设空间尽量集约，充分利用地形地貌，将城乡建设对生态环境的干扰降到最小。由此形成以绿色发展程度为导向的"浅绿—中绿—深绿—全绿"的空间格局组织（图6-7）。

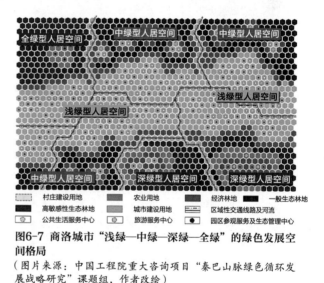

图6-7 商洛城市"浅绿—中绿—深绿—全绿"的绿色发展空间格局

（图片来源：中国工程院重大咨询项目"秦巴山脉绿色循环发展战略研究"课题组，作者改绘）

6.1.5 "自然空间—经济空间—社会空间"的整体性原则

城市绿色发展空间模式综合表达了复杂的生态结构和社会经济结构，物质空间及功能空间的组织关系可以综合反映出城市的空间秩序与效率。作为抽象意义的功能空间，与城市的物质实体空间并不是单调的对应关系，必须通过物质空间与功能空间的整合，才能使物质空间系统成为协调各功能子系统运行的联系纽带。城市复合系统才具备更好的自组织和共生式的发展状态。

商洛城市绿色发展空间模式的内涵是通过各种系统的协同作用，实现自然空间结构的生态互动、经济空间结构的协同调适和社会空间结构的演替更新，强调的是生态、经济、社会三大功能之间的组织关系。

　　以城乡人居环境的物质空间建设过程为视角，通常可以将城市物质空间按照功能特点与空间形态划分为7大系统，包括居住生活、公共管理与公共服务设施、商业服务业设施、社会工业生产、交通运输、公用设施、景观绿地系统。这种划分的主要依据是人居环境建设空间的直观功能或主导功能，而自然生态系统、社会循环系统与人居建设系统活动开展的每一种功能空间都呈现出混合的物质空间形态，使功能空间在物质实体空间上的分布边界模糊，反映出城市空间系统的混沌特征。由此，物质空间与绿色发展的功能空间并不具备单纯的一一对应关系，而是兼容耦合的混合对应关系（表6-4）。

城市绿色发展功能空间与物质空间对应关系一览表　　　　　　　　　表6-4

系统	物质实体空间类型	功能空间类型			备注
		自然空间	经济空间	社会空间	
A	居住	★☆	★☆	★★	
B	行政办公	☆☆	☆☆	★★	
	文化设施	★☆	★☆	★★	
	教育科研	☆☆	★☆	★★	小类功能空间有所侧重
	体育	★☆	★☆	★★	
	医疗卫生	★☆	★☆	★★	小类功能空间有所侧重
	社会福利	★☆	★☆	★★	
	文物古迹	★☆	☆☆	★★	
	外事机构与设施	☆☆	☆☆	★★	
	宗教活动	★☆	☆☆	★★	
C	商业商务	☆☆	★★	★☆	
	娱乐康体	★☆	★★	★☆	小类功能空间有所侧重
	公用设施营业网点	☆☆	★★	★☆	
	综合公共设施	☆☆	★★	★☆	根据主导功能有所侧重
D	工业	★☆	★★	★☆	
	物流仓储	☆☆	★★	★☆	
E	道路及轨道交通	★☆	★★	★☆	
	交通枢纽	☆☆	★★	★☆	
	交通场站	☆☆	★★	★☆	
F	供应设施	☆☆	★★	☆☆	
	环境设施	☆☆	★★	☆☆	
	安全设施	☆☆	★☆	★☆	
G	公园绿地	★★	★☆	★☆	
	防护绿地	★★	★☆	★☆	

续表

系统	物质实体空间类型	功能空间类型			备注
		自然空间	经济空间	社会空间	
G	广场	★☆	★☆	★★	
	水域	★★	★☆	★☆	
	农林用地	★★	★★	★☆	根据主导功能有所侧重

（说明：★★表示对应关系极强，是该物质实体空间的主导功能空间类型；★☆表示有一定对应关系，对该物质实体空间有一定影响；☆☆表示对应关系较弱，对该物质实体空间影响较小。本表以《城市用地分类与规划建设用地标准（GB 50137—2011）》中的用地分类作为依据，以城市总体规划及控制性详细规划中计入城市用地平衡表及城乡用地汇总表的用地类型作为城市物质实体空间的划分基础。其中，A表示居住系统；B表示公共管理与公共服务系统；C表示商业服务业系统；D表示社会工业生产系统；E表示交通运输系统；F表示公用设施系统；G表示景观绿地系统。资料来源：作者制作）

以本书提出的绿色发展空间模式中的功能空间为视角，商洛城市绿色发展空间模式以自然空间、经济空间、社会空间三个类型的功能空间进行结构组织，并在不同层面的主导功能空间有所侧重。在宏观层面商洛"一体两翼"地区范围内以"自然空间"和"经济空间"为主导，界定城市与生态环境系统的协调安全程度，确定绿色协调度和绿色发展度的区域分布格局；在中观层面商洛中心城区空间范围内以"经济空间"和"社会空间"为主导，确定绿色发展度及绿色持续度在城市的人居建设空间基本构架、交通基础设施网络结构及产业空间上的布局；在微观层面商洛城区社区空间以"社会空间"和"自然空间"为主导，确定具体的空间建设模式并协调人与自然环境、人与社会环境之间呈现出的绿色持续度与绿色协调度（表6-5）。

绿色发展的商洛城市空间功能组织 表6-5

系统层次	主导功能空间类型	空间组织目标	功能组织内涵
宏观层面	自然空间＋经济空间	界定商洛城市集群地区的自然生态空间结构、确定城市与生态环境系统的协调安全、确定绿色发展的经济空间模式	绿色协调度＋绿色发展度
中观层面	经济空间＋社会空间	确定商洛城区的山水格局、人居建设空间的基本构架、交通及基础设施网络结构、产业空间分布模式	绿色发展度＋绿色持续度
微观层面	社会空间＋自然空间	确定商洛城区社区空间建设模式、协调人与自然环境、人与社会环境之间关系、确定人与自然交融空间的组织、社会化空间分布模式	绿色持续度＋绿色协调度

（资料来源：作者制作）

6.1.6 "协调—发展—持续"的时序性原则

从绿色发展理念的提出到城乡发展建设的实践，诸多城市都在环境保护、污染治理、城市绿地系统建设、生态产业园区建设等方面进行了实践和探索。绿色发展强调经济系统、社会系统与自然系统的共生性（Symbiosis）和发展目标的多元化（Diversity），即三大系统的系统性、整体性和协调性[237]，从人居环境的空间建设实践来看，仅仅局限于区域生态空间格局、城市绿地空间系统建设并不能实现系统整体协调发展的目标要求。剖析绿色发展的整体性，可以依据绿色发展的时空阶段，从"协调—发展—持续"三个目标体现绿色发展空间的阶段组织。

维系区域或城市的自然山水格局，加强城市自然与人工环境的空间渗透和生态融合，关联城市建成区内部空间的自然环境与人工环境，提高城市环境的生态系统稳定性，是城市绿色发展空间模式构成的初级阶段，即协调目标的空间模式，主要体现在自然空间结构的生态互动。现状商洛城区空间结构中"两系三脉"的山水格局、丹江沿岸滨水带绿、城市中心莲湖公园绿心等城市自然空间布局，都属于绿色协调目标空间模式的要素组成。

绿色发展理论的实施强调"输入、循环、输出"三个环节，这一过程的内在运行受到城市空间系统中生态位势差的影响，同时也反作用于生态位，导致城市空间结构的演化。反映在城市空间结构中，各类经济活动的空间区位及相互关系是实现"流"要素动态持续及合理流动的重要因素。因此，城市土地的利用状况，包括土地使用强度的空间合理性、土地功能布局的多样性与混合性、土地利用结构的空间协调性是城市绿色发展空间模式构成的中级阶段，即发展目标的空间模式，主要体现在经济空间结构的协同调适。如商洛城区的交通系统与土地利用结构的关系、公共交通网络建设、功能空间区位等，都属于绿色发展度空间模式的要素组成，也是绿色发展目标在城市土地利用上的空间体现。

绿色发展的总体目标是倡导人、社会和自然的协调和谐发展，构建自然生态与社会经济一体发展路径。人居环境建设领域中，在维系自然空间结构稳定、经济空间结构优化的基础上，强调社会空间结构的包容一体。许多国家和地区在绿色发展实践过程中，提出人和自然互利的社区模式，使城市居民拥有高品质的绿色生活；在区域空间中构建城乡一体的社会网络，提高经济发展的社会有益性。重视城市的社会、文化、思想意识等非物质因素，通过区域城镇体系的合理布局、城市服务设施空间均衡、居住空间分异与有机混合、历史地段空间形态的延续等提升区域或城市社会文化价值，促进自然、经济、社会整体的可持续发展，是城市绿色发展空间模式构成的高级阶段，即持续目标的空间模式，主要体现在社会空间结构的演替更新。如商洛城市集群地区的城镇体系空间组织、商洛城市空间形态的保护与传承、商洛城区的公共服务设施与基础设施空间布局模式、废物的处理和循环利用等，这是满足居民绿色生活需求，在城市内逐渐消除各种社会问题，构建绿色发展社会空间的重要内容。

商洛城市绿色发展空间模式以"协调—发展—持续"的目标，可以确立为三个时空阶段：第一阶段为自然空间结构的整合，包括城市空间与自然环境的契合、城市山水格局的完整、生态植被的多样性格局保护、城区内山体水系与人工环境的融合、城区绿地空间系统等要素；第二阶段为自然空间与经济空间结构的耦合，包括区域城镇职能体系空间格局、城市交

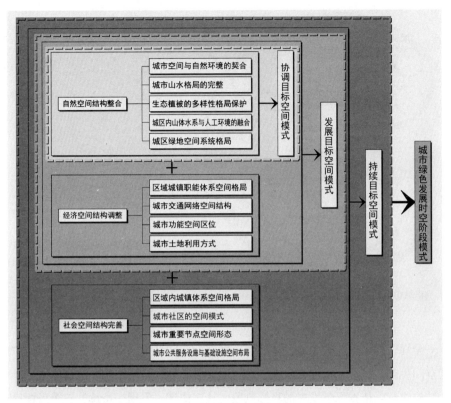

图6-8 城市空间模式"协调—发展—持续"的绿色发展时序性
（图片来源：作者自绘）

通网络空间结构、城市功能空间区位、城市土地利用方式等要素；第三阶段为自然空间、经济空间与社会空间结构的整体组织，包括区域内城镇体系空间格局、城市社区的空间模式、城市重要节点空间形态、城市公共服务设施配置与基础设施空间布局等要素。三个阶段的空间模式组织，表达了城市绿色发展空间由单一目标向多元目标的递进，空间组织由简单向复杂递进（图6-8）。

6.1.7 商洛城市绿色发展的空间模式体系构建

商洛城市空间模式要素在地域环境、空间格局、空间形态上体现出不同空间尺度界定下的人居空间结构，以地理空间单元为基本特征，构成大尺度区域—中尺度城区—小尺度地块的空间结构组织。

以此为基础，商洛城市绿色发展的空间模式以"宏观—中观—微观"三个层次为体系框架，宏观空间尺度为城镇群体集聚的区域空间，中观空间尺度为城市建设发展的中心城区空间，微观空间尺度为城市居民生活的基本空间单元（图6-9）。在区域中依据城乡聚落所处的自然环境和社会经济条件类型的差异，根据绿色发展的需求程度，可以构成从"浅绿—中

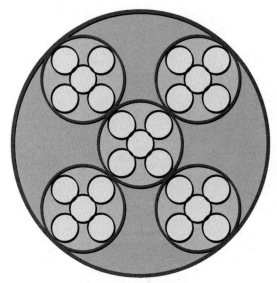

⬤ 宏观空间结构——城镇群体集聚区域空间
◐ 中观空间结构——城市发展建设空间
◯ 微观空间结构——城市居民生活基本空间单元

图6-9 商洛城市绿色发展的空间结构体系
（图片来源：作者自绘）

绿—深绿—全绿"四个程度的差异性体现绿色发展的空间格局。同时，三个层次的空间组织通过功能空间生态、经济、社会三大功能之间的关系，体现自然空间、经济空间、社会空间的整体性结构组织，依据绿色发展的目标阶段，从"协调—发展—持续"三个目标序列体现绿色发展空间的时序性（表6-6）。

商洛城市绿色发展的空间模式体系构建　　　　表6-6

空间尺度	空间范围	绿色发展目标阶段			绿色发展程度的人居空间类型
		协调目标阶段	发展目标阶段	持续目标阶段	
宏观	商洛"一体两翼"城市集群地区	商洛城市集群地区的自然生态空间结构	城乡融合的绿色发展经济空间模式	城乡聚落的职能关系	"浅绿型＋中绿型＋深绿型＋全绿型"人居空间
中观	商洛城市发展建设空间——商洛城区	城区的山水格局与生态控制	城区人居建设空间基本构架、交通及基础设施网络结构、产业空间分布	城市社会文化承载空间结构	"浅绿型＋中绿型"人居空间
微观	商洛城市居民生活空间单元——商洛城市住区	城市居民生活空间生态调节	城市住区空间的紧凑节能	城市住区社会化空间分布	浅绿型人居空间

（资料来源：作者制作）

微观层次的商洛城市居民生活空间单元是构成商洛城市绿色发展空间模式的基础单元，商洛城市作为研究所处区域——秦巴山区"浅绿—中绿—深绿—全绿"人居空间格局中的浅绿型城市空间，在空间组织上更具有绿色发展的复杂性、连续性和适应性需求，研究在微观层面将以商洛城市居民生活的基本空间单元为出发点，探索浅绿型城市空间中，微观尺度上的单元结构要素相互依存与联系，使其内在的相互作用能够以物质、能量、信息的交换而实现，成为构筑起"城市—生活—绿色发展社会"的绿色人居空间单元。

6.2 商洛"一体两翼"地区一体多元空间模式

从城市发展趋势来看，从"单中心"向"多中心"转变是城市空间结构发展的普遍趋势。对城市空间结构的研究也表明，城市一般由单中心的辐射发展模式向各个城市组团的地域竞争与强化模式发展，最终走向整体的网络协同发展模式[238]。将城市置于多中心组团的城市集群区域内进行协同发展和调控是绿色发展的城市空间模式关键之一。

商洛城市处于秦岭腹地，本书界定的商洛城市集群区域空间为商洛"一体两翼"地区，从商洛城市全局着眼，将商洛城市与其周边地区作为一个有机整体，关注区域内生态空间格局对城市空间发展的影响。

6.2.1 自然生态空间的一体有序

城市集群区域内由于多个城市（镇）在行政上的相对独立，在毗邻空间上，如果缺乏统一协调和规划，往往会造成生态空间在各种利益的博弈中被蚕食的状况，构建一体化的城市集群区域自然生态空间结构十分必要。

城市集群空间的自然生态空间因自然地理、水文条件呈现出多样的结构模式。国内外关于区域自然生态空间结构的理论模式大致可以归纳为"绿心""绿廊""环楔""绿网"等基本模式。如兰斯塔德城市群是典型的"绿心"模式，为多个城市环绕农业用地构成的生态绿心；我国长江沿线的城市群地区多采用"绿廊"模式，绿廊作为区域生态轴线，串接各个城市与功能组团；"环楔"模式多应用于单中心结构的城市集群地区，以环形、楔形的生态廊道进行空间隔离，防止城市空间的无序蔓延，建设空间与自然生态空间进行嵌合；"绿网"模式多应用于生态要素形态丰富的地区，珠三角城市群的自然生态空间机构就是通过不同类型、不同尺度的生态空间要素的分散布局，形成网络化的结构体系。

商洛"一体两翼"地区的自然生态空间结构要素包含生态基底、生态极核、生态联系带和网状廊道，这4种结构要素通过各种自然生态要素在人居空间范围内组织而成，构成一体化的自然生态空间结构（图6-10）。

生态基底是区域自然生态空间的"背景"，由各种自然生态要素构成，是生态连通性最好，生态功能、类型、形态最丰富的结构要素，也是地区的生态安全本底，商洛"一体两翼"地区内大量的农田、林地、低山浅山区等生态弱敏感区构成了空间的生态基底。

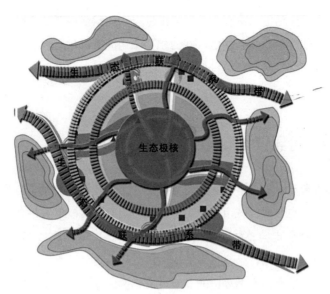

图6-10 商洛"一体两翼"地区自然生态空间结构图
（图片来源：作者自绘）

生态极核是区域中最集中的较高生态敏感度地区，其生态服务功能重要，对区域生态系统的稳定性具有决定性作用，空间形态为团块状。从区域的空间区位来看，蟒岭是区域的空间核心，总面积约962km²，有利于提供异质性水平较高的生境，对保护地区的生态安全格局作用十分重要，也是丹江和洛河两大水系的重要水源补给区，具备成为区域"生态枢纽"[239]的潜力。

生态联系带是串接区域内各城市（镇），联系区域内生态极核、生态廊道及生态基质等结构要素的纽带，是基于自然生态走廊形成的生态敏感度较高的带状连续型空间。丹江、洛河构成了区域内河流型生态联系带，既是区域内部自然生态空间结构要素的重要纽带，也是连接区域与外围自然生态空间的重要基础。

网状廊道是空间联系范围较小的线性自然生态空间，如区域内的沟谷、河流、山脊等，这类结构要素将区域内分散的自然生态空间联系在一起，与生态基质、生态极核、生态联系带等共同构筑结构完整的空间格局，维护区域内生态系统的稳定性。自然生态空间结构形成了"三水抱岭、浅山拥城"的总体框架，以蟒岭为绿心，丹江—板桥河—洛河为生态联系带，环抱蟒岭，两侧浅山与城相融。丹江作为南水北调的水源地，可作为生态观光游憩带；洛河具有重要的文化底蕴和独特的景观环境，可作为休闲旅游观光风景带；板桥河依托独特的空间特色，可作为山野亲水景观带，共同构筑生态服务功能兼具特色产业功能的自然空间格局。

一体化的区域自然生态空间结构构成了绿心＋环楔的空间框架，生态极核作为绿心，网状廊道及生态联系带连接生态极核和生态基底，城市（镇）的空间布局依托自然山体和河

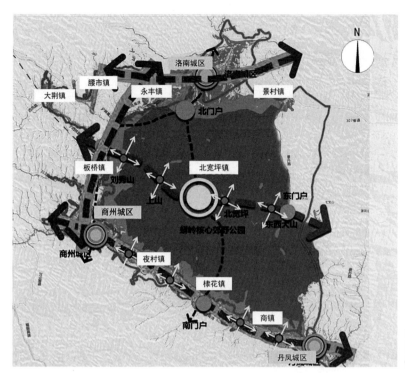

图6-11 商洛"一体两翼"地区区域空间结构图
（图片来源：作者自绘）

流水系环绕展开，同时，各城市（镇）通过环楔等结构性廊道引导自身的空间发展，以构建整体有序的区域空间结构（图6-11）。

6.2.2 产业经济空间的一体循环

商洛"一体两翼"地区具有丰富的生态资源，但该地区的社会经济仍处于较低的发展水平，合理利用自然生态空间资源，既保障地区的生态安全，又使其发挥生态效益，促进绿色发展，是产业经济空间发展的重点。

商洛"一体两翼"地区城市空间联系不足，"流"要素的运行路径不够通畅，使生态资源蕴含的经济价值难以有效转化。因此，区域内的产业体系应当依托自然生态空间的生态服务功能和生产功能，进行产业之间的相互渗透、转化、融合，构建产业体系，使产业边界趋于模糊，形成一体融合的整体产业链。

依据第4章中对商洛城市代谢系统的结构分析可以看出，城市发展对资源较为依赖，农林业是城市代谢系统的主导产业，作为转化生态经济价值最直接的方式之一，也是发挥自然生态空间生产功能的有效途径。区域粮食、蔬菜、水果和核桃的产值比重较大，其次是养殖业，林业所占比重较小，特色农产品类型包括食用菌、水果、烟叶、中药材等种植业，花椒、板栗等林业，黑猪、土鸡、桑蚕等养殖业。绿色农林业体系构建以秦岭地区农林产品的生产特征为基础，以沼气工程为核心，通过静脉产业提供优质生物肥料、电能和热能，通过

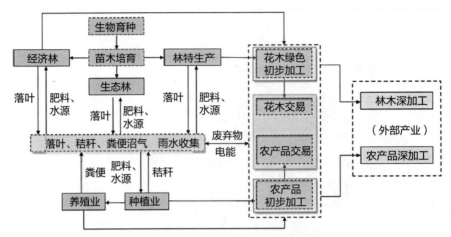

图6-12 商洛"一体两翼"地区农林业绿色产业链模式图
（图片来源：作者自绘）

组织雨水收集、中水回用等，实现水资源的节约和多次循环利用[240]，形成农林生产、初加工业与市场服务业融合、低能耗、低污染的农林业绿色产业链（图6-12）。

商洛"一体两翼"地区现有的制造加工业中重工业占比重较高，目前分布有个洛南工业区、商丹循环工业区、丹凤工业区以及荆河生态工业园区等多个工业集中区，主要工业产品为有色金属矿采选业和冶炼加工业。可见，依托秦岭地区的矿产资源优势进行开发加工是当前区域内第二产业的主要模式，但是基于绿色发展目标与秦岭地区的生态战略地位，现有的制作加工业应当进行产业链的延伸，培育节能环保等新兴产业。

对于现有的产业应积极构建地区生态经济产业链，促进绿色生产，实现废弃物的综合利用，完善区内物料流转平衡，加强地区内园区间、企业间、产业间的联系度，促进区域绿色产业发展。重点构建4条生态经济产业链，重点推进尾矿综合利用和现代材料产品间的循环利用，以粉煤灰、电石渣、废弃催化剂等为原料，生产新型建材，包括免烧砖、水泥、筑路材料、墙体材料等。加强对洛河、丹江生态联系带沿线企业生产废弃物的综合回收利用，通过产业链的延伸发展清洁能源，融合农业种植、农产品加工业为一体（图6-13）。

在现有产业模式组织的基础上，区域还应培育对自然生态空间无破坏，能与生态系统协调一致的新兴产业，并依托农林业绿色产业链模式，实现适度规模化经营形成中医药与食品加工为主的新兴加工业绿色产业链（图6-14）。

商洛"一体两翼"地区的城市外向功能量和城市流强度分析表明，区域服务业的引入与发展也是提升各种要素"流"活跃运转的必要路径，依托区域内突出的环境特质与生态资源，结合城市的公共服务设施，以休闲旅游产业、健康养生产业、科技服务产业为主导，遵循服务主体绿色化、服务过程清洁化的原则，形成服务业与其他产业融合发展，实现水资源节约和多次循环利用（图6-15）[241]。

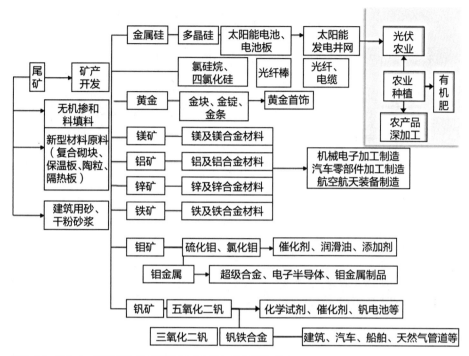

图6-13 商洛"一体两翼"地区制造加工业绿色产业链模式图
（图片来源：作者自绘）

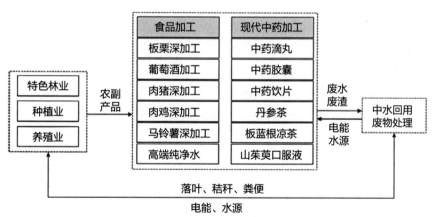

图6-14 商洛"一体两翼"地区新兴加工业绿色产业链模式图
（图片来源：作者自绘）

从产业链的构建可以看出，在绿色能源与生态资源的循环利用方面，通过构建农林业、制造加工业、新兴加工业及服务业之间的绿色产业链，各类特色产业之间相互渗透与转化，实现三次产业之间的融合发展。

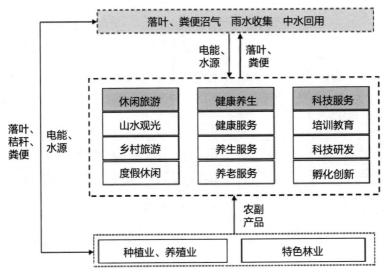

图6-15 商洛"一体两翼"地区服务业绿色产业链模式图
（图片来源：作者自绘）

6.2.3 "水平＋垂直"维度的自然生态空间与产业空间立体融合

绿色产业发展的一体融合不仅体现在产业之间的链接与渗透，还体现在产业与自然生态空间的相互融合，二者通过水平维度与垂直维度立体关联，协调共生。

1．水平空间维度的融合

通过绿色产业发展所要求的生产条件，在水平维度上分析产业空间与自然生态空间的区位关系，针对商洛"一体两翼"地区研究提出4类空间融合模式，分别为融合式、飞地式、就地式和毗邻式，可对应不同的绿色产业类型空间（图6-16）。

融合式以农林业产业空间为主，具备生产功能的自然生态空间为产业空间；飞地式以制

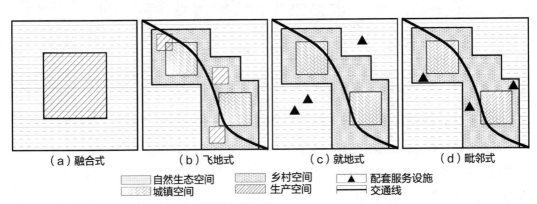

图6-16 水平维度的产业空间与自然生态空间融合模式图
（图片来源：作者自绘）

造加工业空间为主，产业空间与自然生态空间的区位关系主要受原材料供应、保存及生产条件的制约，自然生态空间多为原材料的供应基地，产业空间以接近自然生态空间区位，交通区位良好、服务设施齐备、生产条件完善的城镇及交通轴线两侧的建设用地空间为主导，并以对自然生态环境无明显干扰的空间作为载体；就地式以休闲旅游产业为主，以自然生态空间的生态服务功能为依托，作为产业载体，但需要通过在内部配套对环境无干扰的服务设施转化自然生态空间的经济价值；毗邻式以康养、会展、科技服务产业为主，通过毗邻自然生态空间配套相应的服务设施转化生态服务的经济效益。这四类水平维度空间融合模式，使产业空间的区位选择与自然生态空间合理融合，强化自然生态空间的生态位优势，有效地进行生态资源价值的转化（表6-7）。

水平维度的产业空间与自然生态空间融合模式 表6-7

水平维度的空间融合模式	产业类型	空间关系	自然生态空间功能转化
融合式	农林业	自然生态空间即产业空间	生产功能
飞地式	制造加工业	产业空间接近自然生态空间区位，以交通区位良好、服务设施齐备、生产条件完善的城镇及交通轴线两侧的建设用地空间为主导	生产功能
就地式	休闲旅游业	以自然生态空间作为产业载体，在自然生态空间内部配套服务设施	生态服务功能
毗邻式	康养、会展、科技服务业	毗邻自然生态空间，配套相应的服务设施	生态服务功能

（资料来源：作者制作）

2. 垂直空间维度的融合

秦岭地区具有明显的垂直分异，依据地理空间单元的分布特征，将垂直维度划分为高山地区、低山地区、谷地盆地3种类型，位于高山地区、低山地区及谷地盆地不同海拔高程的自然生态空间，生态位、生态承载力和生态环境容量都有差异，适宜发展的产业类型也不尽相同。

谷地盆地多为高生态承载力地区，具有一定规模的集中耕地，水资源丰富，适宜作为生产过程中高耗水的农产品种植地以及休闲旅游业的空间载体；低山地区多为一般生态承载力地区，林地资源较为丰富，具备林下空间优势，适宜作为特色农林产品种植、养殖以及康养服务的空间载体；高山地区为低生态承载力地区，林地资源丰富，具有多样的景观构成，适宜作为生态观光旅游及特殊类型科技服务的空间载体。基于上述分析，可将商洛"一体两翼"地区的产业空间与自然生态空间垂直维度的一体融合划分为择低式、居中式和择高式三种模式，分别对应位于谷地盆地、低山地区、高山地区的自然生态空间与生产空间融合方式（图6-17）。

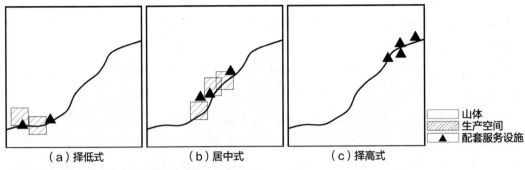

图6-17 垂直维度的产业空间与自然生态空间融合模式图
（图片来源：作者自绘）

3. 立体空间维度的融合

通过水平空间维度和垂直空间维度的结合，可以将生产空间与自然生态空间在立体空间上进行融合，构成择低融合式、择低飞地式、择低毗邻式、居中融合式、居中就地式、择高就地式6种空间融合模式（表6-8）。

产业空间与自然生态空间的立体融合模式　　　　表6-8

空间一体融合模式	产业类型	空间融合关系	产业融合	生态效益
择低融合式	农林业、休闲旅游业、康养服务业	海拔较低的自然生态空间，自然生态空间即产业载体	第一、第三产业	良
择低飞地式	制造加工业、科技服务业	海拔较低的自然生态空间，生产空间以交通区位良好、服务设施齐备、生产条件完善的建设用地空间为主要载体	第二、第三产业	中
择低毗邻式	休闲旅游业、康养服务业、科技服务业	海拔较低的自然生态空间，生产空间毗邻自然生态空间，配套相应的服务设施	第一、第二、第三产业	中
居中融合式	农林业、休闲旅游业	中海拔的自然生态空间，自然生态空间即产业载体	第一、第三产业	优
居中就地式	休闲旅游业、康养服务业	中海拔的自然生态空间，以自然生态空间作为产业载体，在其内部配套服务设施	第一、第三产业	良
择高就地式	生态观光旅游、特殊类型的科技服务业	高海拔的自然生态空间，以自然生态空间作为产业载体，在其内部配套少量服务设施	第三产业	良

（资料来源：作者制作）

以上6种空间融合模式，可以促进自然生态空间的物质与能量在立体维度的流动与循环，有利于自然生态空间持续高效地发挥其生态效益。商洛"一体两翼"地区的第一产业空间布局，形成5个农林业产业区。其中，山地林业拓展区以蟒岭为中心，布局山地林业生产区；近郊绿色果蔬区依托商州、丹凤、洛南三大城区发展；川道生态农业区依托荆河和丹江构建两条川道生态农业带；沟道特色山货种植区依托4条生态沟峪进行发展；低山丘陵规模化种植区布局中药、食用菌等农作物种植（图6-18）。商洛"一体两翼"地区第二产业发展重点为现代材料、新能源、机械装备制造、节能环保、中药加工、绿色食品加工六大产业，形成"三区十一园"的第二产业空间格局[242]（图6-19）。商洛"一体两翼"地区第三产业发展文化旅游、健康养生、科技服务、商贸物流四大领域，形成"两区、两带、四基地、十景点"的第三产业空间格局。空间布局上，以蟒岭中央生态体验区和荆河农业休闲体验区为核心区，其他基地和景区将旅游功能与城镇功能进行融合，产业空间与自然生态空间进行融合（图6-20）。

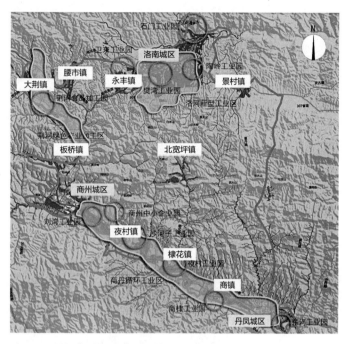

图6-18 商洛"一体两翼"地区第一产业空间布局图
（图片来源：作者自绘）

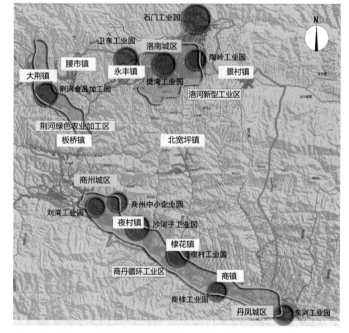

图6-19 商洛"一体两翼"地区第二产业空间布局图
（图片来源：作者自绘）

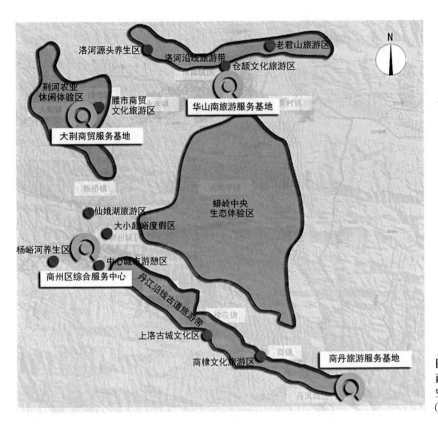

图6-20 商洛"一体两翼"地区第三产业空间布局图
（图片来源：作者自绘）

6.2.4 "浅绿—中绿—深绿—全绿"类型的城乡空间一体多元

绿色发展的城市集群区域城乡空间强调城乡一体融合，构成兼具生态、生产、生活功能的人居空间，依托城乡流动网络促进各种"流"无障碍流动，围绕不同节点发展城市（镇）及综合服务社区、绿色产业社区和农村社区，各类节点在多中心聚集功能的基础上，通过生态位势产生要素流动，串联组合形成区域整体，构成"浅绿—中绿—深绿—全绿"绿色发展的空间格局。

在城市（镇）地区，依托城市服务网络和公共服务设施，以绿色发展目标引导为开发原则，围绕不同主导功能的服务中心节点，在以适宜非机动车交通的范围内，建设布局紧凑、功能复合的浅绿型人居空间，成为集聚城镇人口、提升公共服务功能的重要空间载体。

在绿色产业社区中，结合交通线路及物流枢纽建设，促进产业结构提升转型和发展集聚，建立集约高效的绿色制造加工产业区；同时，靠近产业区布置部分居住及综合服务设施与绿色产业相融合，建设中绿型人居空间，实现资源能源的梯级利用与废弃物的综合再利用，并通过第三产业的引入延伸绿色产业区的产业链，使之成为推进传统产业转型、特色产业培育的绿色发展引导地区的空间载体。

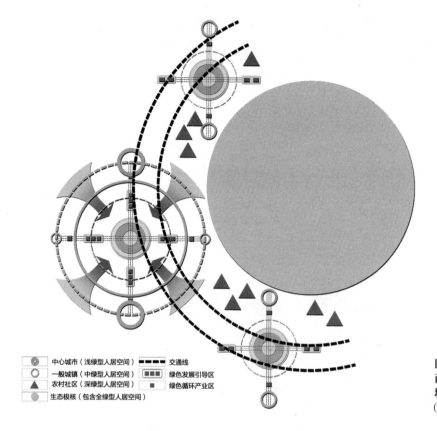

中心城市（浅绿型人居空间）　　交通线
一般城镇（中绿型人居空间）　　绿色发展引导区
农村社区（深绿型人居空间）　　绿色循环产业区
生态极核（包含全绿型人居空间）

图6-21 商洛"一体两翼"地区一体多元城乡空间模式
（图片来源：作者自绘）

　　农村社区以生态空间、生产空间及生活空间的耦合为导向，通过合理的土地整理，基本公共服务设施的建设，拓展地区的生态服务功能、农业生产功能和基本生活服务功能，并结合休闲旅游、康养服务、科技服务等特色产业，使之成为城市的生态安全缓冲区，建设深绿及全绿型人居空间，形成城乡功能互补、绿色发展程度相宜的空间发展格局。

　　多元一体的城乡空间与自然生态空间共同构成商洛"一体两翼"地区的整体空间结构，区域中的城乡空间在自然生态空间一体框架下，依托生态极核和生态基质环绕布局，城乡节点通过生态联系带和网状生态廊道来引导自身的空间发展，并以生态产业链进行功能链接与组合，形成一体多元的城市集群区域空间模式（图6-21）。

　　在商洛"一体两翼"地区，商洛中心城区为区域内的中心城市，洛南县城、丹凤县城为区域内的一般城市；景村镇、永丰镇、腰市镇、大荆镇、板桥镇、北宽坪镇、夜村镇、棣花镇、商镇为综合服务社区，其中，北宽坪镇是蟒岭中央生态体验区的旅游服务中心，蟒岭区域内的八里桥、史家坪、河底村为一级旅游服务农村社区；刘家台、分水岭、槐树台、何家塬、会峪、白岭村、广东坪为二级旅游服务驿站点；峡口村、韩子坪村、郭湾村、四岔口、小宽屏、张河村、王那、腰庄、白家台、马河、芋子槽村为三级旅游服务驿站点，构成生态绿心内的三级城乡体系空间布局（表6-9、图6-22）。

商洛"一体两翼"地区蟒岭三级城乡体系空间布局　　　　表6-9

级别	名称	内容	人居空间类型
一级服务区	八里桥乡、北宽坪镇（旅游服务中心）、史家坪、河底村	游客服务中心、青年旅社、民宿、山地旅馆、森林小火车站、自行车租赁点、商业设施、医疗救援、公共停车场、公厕	深绿型人居空间
二级服务点	刘家台、分水岭、槐树台、何家塬、会峪、白岭村、广东坪	商业服务、休闲娱乐设施、民宿点、交通换乘点、自行车租赁点、公共停车场、公厕、农家乐	全绿型人居空间
三级服务点	峡口村、韩子坪村、郭湾村、四岔口、小宽屏、张河村、王那、腰庄、白家台、马河、芋子槽村	民宿、停车点、自行车服务站、公厕、商业点、度假旅馆、休闲娱乐设施	全绿型人居空间

（资料来源：作者制作）

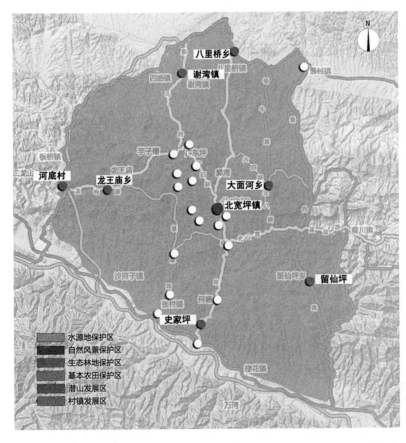

图6-22 商洛"一体两翼"地区蟒岭三级城乡体系空间布局图

（图片来源：作者自绘）

同时，商洛中心城市及洛南县城、丹凤县城2个一般城市之间，依托丹江、南秦河、县河、板桥河形成2条绿色发展小城镇引导区，分别为商丹文化旅游带和洛商休闲旅游带，商丹文化旅游带由洛南、永丰、腰市、大荆、板桥等主要城镇带动周边21个乡村发展山涧生态

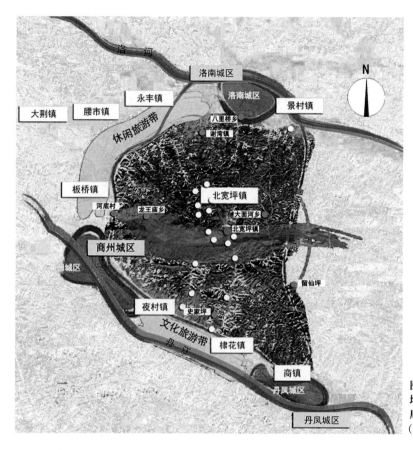

**图6-23 商洛"一体两翼"
地区五级城乡体系空间布
局图**
（图片来源：作者自绘）

文化旅游，以大地农业景观、历史人文景观、中高端乡村旅游为产业特色；洛商休闲旅游
带由夜村、棣花、商镇等主要城镇带动周边地区10个乡村发展休闲旅游。城乡节点通过生
态联系带和网状生态廊道以生态产业链进行功能链接与组合，形成五级城乡体系空间布局
（图6-23、表6-10）。

商洛"一体两翼"地区五级城乡体系空间布局 表6-10

级别	职能类型	名称	人居空间类型	空间模式
一级	区域中心城市	商洛中心城区	浅绿型人居空间	
二级	区域一般城市	洛南县城、丹凤县城	中绿型人居空间	

续表

级别	职能类型	名称	人居空间类型	空间模式
三级	主要城镇	洛南、永丰、腰市、大荆、板桥、夜村、棣花、商镇	深绿型人居空间	
四级	乡村社区	留仙坪、史家坪、北宽坪、八里桥、谢湾、大面河、龙王庙、河底	深绿型人居空间	
五级	农村旅游服务点	刘家台、分水岭、槐树台、何家塬、会峪、白família村、广东坪、峡口村、韩子坪村、郭湾村、四岔口、小宽屏、张河村、王那、腰庄、白家台、马河、芋子槽村	全绿型人居空间	

（资料来源：作者制作）

　　在绿色发展的区域城乡空间模式中，商洛城区为浅绿型人居空间，更具有绿色发展的复杂性、连续性和适应性需求，本书将进一步在中微观层面探讨其绿色发展的空间模式。

6.3　商洛城区复合流动空间模式

　　商洛城市空间绿色发展目标体系在生态环境保护、经济发展、社会进步三个层次，以单项指标的量化标准为考核性或引导性目标参照，对商洛城市的空间建设发展进行动态导控。对城市空间结构而言，就是通过规划干预作用使城市生态空间、经济空间、社会空间达到整体城市空间的绿色发展，使城市空间结构提升有机自组织的能力，在遵循原有城市空间结构遗传基因的前提下，城市空间的各要素协调共生，各种"流"持续动态优化。这三个层次的目标集中体现在城市空间发展中自然空间结构的生态互动、经济空间结构的协同调适、社会空间结构的演替更新，以构成城区空间的整体结构。

6.3.1　自然空间结构的生态互动

　　城区自然空间结构指各种自然生态要素共同构成的空间布局结构，表现为人居环境与生态系统的互动。

城区自然空间结构的生态互动首先应考虑整体自然空间结构的优先连续性，在空间拓展时避免对自然空间结构的干扰和破坏。因此，将自然生态空间基底作为自然空间结构生态整合的基础，以保护自然生态空间内的各类生态要素；利用自然生态屏障构筑城市空间的生态安全基础，在空间结构中，通过生态网络，将林地、水系、山体等原生自然生态空间，农田等半自然生态空间以及城市各类绿地等模仿自然的人工生态空间彼此连结，建立城市与自然生态系统的"共生链"。在城区整体空间格局上，呈现柔性界面的交错镶嵌状形态，这种结构可以扩大生态界面与人居界面的交叉融合，提高空间的异质性及在生态系统上的利用效应，也是城区空间结构"混沌"与"有序"原则的结合，使高密度建设的人工环境带来的生态缺失得到平衡。

1. "交错互动"的自然空间生态格局

商洛城区所处的自然生态空间是由相互平行延伸的多个山脉相邻并包含带状河流谷地的环绕廊道式结构。山脉腹地是主要的生物物种栖息地、生态基质和生态屏障，如城区北部的金凤山、松道山，西部的老虎岭，南部的龟山、静泉山等山体，呈带状延展；河流谷地是生态缓冲区和生态廊道，如城区西北角的二龙山水库，城区西侧的南秦河，东侧的东干渠、刘家河，中部穿城而过的丹江等河流水域，呈"一"字形的带状廊道。山水格局构成了自然生态空间基底，在空间结构上，山体相互簇拥汇聚形成了环状形态与城市整体空间交错融合；主要河流沿岸形成的包含河流、滨河绿地和浅山林地等多条带状放射空间与城市绿色发展的基面进行链接融合；城区内部的公园等块状绿地成为位于环形与带状自然空间结构要素的斑块，通过自然空间系统的整合，作为城市绿色发展的基质，促进生态要素的流动，以保护城市生态环境的稳定及物种的多样性。其自然空间的生态整合通过"环状簇拥、廊道延伸、斑块整合"的"交错互动"空间模式，在城市空间与自然生态空间的边缘交界形成高复杂度的生态环境，含更丰富的生物多样性活动概率，支持多层次的植被系统。廊道的连续性及与斑块基质的横向联系，提供更多植被、生物移动、水文过程的水平生态流动（图6-24）。

商洛城区的自然空间以山体、水系、沟峪、城市绿地等生态要素构成整体生态格局，其中，城区外围的金凤山、二龙山、东龙山、静泉山等自然山体，构成环状生态基底；龟山是

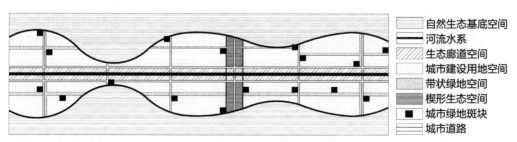

图6-24 商洛城区自然空间交错互动模式示意图
（图片来源：作者自绘）

自然生态基底空间
河流水系
生态廊道空间
城市建设用地空间
带状绿地空间
楔形生态空间
城市绿地斑块
城市道路

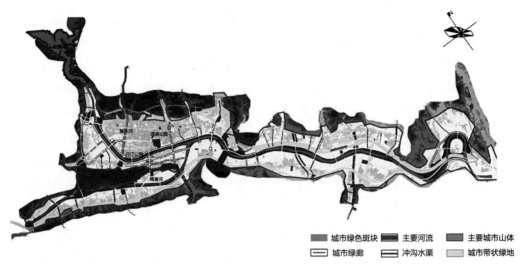

图6-25 商洛城区自然空间生态格局
（图片来源：作者自绘）

城区最关键的景观生态要素，构成生态核心区；丹江、南秦河、仙娥湖等河流水系共同构成流动生态廊道空间；城区内部依托沟峪、道路、河流构成多条带状绿地空间；东龙山—静泉山及张村—沙河子之间的楔形生态绿地，作为东、西城区之间的隔离带，控制城区边界，防止东西城区蔓延连绵，同时贯通龙山、丹江，为城市提供通风走廊和休闲游憩空间，构成自然生态基底与城区空间的生态联络；城区公园及街头绿地构成城区绿地斑块，整体空间格局为"一环、两轴、两楔、七廊、多斑"，呈明显的带状空间形态（图6-25）。

2. "山体、水系、沟峪"空间边界生态控制

城区自然空间结构的生态互动应保证整体自然空间结构的优先连续性，避免对自然空间结构的干扰和破坏，对于山体、水系、沟峪等半自然农林生态系统的空间边界进行相应控制。

（1）山体边界控制

根据商洛城区的地形地貌条件，将山体控制边界划分为适宜建设区、限制建设区和禁止建设区3个控制层级。适宜建设区主要分布在丹江、南秦河两岸的河流腹地平坦区域，坡度为15%以下，地质地貌条件较好，可以进行城市建设活动；限制建设区主要分布于以金凤山为主体的城区北部山体与城区过渡地带及部分沟峪，坡度为15%～25%之间，可以在控制用地功能及建设规模的前提下适当进行城市建设活动；禁止建设区主要分布于龟山、金凤山为主的自然山体，坡度为25%以上，作为城区重要的生态保护区，严格禁止城市建设活动（图6-26）。

（2）水系边界控制

商洛城区内的水系主要由仙娥湖、丹江、南秦河及其次要支流、冲沟构成。仙娥湖作为商洛城市水源地之一，按照水源地生态保护要求严格控制水库大坝上游开发建设活动；位于城市未建成区的河流水体，严格保护水体河道的自然岸线，维系水系的开敞性，保持沿河湿

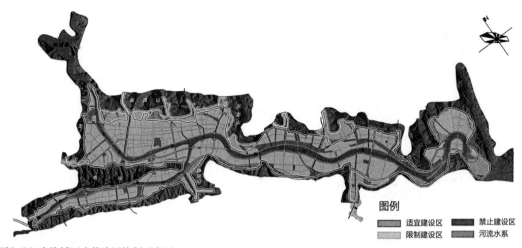

图6-26 商洛城区山体边界控制示意图
（图片来源：作者自绘）

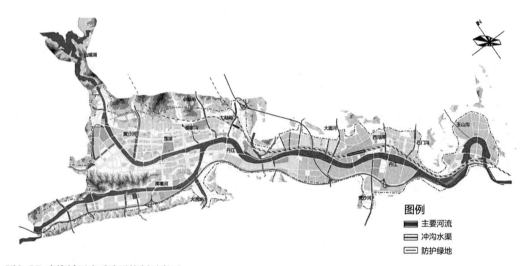

图6-27 商洛城区水系边界控制示意图
（图片来源：作者自绘）

地及自然泛洪区边界，禁止各项建设活动；城市建成区内的丹江、南秦河、黄沙河等河段及冲沟地段，沿岸设置水体防护绿地，在保证防洪安全的基础上，水体防护绿地宽度分别为丹江沿岸不小于30m，南秦河、黄沙河沿岸不小于10m，其他冲沟沿岸不小于8m，并尽可能采用自然驳岸形态（图6-27）。

（3）沟峪系统生态控制

商洛城区内较大的沟峪包括蟒龙峪、黄沙沟、小龙峪、张峪沟和蒲峪沟，针对沟峪系统的生态控制，首先保证其引渠排水的生态服务功能。在此基础上，位于城市未建成区的沟峪

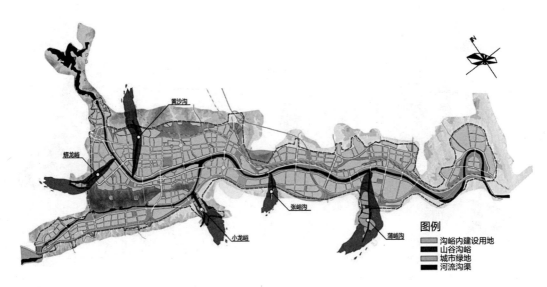

图6-28 商洛城区沟峪系统生态控制示意图
（图片来源：作者自绘）

地段，进行差异化控制，如蟒龙峪、黄沙沟、张峪沟位于龟山、金凤山生态敏感区内，以生态保护为主，禁止开发建设活动，小龙峪和蒲峪沟等用地条件较好的地段，可适当采取低强度开发方式，结合特色农林业设置少量的生态旅游产业项目；位于城市建设区内的沟峪地段，重点建设滨水绿地及开敞空间，形成模仿自然的人工生态系统，顺应地形，采用分台、软质、缓坡等多样岸线形态，与城区内的丹江、南秦河沿岸带状绿地空间构成体系（图6-28）。

（4）城区绿地系统生态控制

商洛城区绿地系统的生态控制以增强自然空间结构与人工环境的空间渗透性为主，提高自然空间结构的边缘生态效应。

商洛城区绿地节点选择度分析表明，城区内绿地不成体系，空间分布极不均衡，特别缺乏城区内部的人工景观游憩空间及生态服务空间。作为生态基质和生态廊道的半自然景观游憩与生态服务空间选择度较高，如龟山公园、金凤山公园、静泉山公园、龙山公园等城市郊野公园，河流沿岸的丹江公园，对城区空间生态效能的提升提供了基础；但作为生态斑块的城区内部人工景观游憩空间及生态服务空间较为缺乏，使城区内部的生态流处于分割孤立状态，生态效应不高。因此，城区内的绿地系统应注重绿带与城市山体、水系、道路等结合形成线状交织的绿地网络，增设生态斑块绿地，建设城区绿地整体系统，形成"一环、两轴、两楔、七带、十园"的空间结构。"七带"为依托道路、河流在城市组团内部形成的绿化带，包括马莲峪河绿带、黄沙河绿带、龟山南路绿带、柳家河绿带、东环路绿带、福银高速绿带、新平路绿带。"十园"为5个城市公园，包括丹江西公园、丹江中公园、丹江东公园、烈

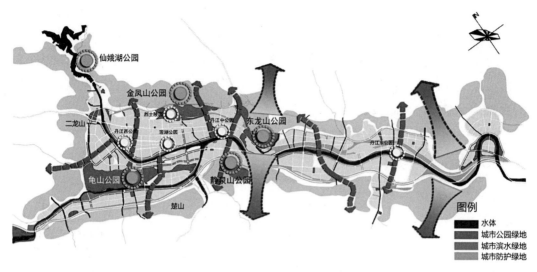

图6-29 商洛城区绿地系统空间结构示意图
（图片来源：作者自绘）

士陵园和莲湖公园；5个郊野公园，包括仙娥湖公园、龟山公园、金凤山公园、静泉山公园和东龙山公园（图6-29）。

6.3.2 经济空间结构的复合连通

1. 连通生态关系的产业空间结构

产业经济活动是城市经济空间结构最重要的内在机制，绿色发展的城市经济活动强调要素布局的生态高效。一方面，可以促进经济发展中的资源利用；另一方面，通过产业的空间布局实现产业生态链的合理承接，完善绿色经济引导下的城市整体可持续运行。

对于城区的各类经济产业而言，可达性和土地资源是制约其空间分布的主要因素，根据各类产业对二者的依赖程度可以将其划分为可达性制约型、中间制约型、土地制约型和均匀制约型四种。土地制约型多以城市内主导的第二产业为主，这类产业在城市中经济规模占比较高，对环境的影响度也较高，在城市代谢系统的生态关系中往往呈现掠夺和控制关系，如商洛城市的加工制造业、采掘业和循环加工业。但是，若掠夺关系表现的净物质交换主要为废弃物、污染物时，这种关系更接近于吸收和消化，倾向于共生作用。因此，在土地制约型的产业发展中循环加工业就具有明显的生态关系优势，在空间发展中应该通过集聚延伸模式进行功能和生态产业链的组织。可达性制约型多以城市内高层级的第三产业和公共服务业为主，这类产业要求具有便捷高效的功能空间，反映在城市代谢系统中往往呈现出共生关系，对城市代谢具有重要影响，在空间发展中应该通过中心辐射模式与城市其他功能空间进行连通。中间制约型以城市中的小规模工业或生产性服务业为主，如一些技术服务业、物流服务业、无污染的小规模加工业等，这类产业要求具有交通便捷且一定规模用地的功能空间，反映在城市代谢系统中往往呈现出竞争与共生关系，这类产业对城市代谢系统的支持度较高，但目前的物质交换途径不足，在空间发展中应该通过星状联系模式与城市的其他功能空间进行复合。均匀制约型以中低层级的第三产业为主，其中接近于居民生活的一些基础服务业与家庭消费极为相关，如商洛城市代谢系统的分析表现出家庭消费促进了城市的物质流动，但其感应度小，没有充分发挥系统功能，说明这类产业空间的配置不足，在空间发展中应该通过多点分散模式与城市的社会功能空间进行复合（表6-11）。

商洛城区不同类型经济产业的空间模式　　　　　　　　　表6-11

制约类型	产业类型	空间模式	在城市代谢系统中的生态关系主导作用
土地制约型	城市内主导的第二产业为主	集聚延伸模式的多维产业链空间	控制
可达性制约型	城市内高层级的第三产业和公共服务业为主	中心辐射模式的多功能连通空间	共生
中间制约型	城市内的小规模工业或生产性服务业为主	星状联系模式的多功能复合空间	竞争与共生
均匀制约型	中低层级的第三产业为主	多点分散模式的社会功能复合空间	共生

（资料来源：作者制作）

商洛城区中现有的商丹循环工业园区，已有78家企业入驻，以新能源、新材料产业类型为主，主要集中布局新能源材料循环产业链、盐化工和水泥生产循环产业链、氟材料循环产业链、锌及锌合金材料循环产业链、煤电产业循环产业链、高端钒循环产业链等6条循环经济产业链，形成闭合产业链条的产业共生网络。这类产业空间需要通过集聚模式进行产业链延伸，空间布局紧凑，以形成集群空间效应，并且这类产业在城市代谢系统中的生态关系为控制作用，从商洛城区工业用地的控制度分析，控制值较高工业用地布局会对城市生态环境造成一定影响。因此，这类产业空间布局于中心城区东部较为适宜，以减少对周边地区生态环境的破坏（图6-30）。

在城市代谢系统中生态关系为共生作用的产业经济活动，多为第三产业和公共服务业、生产性服务业，空间布局需要考虑交通可达性、配置均等性需求，其空间结构的合理性有助于城市空间的集约发展与整体生态效益提升。商洛中心城区现状商业服务业用地深度值过高，表明城区部分地段的商业服务设施空间布局尚不完善。商洛城区的滨水空间是城市代谢系统共生生态关系的重要空间，丹江与南秦河既是城区重要的生态水系，也是居住—消费活动的聚集场所，两江四岸的第三产业和服务业设置，对于激发城市活力，提高城市产业经济功能的连通性，复合多种产业经济活动具有关键意义。可根据不同经济活动类型，结合沿

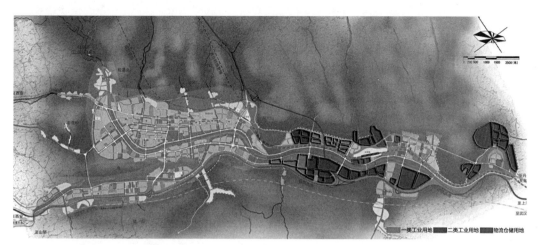

图6-30 商洛城区工业用地空间布局图
（图片来源：作者自绘）

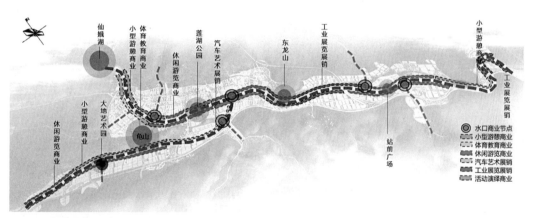

图6-31 商洛城区两江四岸产业空间布局示意图
（图片来源：作者自绘）

河周边城市用地的功能空间类型，设置如小型游憩商业、体育教育商业、休闲游览商业、活动演绎商业、工业展览展销、汽车艺术展销等产业类型，并创造多种形态的小尺度公共空间，构成带状连通、多点分散的第三产业空间模式（图6-31）。

从城市整体空间结构可以看出，工业产业空间结构以疏散主城区工业控制度为目标，通过构建循环产业集聚核心，依托城市发展轴线，拓展生态产业链空间，形成"沿轴、三区"组团分布结构。"沿轴"指沿河流形成的城市空间发展主轴；"三区"指商州综合服务区、商丹循环工业园区和工业园东部组团；在三区组团中分别形成功能核心，包括综合服务区的行政办公商业中心、莲湖公园商业中心和火车站区商业中心，商丹循环工业园区的南组团核心、西组团核心和中组团核心，以及工业区东组团核心（图6-32）。

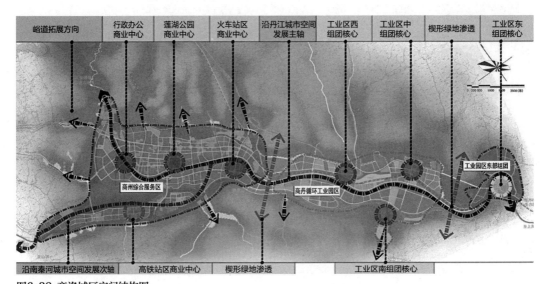

图6-32 商洛城区空间结构图

（资料来源：商洛市"一体两翼"中心城市建设规划，西安建大城市规划设计研究院，作者改绘）

2. 交通—用地—功能一体化复合空间结构

在绿色发展的城市空间维系多样共生原则下，适度竞争与干扰才有利于合理的资源配置与高效利用，为避免各类产业的过度竞争，应根据不同类型特征分别对其进行合理的空间定位与土地资源配置，这还需要对城市土地的利用方式进行调整完善，特别是土地功能布局的多样性、混合性及空间协调性。自然生态系统、循环经济系统与社会生活系统活动开展的每一种功能空间都呈现出混合的物质空间形态，这种混合形态有助于形成协调的城市功能布局，提高土地的利用率和产出率，利于城市不同类型产业的相互链接，这也是绿色发展目标在土地利用方式上的空间体现。

由此，城市经济空间的各种功能与用地在空间上的结合是完善经济空间结构的关键。在城区尺度层面上，大尺度而且单一功能组团的链接模式，往往降低了城市网络的功能效率，造成交通—用地一体化连接界面的缺乏，影响了城市经济产业的链接循环与要素流动。而城市空间绿色发展基面以交通短路径出行模式从交通—用地—功能的一体化复合界面连接各类城市要素，在小尺度上创造城市活动微循环产生；其次，城市绿色发展的目标体系中也将慢行环境视为重要的指标因子，以促进城市交通与用地连接界面的功能延伸，从而缓解城市交通拥堵、城市功能空间效率低下的问题，以慢行交通主导的空间发展模式，会带来高效多重的网络连通效果，使城市的各类功能空间效应相互强化（图6-33）。

依据商洛城区的空间结构特征，城区构建以林荫道和城市步行道为主要骨架，融合休闲广场、滨水漫步道、登山步道、公园休闲步道、社区康体步道等多种形式的步行空间，形成"层次化、主题化、网络化"的城市步行交通体系，在重点地段以慢行交通强化空间连通

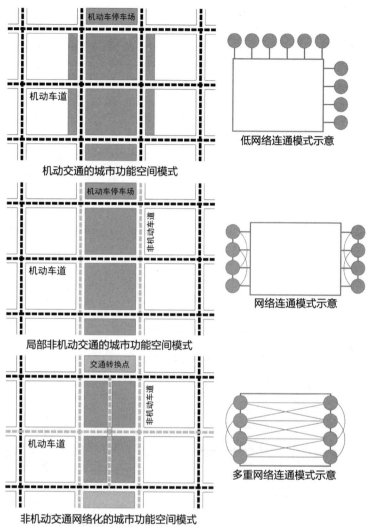

图6-33 商洛城区交通—用地—功能的一体化复合空间模式示意图
（图片来源：作者自绘）

效应。沿城区主要景观轴线（北新街—工农路、商州路—州城街、中心街等）设置城市林荫步行道，强调景观性和连续性；绿色康体步行道由登山步道和莲湖公园步道组成，强调生态性和康体性；滨江步行道由丹江步道和南秦河步行道组成，强调亲水性和趣味性；城市一般道路步行空间，作为居民出行的主要步行道路，强调道路配套设施的完整性和舒适性（图6-34）。

结合城区慢行交通体系，对城区的重要街道断面进行设计改造。如北新街—工农路为老城区中速生活性干路，设置城市林荫步行道，拓宽步行空间，加强交通与周边商业设施的联系；商州路—州城街为城区中速景观性主干路，设置城市林荫步行道和自行车专用道，优化

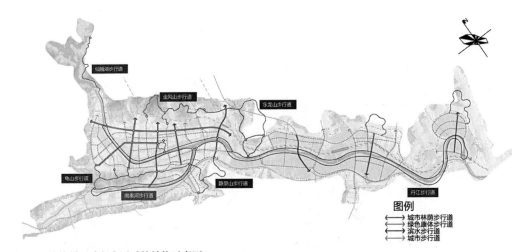

图6-34 商洛城区步行交通系统结构示意图
（图片来源：作者自绘）

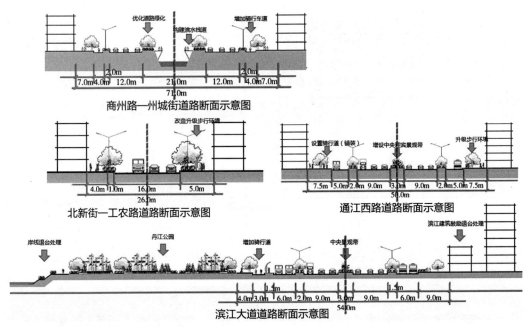

图6-35 商洛城区重要道路断面示意图
（图片来源：作者自绘）

城区交通联系；滨江大道为中速景观干道，是商洛城区风貌展示及市民休闲游憩的重要空间，设置滨江步行道和自行车专用道，加强交通与城市公共空间的联系；通江西路为城区慢行景观道，是金凤山和龟山的景观视线联系通廊，设置滨水栈道步行空间和自行车专用道，使交通、休闲娱乐、文化演绎、商业办公等功能融为一体（图6-35）。

在城市整体交通系统构架中，采用分级联系、多重感知的网络结构，以沪陕高速和西商

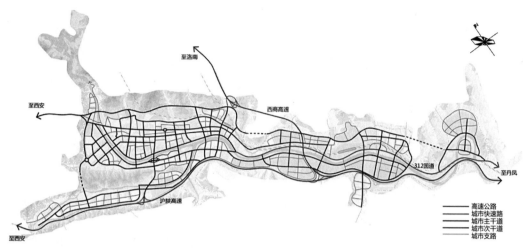

图6-36 商洛城区道路交通系统结构示意图
（图片来源：作者自绘）

高速作为高速通道骨架，G312国道作为商洛带状城市的横向快速交通主线，北新街、滨江大道、工农路、商鞅大道、通江西路等作为城市主干路骨架，城市中心区和老城区设置为低速慢行区，完善城区内"短路径"交通网络，在城市空间带形延伸基础上，加强城市东部、南部拓展用地的交通联系便捷度（图6-36）。

城区分级联系、多重感知的交通网络体系下，结合商洛城市的山水格局及整体空间结构特征，根据城区建设用地的功能分区，设定混合功能的空间组团，构成交通—土地复合基面。在商州综合服务区内，设置6个混合功能组团，分别为城西办公商住混合功能组团、老城区商住文化混合功能组团、北门商住物流混合功能组团、西门文体商住混合功能组团、南秦河综合居住功能组团、南门综合居住功能组团；商丹循环工业园区内，设置2个混合功能组团，分别为循环产业物流混合功能组团、产城融合功能组团；工业园区东部组团为产城融合功能组团（图6-37）。

在用地—功能混合利用基础上，根据功能需求及生态廊道要求，对城区建设用地的开发强度进行合理导控，以实现土地经济效益与生态效益的平衡。开发强度通过地块开发密度、容积率及建筑高度体现，划分为高强度、中等强度、一般强度和低强度4个级别，高强度地块容积率为3.0以上，建筑高度大于60m，主要分布于城西办公商住混合功能组团、北门商住物流混合功能组团和商丹循环工业园区产城融合功能组团的核心地区，以商业中心及商务办公为主导功能；中等强度地块容积率为1.8~3.0，建筑高度为24~60m，主要分布于各组团商业次中心区域及高层住区，以商业及居住为主导功能；一般强度地块容积率为1.2~1.8，建筑高度为12~24m，主要分布于各组团多层住区及商丹循环工业园区，以公共服务、居住、产业生产为主导功能；低强度地块容积率小于1.2，建筑高度低于12m，主要分布于老城区商住

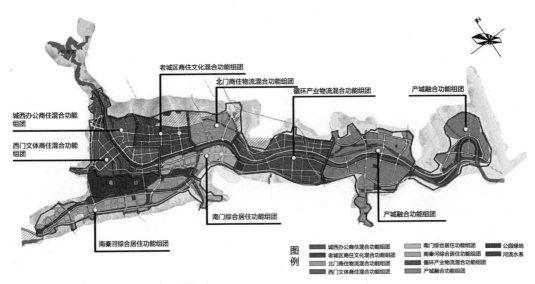

图6-37 商洛城区混合功能组团空间结构图
（图片来源：作者自绘）

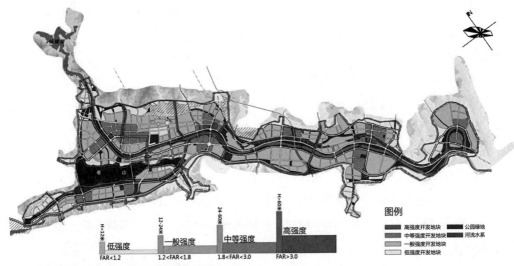

图6-38 商洛城区建设用地开发强度控制示意图
（图片来源：作者自绘）

文化混合功能组团及各组团沿山低层低密度住区，以公共活动、文化娱乐、居住为主导功能（图6-38）。特别是城区山体边界和沟峪边界周边的建设用地，只可进行一般强度和低强度开发，避免过度开发对自然空间结构完整性的影响和破坏。

6.3.3　社会空间结构的包容稳定

城市的社会空间结构涉及思想、文化和社会意识等非物质空间因素，体现了城市空间发展的"非线性"复杂系统的特征。

商洛城市的绿色发展目标在社会进步目标层，通过人口素质水平、基础设施完善、生活模式健康、社会管理高效等因素提出了社会空间结构的发展导向，反映出绿色发展社会空间的基本图式和本质特征。立足生态系统的稳定运行，要实现城市整体生态的高效运作，必须保证社会资源和产品的合理分配，来提高社会的空间运作效率。因此，基础设施与公共服务设施的体系完备，对城市空间运转的时间效率和资源效率的提升极为重要。在城区空间结构构成中，提出城市空间发展基质正是催化高效性及创造安全、舒适的社会生活环境的关键，对于这些催化基质在城市空间发展中的配置要基于城市的现状和历史沉淀。城市原有的社会空间结构是城市自然、经济和社会文化基因的积淀与传承，维护传统要素关系与空间形式特征是城市社会空间结构持续发展的重要因素。

商洛城市所处的山地与水系环境构成了城市整体空间格局的本底，山水格局与城市空间产生的图底关系，具有中国传统人居聚落单元"负阴抱阳，背山面水"的良好生态单元，是自然环境与人居聚落构成融合统一的理想空间形态。维护生态要素与空间形式特征，保护整体的自然山水格局，既能保证城市自然空间格局与形态的完整，也是对传统山水城市文化的承继。

商洛城区内存有1处历史文化街区和3处历史文化价值较高的文化遗址，是商洛历史文化的重要空间载体。依据"统一规划、分类管理、有效保护、合理利用、利用服从保护"的原则，历史建筑与周边环境均按《城市紫线管理办法》的要求进行保护和控制管理（表6-12）。同时，将东背街、西背街、东街、西街及周边地区、东龙山遗址、大云寺、城隍庙、东龙山双塔等历史遗迹作为历史文化展示区，并结合商洛的非物质文化遗产，适当建设文化活动空间场所，如戏院、茶馆等。

商洛城区文化遗址一览表　　　　　　　　　　　　表6-12

文化遗址	建造年代	文化价值	现状概况	保护策略	控制措施
东龙山双塔	明代	省级文物保护单位	位于东龙山风景区，砖质密檐，前塔置八面九级，约33m；后塔置后塬坡上，八面七级，约20m	环境整治为主，主体修缮为辅	核心保护区范围400m，建筑主体日常养护，局部防护加固
大云寺	建于唐代，经多修葺	省级文物保护单位	现存面积8000m²，元末明初建筑风格，主体建筑保存较好	日常保养为主，严格控制周边建筑环境	设置20m核心保护区，展陈、游览设施应统一设计配置，建筑主体日常养护
城隍庙	始建于明洪武二年	省级文物保护单位	现存山门、过殿、献殿、大殿、火神庙、药王庙及厢房，均为砖木结构，彩绘、雕刻和壁画兼南北之长	日常保养为主，控制周边建筑环境	展陈、游览设施应统一设计配置，建筑主体日常养护，局部防护加固

续表

文化遗址	建造年代	文化价值	现状概况	保护策略	控制措施
东背街	清末、民国	历史文化街区	保存较好的清末、民国民居街区，传统街道格局	渐进式保护开发	维系原有街道空间格局，保留老建筑，新建建筑按传统地域风格进行控制建设，周边200m范围划定为传统风貌协调区

（资料来源：作者整理）

　　商洛城区历史上为了保证防洪、灌溉、运输的需要，兴建了众多水利工程，奠定了当地的水系格局，对丹江及南秦河的水系可将保护、防洪与城市建设紧密结合起来，以丹江、南秦河沿线为重要文化展示区域，结合水系形态与城市功能组团，构建郊野生态链、健身动步链、文化演绎链、湿地生态链、艺术展示链，构建商洛城区滨水文脉线，以此串联城市文化活动空间节点，体现历史传统文化、民俗休闲文化和现代休闲文化3种文化类型（图6-39）。

　　城市历史传统文化节点，主要包含历史文化街区——东背街、宗教文化建筑——大云寺、商鞅文化广场、商文化广场、闯王文化广场等，延续城市庙会、灯会等传统活动；城市民俗休闲文化节点，包括丹鹤楼广场、戏曲文化广场、双塔文化广场等，设置民俗文化展示、花灯歌舞表演、文学展览、地方工艺品展销等活动；城市现代休闲文化节点，包括文化艺术中心、物流商贸广场等，设置商务休闲、滨水娱乐、花卉展、运动健身等满足居民健康生活需求的活动。广场设置基于商洛城区建设用地的特征，控制建设规模，利用城区内的不

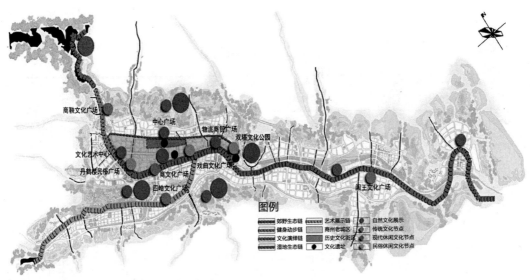

图6-39 商洛城区滨水文脉链空间结构示意图
（图片来源：作者自绘）

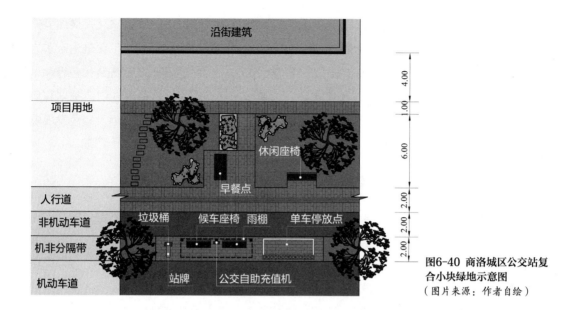

图6-40 商洛城区公交站复合小块绿地示意图
（图片来源：作者自绘）

规则地块及河流岸线，形成多样丰富的空间形态。

在城区建设用地内，尽可能少量设置大型广场，采用快速公交线路及骨干公交线路作为文化展示链，结合公交主要站点位置，沿人行道布局小型街头绿地，作为城区内小尺度公共活动空间，设置候车座椅、垃圾桶、遮雨棚、无障碍设施、早餐店、共享单车停放点、公交卡自助充值设施、电子查询设施、公交路线图、小块绿地等（图6-40），复合居民日常社会活动，并以此构成多点网状空间结构（图6-41）。

图6-41 商洛城区公交线路文化展示链空间结构示意图
（图片来源：作者自绘）

文化是城市空间特征的精神产物，是城市社会空间结构凝聚力的核心。文化发展的多样性会带来稳定性，进一步影响社会生产的效率。城市中各种要素流的活跃可以促进生态系统中的交换产生，带来文化的交流与渗透，多样尺度的文化展示空间有助于促进文化包容性，使文化类型趋于多元，形成丰富的城市生活，为城市的社会空间结构稳定性创造基础和条件，满足不同生理需求和心理需求人群的生活，不同文化价值差异的平衡，以及绿色发展模式的市民文化行为共识。

6.3.4 "功能联结—交错弹性"的城区空间复合流动

绿色发展的商洛城区空间模式由自然生态空间构成基底，交通系统和土地利用方式构成基面，产业体系和基础设施体系构成基质，城区自然空间结构通过周边山水空间与内部绿地空间相互耦合的"交错互动"空间模式为城市提供绿色发展的自然环境条件，以顺应城市自然肌理，保护城市生态脆弱区，形成绿色协调度目标的城市空间。城区经济空间通过交通—用地—功能的复合空间模式，增强城市空间的复合连通功能和空间利用效应，降低城区的资源消耗，促使城市功能要素的联结与流动，形成绿色发展度目标的城市空间。城区社会空间以公共服务设施的完备配置和文化的丰富性，保证社会包容性的提高，改善社会的空间运作效率，形成绿色持续度目标的城市空间。自然生态空间基底、交通—用地基面与催化基质共同作用，构建人工系统与自然系统互相协调的网络化复合流动空间格局，在产业经济空间中以集聚延伸模式的循环产业链空间形成城区循环产业产城融合区，使城市由单纯追求土地效益的单一空间扩张，转向产业、基础设施及居住功能联动、交错弹性的空间发展（图6-42）。

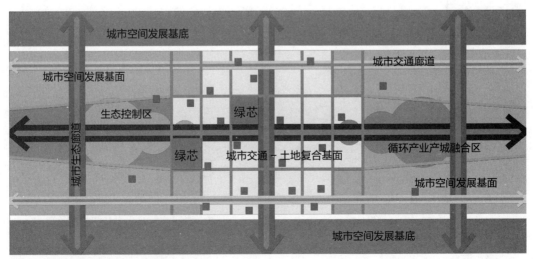

图6-42 商洛城区空间复合流动模式图

（图片来源：作者自绘）

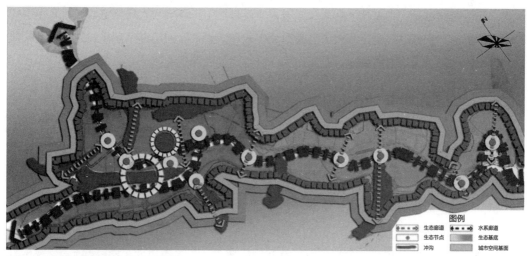

图6-43 商洛城区复合流动空间结构图
（图片来源：作者自绘）

商洛城区整体空间构成"山体成环、绿芯为核、水系为轴、沟峪成廊、功能成组成链"的结构模式。龟山及莲湖公园作为城市空间结构的绿心，与自然生态基底和公共文化活动基质构成一体，城区功能用地以水系轴线方向延展布局，功能关系和空间关系相近的功能空间组合为城市功能组团，组团之间以生态廊道作为空间控制要素，城区西部以老城区为依托，形成综合功能区，功能空间以居民活动需求进行组织，以绿色发展的住区空间模式构成13个城市居住社区；城区东部以商丹循环工业园区为依托，形成产城融合功能区，功能空间以循环产业链进行组织（图6-43）。

6.4 商洛城市住区紧凑宜居空间模式

城市生活空间是市民进行日常社会经济活动的行为场所，也是践行绿色发展理念的空间纽带。住区作为最贴近城市居民生活的基本空间单元，是微观层面推动城市绿色发展的基本空间类型。住区空间是人类聚居空间营建的基本，最早期的空间类型以农业生产需求为组织核心，现代城市住区不仅是以居住需求为核心的空间组织，也是人与自然交融最直接、最频繁的环境场地和社会生活的发生场所。在城市住区中构建适宜于绿色发展目标的空间模式，是提升人居质量，实现绿色栖居与绿色增长的基础环节，也是从城市空间构成的基本单元出发对人居环境营建的探讨。

对于全绿或深绿型的人居空间类型而言，人居空间系统仍然从属于农业生态系统，其组织结构和空间形态依然与生态哲学思想有着内在的联系。商洛城市作为区域中的浅绿型城乡聚落，住区空间也是一个复合生态系统，为了实现自然生态环境与人居环境在城市基本空间单元内的统一，研究通过对传统人居空间单元模式和人类聚居的层级单元模式的分析，构建商洛城市内的绿色人居空间单元，以此作为住区空间模式的前提。

6.4.1 绿色人居空间单元构建的理论基础

1. 中国传统人居空间单元模式

人居聚落模式的发展进程中，隐藏着朴素的生态意识，其物质空间的组织也类似于生态系统的结构逻辑。

（1）传统人居聚落的空间模式

传统人类聚居空间一般多选择在背山、面水、向阳的高爽地带。半坡、姜寨遗址都符合这种选址特征，河流、山丘、台地、居民点共同构成潜在的生态单元（图6-44），反映了自然环境条件与人居活动生态需求相适宜的基本空间模式。

陕南地区江河众多，传统聚落的选址同样构成山体、水系、聚落一体的复合人居生态单元（图6-45）。陕南地区传统聚落的选址具有边缘结构特征，多处于不同地理单元的边缘地带，依山傍水的边缘生境条件为人居活动提供了丰富的生产和生活资料，也具有较好的安全性；沿河谷或沟谷廊道的空间布局，使聚落具有与外界联系通道，构成聚落的门户空间与物

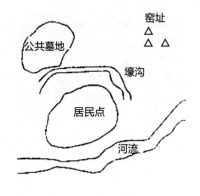
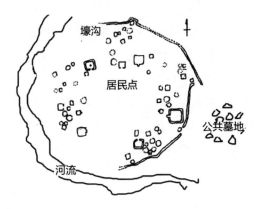

图6-44 早期人类聚居单元空间模式示意图
（注：左图为半坡遗址；右图为姜寨遗址，作者改绘）

（平原盆地型聚落）商洛市选址示意图

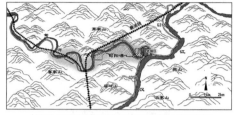

（低山丘陵型聚落）旬阳县城选址示意图

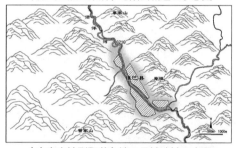

（中高山地型聚落）镇巴县城选址示意图

图6-45　陕南地区不同地理单元下的人居聚落选址示意图

（图片来源：《中国传统建筑解析与传承——陕西卷》第四章编写组）

1. 祖山
2. 少祖山
3. 主山
4. 青龙
5. 白虎
6. 护山
7. 案山
8. 朝山
9. 永口山
10. 龙脉
11. 龙穴

图6-46　风水观中理想的宅、村、城选址

（图片来源：王深法. 风水与人居环境）

质能量流的实体流动空间，保证聚落空间的相对独立及必要的外部流动。这种空间结构与功能特征反映了传统人居聚落的多种生态需求，以满足人类对食物、水源、庇护、生产和物质流动的要求。

（2）中国传统人居聚落的单元模式

中国传统风水理念提出了选择理想人居的基本原则，在不同空间尺度上构成了一套人居模式体系，大尺度形成区域总体性、群体性的空间构成，小尺度形成细节、个性的空间场所，以此限定出不同尺度下适宜人居的地块单元，也使人居环境与自然环境产生紧密的生态关联，反映了中国传统文化影响下的聚落观、界域观、生态观和审美观（图6-46）。

这种模式下的聚落营建在很多传统村落及城镇中都有反映。如陕南地区的旬阳县城与青木川镇，城市处于秦岭山地，选址充分利用河谷地段相对平缓的低山坡地和坡脚，位于山环水绕、适宜人居的小生态单元之内。旬阳县城位于汉江、旬河交汇处，旬河河床成"S"形绕城而过，构成一幅天然的太极图案。城市建于阴鱼岛和阳鱼岛，各居阴阳分界线一侧，形

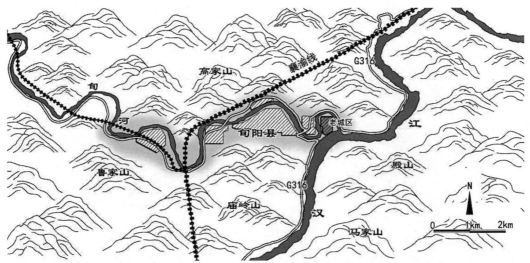

图6-47 旬阳县城空间与环境
（图片来源：作者自绘）

成阴阳相合的均衡态势，首尾相接，对称互抱（图6-47）。青木川镇北靠龙池山，南依金溪河，城镇与印河山隔河相望，形成"负阴抱阳，背山面水"的基本格局，清晰反映出一个由山、水限定出的良好生态单元。单元内山、水、城相互依托，带来良好的生态环境和局部小气候，自然环境与人居聚落构成融合统一的理想空间形态（图6-48）。

总体来看，中国传统聚落选址多位于一个环境良好的宜居生态单元之内，人居与自然之间的和谐关系呈现出良好的空间格局。在生态单元内通过山水等自然条件作为较为明确的边

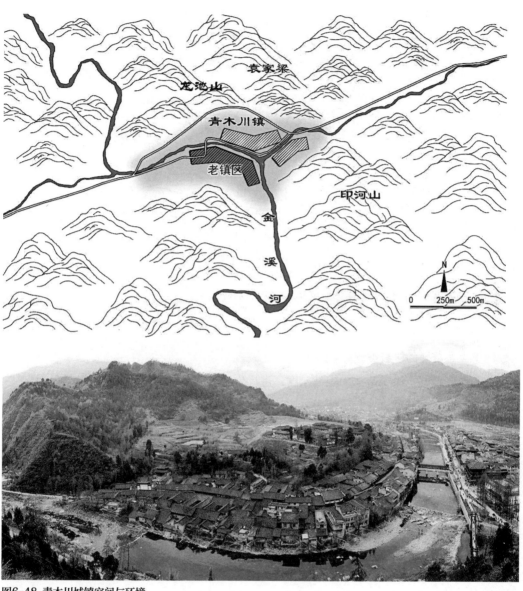

图6-48 青木川城镇空间与环境
（图片来源：作者自绘）

界，限定出一个人居空间单元（图6-49），内部具有相对均衡的良好小生态和小气候，具有
人居生产生活所需要各种条件，通过生产生活与生态循环构成社会组织体系，并有利于进行
防御保护，避免受到外部干扰。

2. 人类聚居的层级单元模式

人类聚居学理论对人居系统的特点进行了深入的揭示。C.A.道萨迪亚斯认为人类的发展必然
导致生态系统的变化，需在更高层面上对人类的聚居行为进行综合的探索，建立全球生态平衡。

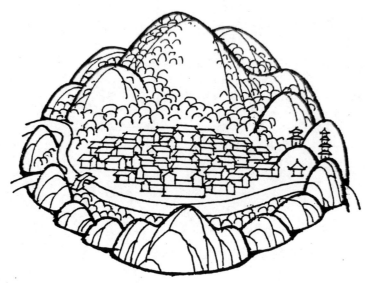

图6-49 基于小生态单元的传统风水理想人居格局
（资料来源：王其亨. 风水理论研究）

（1）生态分区的层级类型

道萨迪亚斯提出人类聚居的全球尺度，进行生态分区类型的划分，将土地分为4种基本类型和12类基本区域。

四种基本空间类型包括：①自然区域保留其自然价值；②农耕区域为人类提供生存条件；③人类生活区域提供人类生活之需；④工业区域作为人类挖掘和处理各种自然资源的地区。

在四种基本空间类型中，根据自然与人的关系，将人类生存陆地区域划分为12类生态分区（表6-13）[243]，人居活动建成区所占的百分比依次提高，工业地带和人类生活区是人居活动的主要空间类型，每类生态分区的生态平衡，必须依赖于低一层级分区的生态平衡。

人类生存陆地区域生态分区类型列表　　　　　　　　　　表6-13

基本空间类型	分区编号	分区类型	功能特征	占全球陆地表面的比重
自然区域	地带1	真正的野生生物栖息地	除科研外，禁止人类活动	40%
	地带2	人类可涉足的野生生物栖息地	机器不得入内，人类可来往，不可居留	17%
	地带3	人类可暂住的野生生物栖息地	人类可参观暂住	10%
	地带4	人类可久居的野生生物栖息地	人类可进入并建设永久性的居住设施	8%
	地带5	人类控制的野生生物栖息地	人类控制利用的自然地带	7%

续表

基本空间 类型	分区编号	分区类型	功能特征	占全球陆地 表面的比重
农耕区	地带6	自然垦殖	传统农业和畜牧业地区	5.5%
	地带7	工业垦殖	现代化垦殖方法涉及的区域	5%
人类生活区	地带8	自然人类生活区	服务人类需求，提供休闲、运动 等特定场地	5%
	地带9	低密度城市（郊区）	以居住为主要功能	1.3%
	地带10	中密度城市	以居住为主要功能，也包括其他 功能	0.7%
	地带11	高密度城市	大城市中心区，混合功能	0.3%
工业地带	地带12	重工业与废弃区域	损害环境品质和工业发展	0.2%

（资料来源：吴良镛.人居环境科学导论）

（2）人类聚居的层级单元

根据人类聚居学，人类生活环境由五大要素组成，自然界、人、社会、建筑物、联系网络。包括各种规模的乡村、城镇。按照聚居规模可以将人类聚居分为15个层级单位。15个层级单位构成3个层面，从个人到邻里是第1层面，即小规模的人类聚居；从城镇到大城市是第2层面，即中等规模的人类聚居；从大都会到全球城市为第3层面，即大规模的人类聚居。每一个层面中的人类聚居单元具有相似的特征（表6-14）[244, 245]。人类聚居学以人口规模和土地面积的对数比例对聚居层级单元进行判定，将12类生态分区与15类人居单元联系起来，可以看出，人类聚居生态系统具有明显的层级结构。

人类聚居单元层级列表（M＝10^6） 　　　表6-14

人类聚居层面	人类聚居单元	社区等级	单元名称	人口数量范围	聚居人口规模
小规模人类聚居	1		个人		1
	2		居室		2
	3		住宅	3～15	5
	4	I	住宅组团	15～100	40
	5	II	小型邻里	100～750	250
	6	III	邻里	750～5000	1500
中等规模人类聚居	7	IV	集镇	5000～30000	9000
	8	V	城市	30000～200000	75000
	9	VI	大城市	200000～1.5M	500000
大规模人类聚居	10	VII	大都会	1.5M～10M	4M
	11	VIII	城市组团	10M～75M	25M

续表

人类聚居层面	人类聚居单元	社区等级	单元名称	人口数量范围	聚居人口规模
大规模人类聚居	12	IX	大城市群区	75M～500M	150M
	13	X	城市地区	500M～3000M	1000M
	14	XI	城市洲	3000M～20000M	7500M
	15	XII	全球城市	20000M及更多	50000M

（资料来源：吴良镛著.人居环境科学导论）

6.4.2 绿色人居空间单元的构成与特征

传统人居聚落反映了自然环境条件与人居活动生态需求相适宜的基本空间模式。但是，随着社会生产力水平的提升，以这种基于小生态单元的传统风水理想人居格局为模型来解决目前城市发展中所面临各种问题并不现实，因此需要通过系统的耦合构成来考虑绿色发展目标下现代城市住区空间的复杂性。

1. 绿色人居空间单元的耦合构成

"单元"（Unit）指整体中自为一组或自成系统的独立单位。它是由相关要素组结在一起，具有独立特征的组合体。绿色人居空间单元的构成来源于人居聚落所处的自然地理空间单元、生态单元，以及人居活动构成的人居空间单元和生态经济网络的耦合，它们相互影响、相互制约（图6-50）。

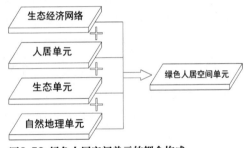

图6-50 绿色人居空间单元的耦合构成
（图片来源：作者自绘）

自然地理单元具有由地貌的破碎性和重复性构成的土地时空特征，是按一定尺度和性质将自然地理要素组合在一起而形成的空间单位，层次不同的地理单元具有不同性质的外延，如以完整地貌进行分区构成的平原、丘陵、山地、流域等单元，或者采用行政区边界与典型地貌相结合形成的不完整地貌分区[246]。自然地理单元的空间特征演化是一种自然历史过程，具有很高的重复性和典型性，是构成绿色人居空间单元的背景条件。

生态单元是指一个具有相同或相似环境条件的区域，并且能够为特定的动植物群落提供的生存环境[247]。生态单元是存在于一定空间和时间中的与其环境相互作用的具有一定结构和功能的生命单元，包括个体、种群、群落、生态系统和生物圈这5个基本等级层次[248]。每个层级都可被视为一个完整的生态单元，其基本空间单元可以由地貌、流域条件来构成，可以契合于自然地理单元的特征。

人居单元反映人类选择和营建的生产生活空间环境，是从自然地理单元的空间特征逐步转化为建立在行政管理关系或人群社会关系之上，成为控制经济单元规模的主导因素。而行政管理界域往往依托于地理单元要素进行界定，受地理单元要素与生态关系的影响，人居单元具有重复性和典型性。

生态经济网络是通过人居聚落空间进行布局，使其内在要素发生相互联系，并受自然地理空间单元及生态单元条件的影响与制约。

绿色人居空间单元是结合生态单元的内在生态规律及经济、社会、文化秩序的外在空间格局，进行人居环境建设发展在土地空间的研究，其时空基础由相对明确的地理界面和人居活动需求共同构成，是自然—生态—经济—社会复合系统内的空间单位。它具有相对完整的人居功能和生态过程，具有一定的规模，具有一定地域文化特质，具有系统性的空间结构，并包含相对完整的生态产业链（网），满足能量流、物质流相对循环的经济社会空间单元，是规划设计可操作的地域空间单元（表6-15）。

不同类型"单元"的基本特征 表6-15

	基本概念	内涵与外延	主要特征	边界
自然地理单元	按一定尺度将自然地理要素组合在一起，形成的空间单位	介于地理基质（最小低层次的独立成分）和地理整体系统之间，按照应用、范畴或层次的不同，有不同容量和性质的外延	组合性、结构性、层次性、时空演化性、重复性、典型性	地形地貌边界及水文界域，较清晰
生态单元	存在于一定空间和时间中的与其环境相互作用的具有一定结构和功能的生命单元	具有个体、种群、群落、生态系统和生物圈等基本等级层次，每个层级都可被视为一个完整的生态单元	层级性、结构性、功能性、时空性	可以基于生命或环境条件为基础，不清晰
人居单元	包括人类利用各种材料和手段建成的人为环境以及人类维持生存延续的心智世界，二者相互作用，构成人类生存发展的空间单位	包括各种规模的乡村、城镇。按照聚居规模可以将人类聚居分为15个层级单位	层级性、结构性、功能性、时空演化性、重复性、典型性、建构性	行政管理界域，明确
生态经济单元	体现经济要素之间的物质能量转化、流动和传递关系的空间单位	包括企业个体内部、企业群体、社会消费多个层次，每个层次都可被视为一个完整的生态经济单元	层次性、流动性、协同性、网络性	经济活动及流动界域，不明确
绿色人居空间单元	自然生态环境与经济社会文化环境复合系统的土地空间单位	具有相对完整的人居功能和生态过程，具有一定的规模，具有一定地域文化特质，具有系统性的空间结构，并包含相对完整的生态产业链（网），满足能量流、物质流相对循环的经济社会空间单元，是规划设计可操作的地域空间单元	结构性、功能性、时空演化性、重复性、典型性、建构性	由相对明确的地理界面与行政管理界域相互作用而界定

（资料来源：作者制作）

因此，人居单元与自然地理单元共同构成绿色人居空间单元的时空基础，生态单元与生态产业链（网）则是探讨绿色人居空间单元内在规律的视角和方法（图6-51）。

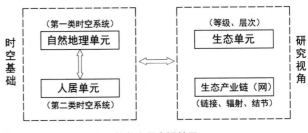

图6-51　绿色人居空间单元的基础构成
（图片来源：作者自绘）

2. 绿色人居空间单元的尺度与规模

结合绿色人居空间单元的土地空间基础，建立在行政管理关系或人群社会关系的人居单元是控制绿色人居空间单元规模和研究主体尺度的主要因素。

城乡规划设计中的空间结构分析一般采用三种尺度层级研究问题：区域、地方和特定场所。依据城市日常生活空间的社会关系，绿色人居空间单元以居民进行日常社会经济活动的行为场所为空间基础，在微观空间层次上通过城市特定场所确定其尺度及规模。

根据自然地理单元、人居单元和生态单元的结构性特征，绿色人居空间单元以城市住区作为研究尺度，依据城市的发展建设条件、道路交通结构、居民聚居规模与特征确定其规模，以此讨论单元构成。

3. 绿色人居空间单元的基本特征

绿色人居空间单元的基本特征是建立在自然地理单元基本类型的基础上，依据地形、地貌、水文、生态资源特征，以人居空间为核心，在地形、地貌、水文、生态、人居环境、经济、文化等方面具有以下特征。

（1）可识别的土地空间

绿色人居空间单元以所处地区的自然地形、资源条件、文化传统、人居活动需求为特征，具有相对明确的边界，在特定地段层面体现较为明确的土地利用方式。

（2）相对完整的生态过程

绿色人居空间单元是耦合人居功能与生态功能的相互关系，构成半开放的人居环境系统。在这一系统中，物质流动、能量流动、生物流动，甚至是信息流动与空间结构相互影响、相互塑造，通过输入、输出、循环的相对完整生态过程将现代城市中原有的线性生态系统转变为循环型生态系统。

（3）生态要素是维持单元内在活力的基础性资源

由生态要素构成的自然空间结构是绿色人居空间单元的基础骨架，水土流失、环境污染、洪涝灾害等诸多生态与环境问题均是在自然生态空间层面体现，生态要素条件是实现绿色人居空间单元内物质与能量循环的基础性资源。

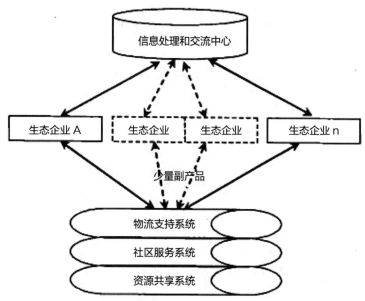

图6-52 生态链（网）共生示意图

（资料来源：李井锋.生态工业共生网络系统的投入产出分析研究）

（4）生态产业链（网）是维持单元整体效率的根本动力

生态产业网络通过将绿色人居空间单元内的共生关系拓展到功能空间，形成以物质和能量循环为基础的经济社会生态系统（图6-52），是绿色人居空间单元整体效率的根本动力。

绿色人居空间单元物质环境要素的系统构成，从自然生态过程、人居环境和物质能量循环过程的表现来看，以土地空间分布及空间布局研究为目的，可以分为三个组成系统，即自然支撑空间系统、人居建设空间系统和社会循环空间系统。

自然支撑空间系统是单元中人与自然交融的空间载体，包括单元中的自然资源要素，如阳光、水、绿化等。人居建设空间系统是单元建设的土地空间，是居住生活和社会经济、政治文化依附的土地空间。社会循环空间系统是物质流、能量流梯级利用与循环的土地空间，包括生态产业（链）网构建、分布所必须的土地空间。

针对人居空间单元的研究已有部分学者在景观生态学和建筑学的综合视角进行探索，提出了基本人居生态单元的概念，这一概念以生态学为出发点，以小流域的水文生态过程为基础，来限定单元生态系统的完整性，通过景观生态空间格局或建筑空间的基本构成确定生态空间结构，以生态治理和生态完整性的基本构架建立单元尺度及特征。本书确定的绿色人居空间单元，是自然地理单元、人居单元和生态单元的结构性特征耦合，以人居空间为核心，立足于城市土地利用方式并可实施管控的空间规模及尺度为基础，以图在城市规划编制、实施及管理中具有可操作性，以有利于城市空间绿色发展的具体落实。由此，确定的绿色人居空间单元在住区空间尺度下进行构建，综合考虑住区空间结构构成的本底要素和功能协同要素。

6.4.3 15hm² 规模的商洛城市住区绿色人居空间单元构建

商洛城区的居住用地主要以丹江、南秦河沿岸及金凤山、大赵峪山麓分布为主。依据商洛城市总体规划（2011—2020年）（修改）中确定的居住用地分布，分为13个居住社区。丹南居住社区位于丹江以南、龟山以北、老虎岭以东、龟山南路以西的范围内，规划居住用地130.04hm²，居住人口4.8万人；江南居住社区位于丹江以南、龟山以北、龟山南路以东、南秦河以西的范围内，规划居住用地79.72hm²，居住人口2.8万人；两江居住社区位于丹江以南、福银高速公路以北、南秦河以东、沪陕高速以西的范围内，规划居住用地54.51hm²，居住人口1.8万人；冀家居住社区位于西合铁路以北、龙山以东、大面河东侧的范围内，规划居住用地46.99hm²，居住人口1.5万人；杨峪河居住社区位于龟山以南、沪陕高速以北、龟山南路以西的范围内，规划居住用地185.45hm²，居住人口7万人；南秦河居住社区位于龟山以南、龟山南路以东、幸福二街以西的范围内，规划居住用地84.75hm²，居住人口3万人。金凤山居住社区位于城区北部，环城北路两侧，规划居住用地面积74.68hm²，居住人口2.6万人；松道山居住社区位于城区西北部，规划居住用地67.13hm²，居住人口2.3万人；城西居住社区位于环城北路以南、丹江以北、黄沙河以西的范围内，规划居住用地84.75hm²，居住人口3万人；城中居住社区位于环城北路以南、丹江以北、黄沙河以东、工农路以西的范围内，规划居住用地107.41hm²，居住人口3.9万人；老城居住社区位于西合铁路以南、丹江以北、工农路以东、朝阳路以西的范围内，规划居住用地79.72hm²，居住人口2.8万人；大赵峪居住社区位于金凤山以南、丹江以北、朝阳路以东、龙山以西的范围内。规划居住用地52.02hm²，居住人口1.7万人；沙河子居住社区位于西合铁路以北、沙沟河以东、自然山体以西的范围及原西涧镇区，规划居住用地79.72hm²，居住人口2.8万（图6-53、表6-16）。

商洛城区规划居住社区一览表　　　　　　　　表6-16

居住社区	用地规模（hm²）	居住人口（万人）	人均居住用地面积（m²/人）	用地区位条件
丹南居住社区	130.04	4.8	27.09	丹江沿岸
江南居住社区	79.72	2.8	28.47	
两江居住社区	54.51	1.8	30.28	
冀家居住社区	46.99	1.5	31.33	
杨峪河居住社区	185.45	7.0	26.49	南秦河沿岸
南秦河居住社区	84.75	3.0	28.25	
金凤山居住社区	74.68	2.6	28.72	金凤山山麓
松道山居住社区	67.13	2.3	29.19	松道山山麓

续表

居住社区	用地规模 （hm²）	居住人口 （万人）	人均居住用地面积 （m²/人）	用地区位条件
城西居住社区	84.75	3.0	28.25	老城区
城中居住社区	107.41	3.9	27.54	
老城居住社区	79.72	2.8	28.47	
大赵峪居住社区	52.02	1.7	30.60	
沙河子居住社区	79.72	2.8	28.47	丹江沿岸、自然山麓

（资料来源：商洛市城市总体规划（2011—2020年）（修改），西安建大城市规划设计研究院）

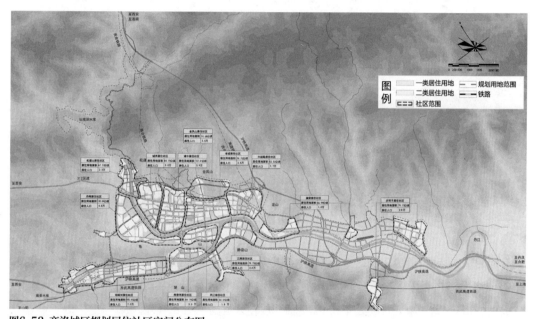

图6-53 商洛城区规划居住社区空间分布图
（资料来源：商洛市城市总体规划（2011—2020年）（修改），西安建大城市规划设计研究院）

《城市居住区规划设计标准》（GB 50180—2018）提出城市居住区以15min生活圈居住区、10min生活圈居住区、5min生活圈居住区三种不同尺度的居住区空间规模，以居民步行时间尺度可满足其基本生活需求为原则划分不同的居住区范围，如5min生活圈居住区按照居民步行5分钟可满足的基本生活需求确定的居住区范围，一般由支路及以上级城市道路或用地边界线所围合，居住人口规模为5000~12000人（约1500~4000套住宅），配建社区服务设施的地区[249]。商洛城市住区大多是由城市道路分割而成，城市道路交叉口间距成为住区绿色人居空间单元规模的主要影响因素。商洛老城区道路密集，道路交叉口间距多为200~300m，城市新开发的地段街区地块相应较大，道路交叉口间距多为300~500m。受城市带形空间结构的影响与制约，商洛城区道路网系统东西向道路交叉口间距较大，其均值约为487m，南北向道路交叉口间距较小，其均值约为294m，城市街区地块的平均规模约在16.3565hm²。依据商洛城市空

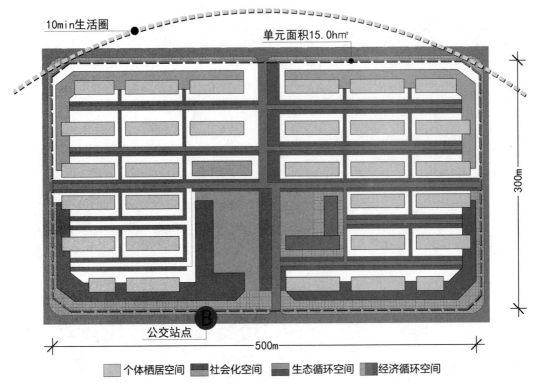

图6-54 商洛城市15hm²绿色人居空间单元示意图
（图片来源：作者自绘）

间布局的基本特征，研究以东西向500m，南北向300m为尺度构成的街区地块（500m×300m）作为商洛城市住区绿色人居空间单元的基本规模，单元面积为15.0hm²。若以人的步行速度1.2m/s为计算，这一单元规模处于10min生活圈居住区范围（图6-54）。

商洛城市住区绿色人居空间单元的基本特征建立在商洛城区空间结构基础上，依据沿山滨水的生态资源特征，以居住空间为核心，综合考虑住区空间结构构成的本底要素和功能协同要素，体现如下特征：（1）城市道路围合的土地空间。单元由城市道路围合呈现出相对明确的边界，在住区环境建设层面体现紧凑节能的土地利用方式。（2）绿色交通导向的交通体系。单元的交通组织与交通设施以绿色出行导向为核心，组织便捷舒适的慢行交通空间结构，合理进行绿色交通设施与居住环境交通系统的衔接。（3）自然要素维持的生态调节。单元中生态过程的维持以自然要素为基础性资源，通过合理的自然空间结构对微气候进行调节改善。（4）循环再生导向的资源利用。单元是半开放的人居环境微系统，对水资源、绿色能源、废弃物进行合理再利用，通过输入、输出、循环的相对完整生态过程形成循环型生态系统。（5）社会化空间提高单元共生关系。社会化空间是提高单元内各组分共生关系的重要功能空间，通过功能空间与物质空间的结合，形成以物质和能量循环为基础的经济社会生态系统，也是绿色人居空间单元整体效率的主要动力。

6.4.4 自然要素维持的生态调节

住区空间的建构是人们营建适于自身需要的人工系统的过程，在长时期的建造实践中，积累了诸多改造影响环境条件的方法与经验，如住区中绿地系统的"点、线、面"构成模式，植栽种植中的"乔—灌—草"配置模式，都是通过模仿自然生态系统空间布局的水平镶嵌式结构和垂直成层式结构，提升人工系统的综合生态效率，来满足居住环境中人与自然交融的生活需求和生态循环的空间需求。

城市住区作为小尺度的城市人工环境，其中的自然空间结构对微气候调节改善、居民环境舒适度、节能和碳汇效应等都有积极的影响。分析研究选取的商洛城区5个典型住区，住区内的绿地布局多以宅间绿地为主，绿地空间形态多为带状或点状，住区中自然空间结构缺乏生态系统的联系性，呈碎片化模式，对边缘空间、立体空间中自然生态要素关注不足，植物群落的生态效益低下，导致了自然生态环境局部分散、生态结构简单脆弱，碳汇效益低下。现行的《城市居住区规划设计标准》（GB 50180—2018）中规定居住区中人均公共绿地面积指标，15min生活圈居住区为2.0m²/人，10min生活圈居住区为1.0m²/人，5min生活圈居住区为1.0m²/人，居住区公园的最小规模为15min生活圈居住区为5.0hm²，10min生活圈居住区为1.0hm²，5min生活圈居住区为0.4hm²[250]。这些指标对城市住区的绿地进行了笼统的规定，实际上，绿化覆盖率指标与二氧化碳排放的关系更为密切。已有研究表明，住区绿化覆盖率小于10%时，空气中二氧化碳浓度比绿化覆盖率达40%的地区高2/5左右；当绿化覆盖率达到30%以上时，二氧化碳的瞬时浓度呈线性降低；绿化覆盖率达到50%时，空气中的二氧化碳浓度可以保持正常含量[251]。此外，住区绿地的功能与形式对改善微气候及碳汇也具有影响。

1．热环境调节

通过热安全指标可以评价环境的热舒适度，诸多研究采用体表温度（Apparent Temperature）来评价人体对室外环境的温度、相对湿度及风综合作用的感知温度，包括风冷指标及热强度指标。风冷指标（WCI）描述了由于裸露皮肤暴露于室外阵风中而引起的体表温度变化，它耦合了空气温度及风速[252]，主要用于评价冬季室外环境的热安全；热强度指标（HI）为夏季炎热天气下户外活动热安全的参考指标，定义为一个成年人在室外树荫下行走，以水蒸气分压力1.6kPa作为参考量，与其所处环境热安全水平一致的体表温度[253]。

（1）适宜热舒适度的绿地率

绿地率是住区空间建设的重要指标，体现了住区生态建设的整体状况，也是住区微气候调节的重要指标。住区中一定比例的绿地，既能作为人与自然交融的空间，又能够吸收一定碳排放量，改善住区微气候。按国家一般要求，住区绿地率不低于30%，研究选取的商洛城区5个住区案例，绿地率值比较集中，分布在30%～38%之间，表明规划设计多数是考虑规范限值进行确定。有研究表明，随绿地率增大，离地1.5m高的MRT[①]及SET[②]值均逐渐减少，室外热舒适性提高，其中MRT值对绿地率的变化较敏感，当绿地率从30%上升到50%时，MRT与SET的平均值分别降低1.2℃和0.3℃。热安全指标显示，当绿地率由30%上升至40%，住区内WCI的平均值上升0.7℃，显示冬季热安全状况有所改善。但不同绿地率下，住区内正午时的HI值变化范围均为50℃~55℃；当绿地率由30%上升到50%，绿地率变化对夏季热安全指标HI值仍然影响不大，在住区中心的部分区域HI值可减少约0.2℃，对HI的日平均值来说，绿地率每提高10%，HI值下降约0.4℃[254]。

因此，商洛城市绿色人居空间单元中绿地率提高对居住环境热环境会产生一定的影响，特别是对冬季热安全状况的改善有较为明显的作用，但过高的绿地率对热舒适度的影响并不显著，其指标应以30%~40%为宜。

（2）条点结合的绿地形式

从商洛5个典型住区案例可以看出，住宅建筑组团布局以行列式为主要类型，其绿地布局呈现典型的条带状，仅御园小区和商洛市委家属区有部分块状绿地（图6-55）。

在住区绿地率为30%的相同条件下，不同绿地形式并不会引起室外温度的大幅度变化，点式绿地形式和条带状绿地形式对居住环境的日平均气温变化影响差异一般在0.4℃以内。但条带状式绿地对热舒适指标的改善作用主要平行于人行道走向，点式绿地则能够改变热舒适指标在纵深方向上的分布状况[255]。

2. 风环境调节

建筑密度、植被粗糙度、开敞空间的影响程度是商洛城市通风潜力的重要指标。商洛老城区及城东地区建筑密度较高，通风潜力较低；城区西部区域建筑密度相对较低，通风潜力处于中等水平。商洛城区内不同绿地的植被粗糙度对风环境影响不同，草地面积分布较高的莲湖公园、龟山、丹江源国家湿地公园及仙鹅湖区域草地分布较多，通风潜力较大，而城区东北部的绿地空间植被种类较少，通风潜力偏低。商洛城区内的开敞空间是城市风环境的补偿空间，能提高城区通风潜力，特别是丹江、南秦河及龟山等山体，成为城区主要的通风廊道和补偿空间。从商洛城市的整体风环境分析可见，受山水自然因素影响，城市出风口环境较好，内部呈弱风状态，城区的通风潜力在主要建设区域呈由中心向外的圈层式增长模式，丹江、南秦河的河流走向与商洛城市主导风向基本一致，形成带状水域风廊，通风潜力最高；龟山、金凤山促进了城区的局部通风，但城区南北向通风廊道不足，老城区及城区东部区域开敞空间调节范围有限，通风潜力不高（图6-56）。

依据商洛城市住区滨水依山的区位特征，住区内沿板式住宅建筑或连续界面应增加滨水

---

① MRT为平均辐射温度，是指环境四周表面对人体辐射作用的平均温度。
② SET为标准有效温度，是指在相对湿度50%的绝热环境中，当标准人体与实际环境具有相同的热强度及体温调节应力时的温度。

御园小区

商洛市委家属区

桂园新村

商州金岸住区

江南小区

图6-55 商洛城市典型住区绿地空间布局示意图
（图片来源：作者自绘）

近山的通透空间，结合"疏林浅草"的绿地空间，提高住区与自然空间南北向通风潜力，增加住区内的风环境补偿空间，加强住区空间通透（图6-57）。

住区绿地率对住区风环境的影响较为突出，绿地率与风速呈明显的正相关；而绿地形式对住区风环境的影响很小，点状或条带状绿地形式下，住区内的风速变化幅度为0.01~0.02m/s；但在绿地率一定的情况下，绿化类型及植栽搭配比例会明显影响住区内的风环境，风速与乔木面积成负相关关系，乔木面积减少，平均风速增加约0.1m/s，住区内的弱风区面积减少。

从热环境与风环境调节的综合考量，通过住区内绿地空间的合理布局可以降低住区建筑的能耗，绿地率为30%的住区可以明显降低住区全年累计的空调冷负荷，但当绿地率数值继续增大，能耗降低的效果则逐渐减小。同时，乔草搭配比例从1∶1增加到3∶1，住区的全年累计空调能耗也将下降（表6-17）。

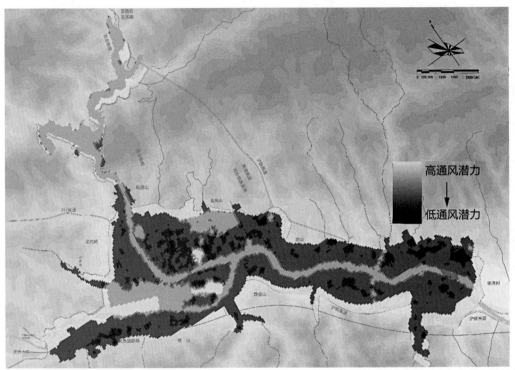

图6-56 商洛城市风环境分析图
（图片来源：作者自绘）

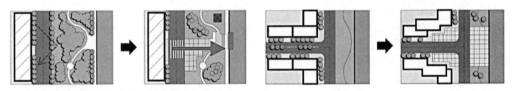

图6-57 商洛城市住区滨水界面示意图
（图片来源：作者自绘）

商洛城市住区自然空间布局的微气候调节适宜模式　　　　表6-17

微气候调节要素	空间布局
绿地率	不低于30%，30%～40%为宜
绿地形式	沿住区内主要人行通行方向宜布局条带状绿地，组团内宜布局点状绿地，南北向布局条带状绿地，增加风环境补偿空间
绿化类型与搭配比例	条带状绿地空间乔草搭配比不小于1：1，点状绿地空间乔草搭配比2：1～3：1为宜

（资料来源：作者制作）

3. 生态过程维持

商洛城市住区的生态过程维持需要考虑其雨水径流及自然植被特征，在住区自然空间结构中注重不同功能类型绿地的设置，进行雨洪设施绿地的有效配置和自然留存绿地的有效利用。

基于商洛城市空间绿色发展指标体系中年径流总量控制率的要求，住区的水文循环是生态过程维持的重要环节，"排干疏尽"的排放方式并不利于雨水、地表水、土壤水及地下水之间的有效生态转换，雨洪设施绿地通过对雨水的"蓄积利用"，恢复住区场地的生态功能，控制雨水径流总量及污染，维持住区的生态过程。雨洪设施绿地规模可占住区总用地比例的5% ~ 8%，绿地形式以集中式下凹绿地、雨水花园或湿地池塘为主，通过雨洪设施绿地蓄渗后的多余雨水通过雨水弃流井、雨水收集管道、地下储水水池进行存蓄，协同控制雨水径流，并对雨水进行综合利用，同时，湿地池塘或雨水花园的设置也可以提升住区的生物多样

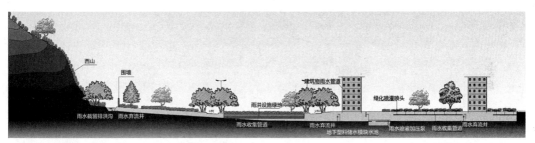

图6-58 商洛城市住区雨水综合利用示意图
（图片来源：作者自绘）

性水平（图6-58）。

如御园小区、商洛市委家属区及桂园新村，可将住区内的块状绿地改造为湿地池塘，商州金岸住区可将住区中部的带状绿地改造为雨水花园，江南小区可将住区中心的南北向带状绿地及部分东西向带状绿地改造为集中式下凹绿地（图6-59）。

商洛城市区位近山或山地住区，位于地形复杂地段，住区中未进行人工改造的原生绿地，如林地或灌木丛，都可作为住区的自然留存绿地进行合理利用，这类绿地可保护住区及其周边地区的生态敏感地带，带来调节住区生态平衡、保持水土等多重环境效益，在住区空间布局中应有效存留，或将其与住区休闲游憩绿地相结合，提高住区的生态效益。如商洛御园小区北靠金凤山，住区北侧的块状绿地即作为自然留存绿地进行利用，住区绿地在二维平面上构成以休闲游憩绿地、雨洪设施绿地及自然留存绿地三种功能综合配置的生态循环空间（图6-60）。

4. 垂直绿化

屋顶花园和立体绿化对于住区垂直生态过程的调节有切实的意义。屋顶花园可以适度调节住区的微气候环境，有助夏季散热；同时可以通过存蓄屋顶雨水，进行雨水循环利用。立体绿化配置使建筑物的部分空间发挥生态循环功能，有效的降碳、吸尘、降噪，提升建筑节能效率（图6-61）。

根据各地经验值以及商洛城市的实际情况，商洛城市住区的垂直绿化率以不低于50%为

御园小区 湿地池塘 湿地池塘

商洛市委家属区 湿地池塘

桂园新村 湿地池塘

商州金岸住区 雨水花园

江南小区 集中式下凹绿地

图6-59 商洛城市典型住区雨洪设施绿地空间布局示意图
（图片来源：作者自绘）

宜。计算依据及方式如下，屋顶绿化面积=屋顶绿化投影面积×折算系数，折算系数根据建筑高度确定，建筑高度≤50m，折算系数为80%，建筑高度>50m，折算系数为40%；墙体垂直绿化面积=墙体绿化覆盖面积×折算系数，折算系数根据墙面高度确定，墙面高度≤50m，折算系数为80%，墙面高度>50m，折算系数为60%，垂直绿化率以绿表皮覆盖率指标进行统计。

6.4.5 资源利用与经济循环的紧凑节能

绿色发展目标追求社会和环境的可持续发展，在城市住区绿色人居空间单元中通过土地混合利用配置、绿色出行交通导向、资源与生态流再生管理的复合，实现经济空间结构的节能降耗和物质循环。

图例
■ 休闲游憩绿地
■ 雨洪设施绿地
■ 自然留存绿地
□ 活动场地

**图6-60 商洛御园小区绿地
空间布局示意图**
（图片来源：作者自绘）

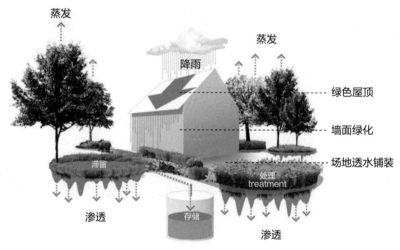

**图6-61 商洛城市住区垂直
绿化配置示意图**
（图片来源：商洛市海绵城
市建设技术导则，2015）

1. 功能立体混合的土地使用

基于绿色人居空间和满足基本生活需求设施健全的建设目标，土地混合使用是提高商洛城市住区土地资源和公共服务设施利用效率的重要手段。住区内的土地混合使用布局住宅、商业、办公、公共设施、绿地等多种功能的土地，形成集居住、服务、就业、休闲游憩于一体的绿色人居空间单元。商洛城市空间整体结构为带状组团式，组团由山水自然因素进行隔离，各组团间的交通条件较复杂，混合紧凑的住区空间组织将交通与居住进行有效结合，减少居民的长距离出行，降低交通能源消耗和污染排放，满足就业与居住的平衡，提高资源利用效能。

根据商洛城市绿色人居空间单元的基本规模，在500m×300m空间单元内，研究以中度兼容模式为主，住宅用地比例为50%，其他功能土地利用方式比例为50%，依据不同比例的土地混合方式构成多种用地平衡类型（表6-18）。

商洛城市住区土地混合用地平衡类型一览表　　　　　　表6-18

类型	用地类型	构成比例	图示
住宅—商业兼容模式	住宅用地	50%	
	商业设施用地	25%	
	办公设施用地	10%	
	公共服务设施用地	10%	
	城市绿地	5%	
住宅—办公兼容模式	住宅用地	50%	
	商业设施用地	12%	
	办公设施用地	20%	
	公共服务设施用地	10%	
	城市绿地	8%	
住宅—公共服务兼容模式	住宅用地	50%	
	商业设施用地	10%	
	办公设施用地	10%	
	公共服务设施用地	20%	
	城市绿地	10%	

（资料来源：作者制作）

　　不同的用地平衡类型可以在平面上进行多功能混合，也可以在立体空间中进行混合，如商业与居住、办公与居住、公共服务与居住的多种功能通过建筑空间的组织，构成立体混合的土地使用（图6-62）。

　　2．绿色出行的交通体系

　　城市住区绿色人居空间单元的交通组织与交通设施以绿色出行导向为核心，组织便捷舒

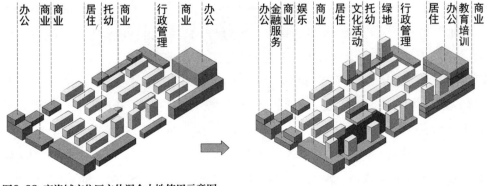

图6-62 商洛城市住区立体混合土地使用示意图
（图片来源：作者自绘）

适的慢行交通空间结构，合理进行绿色交通设施与住区交通系统的衔接。

（1）住区内部交通与城区3D交通系统的衔接

研究结合商洛城区带状组团—散点的空间结构，提出城区绿色人居空间单元中的3D交通系统。城市住区内部交通体系与POD、BOD、TOD模式进行衔接，在住区入口进行公共服务设施与绿色交通设施的接驳，既促进公共服务设施的可达性，保证5min可达公共服务设施的覆盖率，也促进公共汽车、自行车、步行交通的出行。

本书通过对商洛城区居民出行进行调研，多数居民步行的出行范围约1000m，自行车出行范围约2500m，500m×300m的绿色人居空间单元规模可以满足城区居民的绿色出行导向。依据商洛城市的带状空间结构，东西向城市道路为城区公共交通干线，住区绿色人居空间单元沿东西向城市道路的出入口宜结合公共交通站点进行设置，沿南北向城市道路的出入口宜设置公共自行车接驳点。

（2）住区内部完整连续的慢行交通体系

慢行交通体系是住区环境舒适性的重要保障，也是住区减碳节能的手段之一，具有完整性与连续性。通常住区规划设计以主轴交通或景观的空间结构组织慢行交通，组团内部以宅间路保证慢行交通的连续性，构成网络状的慢行交通空间结构。

依据商洛城市绿色人居空间单元的尺度及形态，在住区内设置"十字＋网络"状的慢行交通空间，串联住区内的公共服务设施与自然空间，并根据功能分为通勤性慢行路径及休闲游憩性慢行路径。通勤性慢行交通空间可依附住区景观主轴或主干路进行设置，进行方向性明确的便捷交通组织，保证居民日常通勤出行的时间要求；休闲游憩性慢行交通空间为居民在住区内的休闲、漫步、娱乐、购物等提供便利，结合住区内的自然空间结构，通过带状绿地、水系等将慢行交通空间与公共服务设施进行串接，形成网络状的住区绿道。完整连续的慢行交通体系不仅为住区内提供必要的通行功能，也为空间要素的叠合与流动提供条件（图6-63）。

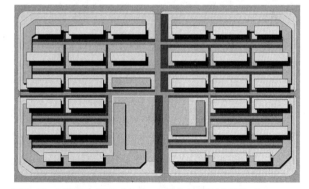

图6-63 商洛城市住区"十字＋网络"状慢行交通体系
（图片来源：作者自绘）

3. 物质循环再生的资源利用

资源与能源的循环再生利用是绿色发展的核心内容之一。水资源、绿色能源在住区内的合理运用是绿色人居空间单元建设的必要手段，有助于维持住区生态系统的稳定性。

（1）水资源循环利用

住区内的水资源循环利用包括雨洪管理、灰水回用、污水处理等内容。住区内的自然空间

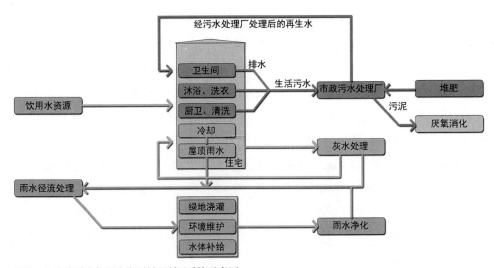

图6-64 商洛城市住区水资源循环利用系统示意图
（图片来源：中国城市科学研究会.《低碳生态城市规划方法》，作者改绘）

结构生态过程维持要求设置雨洪设施绿地，与建筑、地下储水设施结合，收集建筑屋顶雨水和地表径流雨水，进行渗透处理，通过收集—贮存—净化水质—利用流程，回用于住区绿地、道路、景观维护用水，回用水应达到《城市污水再生利用 城市杂用水水质标准》的水质要求。

灰水回用是将住区内的生活污水采用相应技术进行统一处理，结合毛细管渗透、湿地、建筑排水系统、雨水回收系统，使污水达到相应的水质标准，在特定范围内进行再生利用。

住区污水处理可利用生态系统的污水处理技术，通过湿地池塘建设，模仿自然湿地的生态过程处理污水。湿地池塘可以有效地处理住区中生活污水的部分有机污染物，净化住区环境（图6-64）。

（2）绿色能源利用

住区绿色能源设施系统包括供暖、通风、空调、电力及照明、生活热水供应等设施，可以通过可再生能源设备的设置，使用清洁能源，降低碳排放，减少环境污染。较为成熟的绿色能源利用技术有地源热泵技术、太阳能光热与光技术、风电技术等。

商洛城市住区采用较多的是地源热泵技术，通过地下水地源热泵系统可利用资源量评估，商洛城区内地下水地源热泵较适宜区热容量总换热功率为1.87×10^4kW（冬季）/3.75×10^4kW（夏季），冬季可供暖总面积2.51×10^5m²，夏季可制冷总面积为5.03×10^5m²。目前供暖制冷面积已经饱和，今后商洛城区较适宜采用地埋管式地源热泵系统开发利用浅层地热能[256]，逐步提升住区的清洁能源利用效率。

燃气供应加热能源解决方案也可以应用于商洛城市，通过供冷、供暖及生活热水三联供系统，解决夏季住宅供冷、冬季供暖及生活热水的联合供应。

（3）固体废弃物的回收再利用

固体废弃物无害化处理和循环利用是提高城市绿色发展的主要路径之一，目前国内逐步实施的垃圾分类正是对废弃物和材料进行生态化管理的一项措施。商洛城市住区固体废弃物的回收与流向多采用集中收集和统一填埋的方式进行处理，仅有20%的固体废弃物被回收或循环利用。绿色发展要求城市应逐渐向零废弃物理念进行转化，使解决废弃物流向成为城市资源、能源、物质流整体循环的一部分。

商洛城市住区产生的固体废弃物主要包括生活垃圾、居住环境垃圾、有机废弃物等，在住区内建筑入口50m范围设置垃圾分类设施，在住区出入口处设置资源垃圾回收点，以收集可直接再利用的各类资源。

（4）农业植入的物质循环代谢

农业是城市代谢系统中的重要一环，前文分析商洛城市代谢系统特征表明，城市仍然以农业为主导，农业对城市的物质循环代谢的共生关系有积极的作用。住区农业的植入，可以将食物的生产地、消费地进行融合，能够使城市中的代谢物进行循环流动。在商洛城市绿色人居空间单元中植入农业，结合建筑屋顶绿地种植、住宅阳台露台种植、住区绿地种植等方式，集成生产、生活、公共活动空间；可结合住区内的垃圾站和雨水处理设施，增设堆肥、沼气生产等功能设施，建设住区的物质循环与中转综合设施，使养分、能量、水分等物质在住区内进行适度循环，完善住区绿色人居空间单元的物质代谢系统，从物质空间、代谢循环、居民参与等多方面实现农业植入住区的共生模式，体现"生产""生态""生活"紧凑一体的特性（图6-65）。

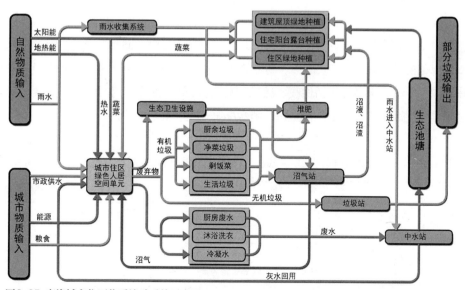

图6-65　商洛城市住区物质流动系统示意图
（图片来源：刘长安，张玉坤，赵继龙. 基于物质循环代谢的城市"有农社区"研究，作者改绘）

6.4.6 "邻里—基层"社会化空间的圈层关联

住区社会化空间涵盖居民以家庭为中心，开展购物、通勤、休闲、社会交往等各种社会活动所构成的行为空间范围。我国新颁布的《城市居住区规划设计标准》(GB 50180—2018)中提出的居住区空间范围以生活圈概念作为规划管理和建设的基本空间单元，商洛城市绿色人居空间单元中的社会空间也以此为模式，构成居民日常居住环境社会活动需求的空间范围，从住区居民行为需求角度进行社会化空间的供给，使住区绿色发展空间模式更好的贴近和匹配居民的日常实际生活，引导居民向健康、绿色和活力的生活方式进行转变。

1. "邻里—基层"社会化空间类型及空间布局模式

商洛城市总体规划中确定的居住社区人均居住用地约为28m²/人，现状住区开发地块的用地规模约为8~20hm²，总体规划中确定的13个居住社区，平均用地规模约为80hm²，以绿色人居空间单元社会化空间在住区中的分布与空间格局，从商洛城市住区的社会需求密度空间的分布演进趋势，社会化空间的布局依据服务范围的差异，构建5min邻里社会化空间及10min基层社会化空间，提高绿色发展目标中"5min可达公共服务设施覆盖率"的指标要求。研究构建以东西向500m、南北向300m为尺度构成的街区地块(500m×300m)作为商洛城市绿色人居空间单元的基本规模，这一单元以5min邻里社会化空间供给为基础，并处于10min基层社会化空间的涵盖范围。

5min邻里社会化空间可为散点共享型空间布局，整合包括菜市场、便利店、便民服务点、老年活动室、托儿所、游乐园、运动健身场地和邻里交往场所在内的各类日常社会需求，步行可达距离不超过300m，通过功能混合或共享集约建设用地，提高邻里社会化空间的服务供给效率。10min基层社会化空间可为斑条集中型空间布局，设置文化活动室、幼儿园、小学、社区卫生站、老年人日间照料中心、菜市场、超市、健身场所、信息服务设施、社区公园、商业金融设施、家政服务、物业服务等设施，满足社会化需求，步行可达距离不超过500m，结合公交站点在城市街道或住区中心进行空间布局，利用城区公共交通网络提高基层社会化空间的扩展服务(表6-19、图6-66)。

商洛城市住区"邻里—基层"社会化空间类型及空间布局模式　　　　表6-19

类型	设施	服务半径	空间布局模式
5min邻里社会化空间	菜市场、便利店、便民服务点、老年活动室、幼托机构、游乐园、运动健身场地、邻里交往场所	步行可达距离<300m	散点共享型
10min基层社会化空间	文化活动室、小学、住区卫生站、老年人日间照料中心、菜市场、超市、健身场所、信息服务设施、住区公园、商业金融设施、家政服务、物业服务	步行可达距离<500m	斑条集中型

(资料来源：作者制作)

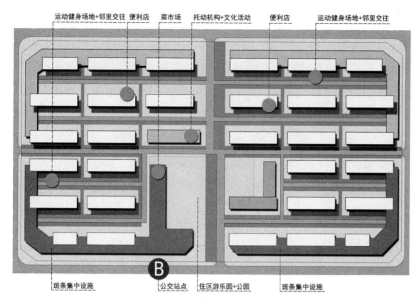

运动健身场地+邻里交往　便利店　菜市场　托幼机构+文化活动　便利店　运动健身场地+邻里交往

斑条集中设施　　　公交站点　住区游乐园+公园　　斑条集中设施

图6-66 商洛城市住区"邻里—基层"社会化空间类型及空间布局模式示意图

（图片来源：作者自绘）

在商洛城市绿色人居空间单元中将步行可达作为社会化空间设施配置的首要指标，结合空间单元的基本规模和居住人口情况，将设施分为10min（500m）、5min（300m）可达层次，针对公共服务设施的步行可达距离，划定服务半径的空间覆盖范围，避免步行服务盲区的出现，重点构建5min短距离出行需求的设施圈层。在300m和500m设施圈层构建中，针对不同年龄居住人群的活动规律和设施的使用需求，将高关联度的社会化空间邻近布局或整合布局，分别形成以老人、儿童及通勤群体三种类型使用人群的设施圈。针对商洛城市老年人人口逐渐增多的状况，住区绿色人居空间单元的日常设施圈以菜市场为核心展开，300m设施圈结合住区绿地、小型超市、托幼机构、儿童游乐场等邻近布局；在500m设施圈中布局小学、住区卫生服务、文化体育活动、培训机构等设施，并强化各类设施的慢行连通联系，提高各类人群的住区社会生活参与度（图6-67）。

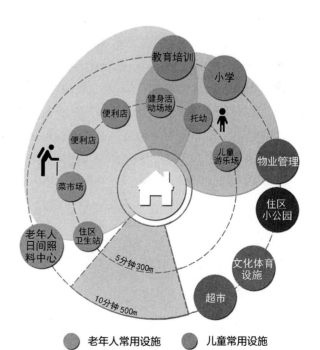

老年人常用设施　　儿童常用设施

图6-67 商洛城市住区公共服务设施圈层布局示意图

（图片来源：《上海市15分钟社区生活圈规划导则》，作者改绘）

2. 复合嵌入的就业空间

从城市空间绿色发展目标来看，减少居住与工作、居住与消费的出行距离与时间，是提升城市空间"绿色发展度"和"绿色持续度"的因素之一。在住区中提供一定的就业空间，结合消费与工作的双重复合功能，将绿色人居空间单元视为居住、生活、服务、工作等多功能复合的有机整体，适度促进职住平衡，降低城市通勤消耗，减少城市生态足迹。

在商洛城市绿色人居空间单元内，通过混合用地布局和功能复合利用，预留一定比例的就业空间，通过设置商业服务、办公、公共服务设施等非居住用地类型，形成复合嵌入式就业空间。结合斑条集中型10min基层社会化空间提供低成本办公空间、小型物流空间、文化艺术培训空间；并结合建筑空间的立体复合利用，在住宅建筑中嵌入设置商业、办公等多种功能，提供就业生活一体化环境。

6.4.7　代谢共生的住区空间紧凑宜居

绿色发展的商洛城市住区空间模式由绿色人居空间单元为基本规模，以东西向500m、南北向300m为尺度构成15hm²的街区地块，这一单元以5min邻里社会化空间供给为基础，并处于10min基层社会化空间的涵盖范围。根据商洛城市居住社区的数量、规模及空间分布，确定其构成关系。13个居住社区由73个绿色人居空间单元构成，绿色人居空间单元的平均居住人口5480人，平均用地规模约15.44hm²，老城区、丹江、南秦河沿岸社区以浅绿型人居空间单元为主，金凤山、松道山山麓社区以中绿型人居空间单元为主，强化自然要素的生态调节和经济循环的紧凑节能，植入农林业，集成生产、生活、公共活动空间，建设住区的物质循环与中转综合设施，实现住区代谢系统的共生（图6-68、表6-20）。

商洛城市居住社区绿色人居空间类型一览表　　　　　　　表6-20

居住社区	用地规模（hm²）	居住人口（万人）	人均居住用地面积（m²/人）	绿色人居空间单元数量（个）	空间区位	绿色人居空间类型
丹南居住社区	130.04	4.8	27.09	8	丹江沿岸、龟山山麓	浅绿型+中绿型人居空间
江南居住社区	79.72	2.8	28.47	5	丹江沿岸	浅绿型人居空间
两江居住社区	54.51	1.8	30.28	5	丹江沿岸	浅绿型人居空间
冀家居住社区	46.99	1.5	31.33	4	丹江沿岸	浅绿型人居空间
杨峪河居住社区	185.45	7.0	26.49	12	南秦河沿岸	浅绿型人居空间

续表

居住社区	用地规模 （hm²）	居住人口 （万人）	人均居住用地 面积（m²/人）	绿色人居空间 单元数量（个）	空间区位	绿色人居 空间类型
南秦河居住社区	84.75	3.0	28.25	6	南秦河沿岸、 静泉山山麓	浅绿型＋中绿型 人居空间
金凤山居住社区	74.68	2.6	28.72	5	金凤山山麓	中绿型人居空间
松道山居住社区	67.13	2.3	29.19	4	松道山山麓	中绿型人居空间
城西居住社区	84.75	3.0	28.25	5	老城区	浅绿型人居空间
城中居住社区	107.41	3.9	27.54	8		
老城居住社区	79.72	2.8	28.47	5		
大赵峪居住社区	52.02	1.7	30.60	3		
沙河子居住社区	79.72	2.8	28.47	6	丹江沿岸、 自然山麓	浅绿型人居空间
总计	1126.89	40.0	28.17	73		

（资料来源：作者制作）

图6-68 商洛城市住区绿色人居空间类型分布图
（图片来源：作者自绘）

住区内以绿色人居空间单元为基本构成，其中，住宅建筑按绿色建筑标准要求进行建设，绿地率不低于30%，沿住区内主要人行通行方向布局条带状绿地，组团内布局点状绿地，南北向布局条带状绿地，增加风环境补偿空间，条带状绿地空间乔草搭配比不小于1∶1，点状绿地空间乔草搭配比以2∶1～3∶1为宜。住区绿地在二维平面上构成以休闲游憩绿地、雨洪设施绿地及自然留存绿地三种功能综合配置的人与自然交融空间，并结合建筑设置垂直绿化。住区土地利用以中度兼容模式为主，住宅用地比例为50%，其他功能土地利用方式比例为50%，并在立体空间中进行混合。住区道路交通采用"十字＋网络"状慢行交通体系，与城区的POD、BOD、TOD模式进行衔接。在中绿型住区空间中植入农业，集成生产、生活、公共活动空间；建设住区的物质循环与中转综合设施，从物质空间、代谢循环、居民参与等多方面实现住区代谢系统的共生模式。住区内构建5min邻里社会化空间和10min基层社会化空间，采用散点共享型和斑条集中型的空间布局，并结合斑条集中型社会化空间形成复合嵌入式就业空间，以此体现商洛城市住区紧凑宜居的空间发展模式。考虑到商洛城市住区用地区位条件的差异性，依据沿山滨水的自然空间特征，提出沟峪开放型住区模式及岸线楔入型住区模式（图6-69、图6-70）。其中，沟峪开放型住区模式为中绿型绿色人居空间，岸线楔入型住区模式为浅绿型绿色人居空间。

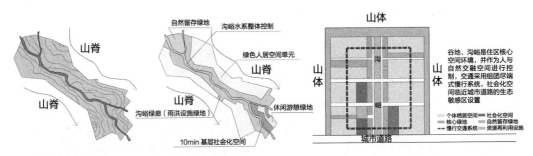

图6-69 商洛城市沟峪开放型住区紧凑宜居模式图
（图片来源：作者自绘）

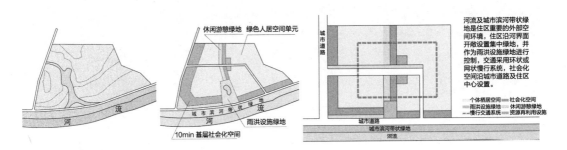

图6-70 商洛城市岸线楔入型住区紧凑宜居模式图
（图片来源：作者自绘）

6.5 绿色发展的商洛城市空间模式体系

依据"协调—发展—持续"三个目标的绿色发展空间阶段，综合考虑自然空间结构、经济空间结构、社会空间结构的层级性，从"宏观—中观—微观"三个空间层次构成商洛城市空间模式体系。

系统论、生态学、人类聚居学理论都揭示了系统的层次性，这一观点为本书研究提供了绿色发展的空间模式等级层级的建立。绿色人居空间单元建立了物质环境要素的系统构成，从自然生态过程、人居环境和物质能量循环过程的表现来看，以土地空间分布及功能空间布局研究为目的，可以分为三类结构，即自然空间结构、经济空间结构和社会空间结构。依据城市功能空间组织的层级特性，研究整合三个空间层级绿色发展的空间结构构成及空间发展模式，提出商洛城市空间模式体系。层面—横向协同的空间模式以"自然空间""经济空间""社会空间"三者的协同共生为组织方式，体现出不同层面的城市空间模式；层间—纵向层级的空间模式以绿色发展程度的差异，"浅绿—中绿—深绿—全绿"四个程度的空间格局衔接为组织方式，通过集合包容层间组织，整合不同层次的空间结构要素及模式，实现系统关联，构成"绿色人居空间单元—住区空间紧凑宜居模式—城区空间复合流动模式—城市集群地区一体多元模式"的商洛城市空间模式体系（表6-21）。

随着中国社会经济的快速发展，城市空间作为国土资源的组成部分，其合理规划利用的重要性愈加凸显，在新的国土空间规划体系中，多空间尺度的协调统一也是绿色发展城市空间模式的探索要义之一，绿色发展的城市空间也需要在强化国土空间的源头保护和用途管制层面进行统筹。2019年国务院发布了《中共中央国务院关于建立国土空间规划体系并监督实施的若干意见》文件，明确构建了"四梁八柱"的国土空间规划体系，形成了"五级三类四体系"的国土空间框架。五级包括了国家级、省级、市级、县级、乡镇级五级规划层级；三类包括总体规划、详细规划和相关专项规划三类规划类型；"四体系"包括规划编制审批体系、实施监督体系、法规政策体系和技术标准体系[257]。本书提出的商洛城市绿色发展空间模式体系对应于国土空间规划框架体系从属于国家级、省级规划层级，涵盖市级、县级、乡镇级规划层级，侧重协调性和实施性的规划编制；包含有总体规划、详细规划和相关专项规划三类规划类型，城市集群区域的空间模式涉及行政区全域范围的国土空间保护、开发、利用、修复的全局性的安排。城区尺度和住区尺度的空间模式强调实施性，可以对具体地块用途和开发强度进行实施性安排。对于特定区域或者流域，如商洛城市的山体、水体、沟峪等体现自然空间结构功能的重点区域，可以对空间开发保护利用做出的专项规划；在自然空间结构管控中强调规划编制审批体系和实施监督体系的主导作用，在经济空间结构管控中强调规划编制审批体系和技术标准体系的主导作用，在社会空间结构管控中强调法规政策体系和技术标准体系的主导作用（表6-22）。

绿色发展的商洛城市空间模式体系框架

表6-21

空间尺度		绿色发展的空间地域范围与规模	绿色发展的空间结构构成	自然空间结构	经济空间结构	社会空间结构	发展目标
区域尺度		商洛"一体两翼"地区，由商州区、丹凤县、洛南县三地的行政边界为基本框架，以商州区为主体，以丹凤县和洛南县为两翼的一区两县所辖行政区域，总面积7940km²	地理空间系统+人居环境系统+区域经济系统要素流+景观生态系统	自然生态空间的一体有序发展模式：生态极核、生态板块+区域绿心+环楔状和廊道绿心+环楔的空间框架	产业经济空间的一体循环发展模式：三次产业融合发展+自然生态空间与产业空间的立体融合	城乡空间的一体多元发展模式：依托城乡流动网络，围绕不同节点发展城市（镇）及综合服务社区、绿色产业社区和农村社区，各类节点多中心集聚功能的基础上，通过生态位势产生的基础上，位势产生集聚区域位势，形成区域整体	"浅绿—中绿—深绿"全绿，多元类型的城乡空间一体化发展
城区尺度		以商洛市总体规划（2011—2020）确定商洛城市中心城区范围，西北至板桥镇岭底村、西至南秦水库、东至沙河子、南至沪陕与福银高速联络线南侧沟谷地区。用地面积54.13km²	自然生态空间基底+城市交通系统和土地利用方式基面+产业体系和基础设施体系基质	自然空间结构的生态互动发展模式：环状簇拥+廊道延伸+斑块整合	经济空间结构的复合连通发展模式：集聚延伸+中心放射模式的多维产业链空间+多功能连通空间+星状联系系统式的多功能复合空间+多点分散模式式的社会功能复合空间+中绿交通—功能复合的一体化空间	社会空间结构的包容稳定发展模式：基础设施和公共设施便捷化的能要素的流动+历史文化展示空间+滨水文脉链生空间+公交线路文化展示空间+复合嵌入式就业空间	"功能联结—交错弹性"的复合空间流动
住区尺度		以东西向500m，南北向300m构成的绿色人居空间，73个绿色单元为单位，绿色人居空间单元构成13个人居住社区	个体栖居空间+生态循环空间+经济循环空间+社会化空间	自然空间调节的生态调节模式：休闲游憩绿地+雨洪设施绿地+自然留存绿地	经济循环空间的紧凑节能模式：住宅用地50%中度兼容的功能混合+土地使用+"十字"—"网络"状路径行交通空间+物质循环与中转综合设施支撑的复合再生资源利用+中绿型住农业立体循环空间代谢	社会化空间的圈层关联模式：5min邻里关联+城市化散在共享型空间+10min基层社会集聚型空间+复合嵌入式就业空间	代谢共生的空间紧凑宜居
层面组织	层间组织			浅绿色发展空间序列	中绿色发展空间序列	深绿色发展空间序列	
				住区微气候生态调节+城区交错互动生态整合+区域—区域有序生态空间框架	住区资源利用与经济循环的紧凑节能+城区产业交通连通—用地功能混合+区域生态产业立体循环	住区"邻里—基层"社会化空间的圈层包容关联+城区文化活动空间的包容+区域"浅绿—中绿—深绿"全绿"类型城乡聚落的互补相宜	城乡聚落空间一体多元

（资料来源：作者制作）

国土空间规划体系框架中的商洛城市绿色发展空间模式　　　表6-22

	空间尺度	发展目标	规划层级	规划类型
层面组织	区域尺度	商洛城市集群区域多元类型的城乡空间一体化	从属于国家级、省级规划层级，侧重协调性规划编制	侧重于总体规划和专项规划类型，涉及区域范围的国土空间保护、开发、利用、修复的全局性的安排
	城区尺度	商洛城区空间复合流动	从属于省级规划层级，涵盖市级规划层级，侧重协调性和实施性的规划编制	侧重于总体规划和专项规划类型，涉及行政区范围的国土空间保护、开发、利用、修复的全局性的安排；对于特定区域或流域的空间开发保护利用进行专项规划
	住区尺度	商洛住区空间紧凑宜居	从属于市级规划层级，侧重实施性的规划编制	强调实施性，对具体地块用途和开发强度进行实施性安排
层间组织	浅绿色发展空间序列		中绿色发展空间序列	深绿色发展空间序列
	强调规划编制审批体系、实施监督体系的主导作用		强调规划编制审批体系和技术标准体系的主导作用	强调法规政策体系和技术标准体系的主导作用

（资料来源：作者制作）

6.6 绿色发展的商洛城市空间模式研究启示

商洛城市是秦巴山地区具有代表性的山水城市，也是生态资本优越的典型城市，本书提出的商洛城市空间模式从绿色发展目标的本质出发，试图构建"有序、高效、共生、可持续"发展的空间结构，使城市空间结构提升有机自组织的能力，可以为生态资本优越而经济社会发展水平仍较为落后地区中的城市空间组织及空间发展提供新的视角与思路。

6.6.1 城市空间绿色发展的哲学内涵

城市空间的营建是人们认识世界、改造世界的思维方式以及社会文化意识的整体反映，现代城市是一个多层级复杂的开放巨系统，它的生长、演化、衰败过程与复杂系统一样具有非线性和多样性的特点。城市子系统的层级众多，各层次与各子系统并不独立，而是构成相互联系、相互包容的整体，其相互作用复杂，存在着正反馈的倍增效应，也存在着负反馈的饱和效应。

从研究主体维度的视角，城市空间结构的演化和发展受到城市大系统的引导和控制，显现出矛盾性的统一体和结构的复杂性。

1．非确定性与确定性

城市空间发展是自然环境要素、技术经济要素、社会文化要素及政策、行政、规划要素共同作用的综合体。每一类要素集合都包括内部诸多因子的多层次结构和演变过程，都遵循各自规律进行运动，如复杂系统中的"涌现"现象一样，各个要素的演变累积或某些个别条件的变化都有可能对整个系统产生影响，进而致使整体结构发生变异。陕南地区自然环境要素丰富，生态状况优越，但人居环境中，生产生活活动要素与自然环境要素集合存在于同一地域，互相进行物质、能量、信息的交换，相互联系并作用，这些都共同形成调节进化的城市空间发展整体，以保持城市自身的动态稳定。

城市空间发展具有一定的规律性，如陕南地区城市规模与水系尺度的一致性，城乡空间形态受自然环境山水格局的制约性，但由于人为活动的干预与作用，在城市代谢系统中精确地描述和预测它的运动则是不合实际的。然而，这种不确定的随机性，仍然在基本规律性的影响范畴中涨落，城市空间发展呈现非确定性与确定性共存的复杂动力特征。城市代谢系统的基本生态关系反映了城市空间在绿色发展过程中各类要素的运动状态规律，依据确定规律的基本特征，可以对城市系统的生态状况进行研判，预测及导控城市代谢系统的各类组分趋向正向、共生关系进行转化，城市空间结构则为这种转化过程提供物质载体。

2. 无序性与有序性

城市空间系统是一个开放系统，各类要素在时空分布上的运动并不均匀，因此，城市空间系统存在着永远的不稳定性，而平衡态的稳定性只是暂时状态，城市空间发展的非平衡性正是系统不断运动的动力。城市空间发展是多种因素的综合作用。这些要素由于多种类、多层面、非线性的反馈机制，使城市空间发展反映出多变量及无序特征。

城市空间的绿色发展涉及自然空间、经济空间、社会空间多个子系统的因素作用，不同时期下，起主导作用的因素可能不同，导致城市空间不断进行演化，并不断地形成秩序。这一非平衡的有序性，通过宏观尺度的关联协同，在空间上反映城乡聚落的分布规律，在时间上表现出一定的有序周期性，这种时空的有序成为城市空间发展的固有规律。本书提出的商洛城市空间绿色发展目标体系，通过有序表达，尽可能量化城市空间中的多种变量要素，其层次构成与要素的关联特征对于其他城市空间绿色发展目标体系的确立，有积极的参考价值。在商洛城市绿色发展时空阶段组织中提出以"协调—发展—持续"的目标，确立三个时空阶段。第一阶段为自然空间结构的整合，第二阶段为自然空间与经济空间结构的耦合，第三阶段为自然空间、经济空间与社会空间结构的整体组织。三个阶段的空间组织，并不代表城市空间的简单线性发展过程，而可能是相融共进的交织状况，表达出城市绿色发展空间由单一、线性目标向多元复杂目标的递进，综合了空间组织的无序性和有序性特征。

3. 多尺度性与高维性

城市空间发展是一个多尺度的时空体系。从时间维度分析，城市空间发展具有各类要素作用的历史累积，也具有未来可能的多种运动趋向。城市空间发展可以从区域空间、城区空间、社区空间，乃至邻里空间而形成不同层次。城市空间结构在不同的空间尺度上各成体系，又相互联系，具有不同的时空尺度和特征，这种多样性导致了系统的多变量，也决定了系统的高维性。

本书从三个空间尺度分析绿色发展的商洛城市空间结构，构建绿色发展的空间模式体系，正是考虑到城市空间的高维特性，在宏观—中观—微观层面提出物质空间与功能空间耦合的差异性，正是试图在多尺度性下回应城市绿色发展的空间模式组织逻辑。

城市空间发展的内在特性相互支持、相互联系，说明了城市空间发展的复杂性哲学内涵。城市空间发展是以历史累积、现状条件及未来目标共同导向的城市复杂运动，探究这一运动过程中绿色发展的空间组织机制，可以为城市空间发展基本规律的研究提供支撑，探索适宜的城市空间发展导向与模式，使城市空间趋于持续、动态、稳定发展。

6.6.2 城市绿色发展空间结构的组织机制

绿色发展的城市空间结构具有与自然环境的外部协同耦合机制，同时也具有多尺度空间的协同与适应，其协同特征表现在城市功能空间从小尺度范围的空间集聚与组织向区域尺度范围的空间组织的非线性发展过程。作为这一组织过程的内在机制，是由宏观至微观的协调过程。这种组织逻辑保证了城市空间发展结构的有机整体性，也为绿色人居空间结构的协同适应提供了弹性增殖与自组织演化的能动性。

研究依据"协调—发展—持续"三个目标的绿色发展空间阶段，综合考虑自然空间结构、经济空间结构、社会空间结构的层级性，从"宏观—中观—微观"三个空间层次构成城市空间模式体系，这一体系反映了绿色发展城市空间模式的横向"层面"组织与纵向"层间"组织机制。

1. "层面组织"机制——横向协同组织

城市空间结构系统具有明显的层级性，不同层级，物质空间的尺度不同、范围不同，层面组织对应于物质空间在不同系统层次上的协同。

绿色发展的城市空间组织机制在不同层面的主导功能空间有所侧重，体现出以下范式：在宏观层面上以"自然空间"和"经济空间"为主导，体现城市环境的生态协调安全程度，确定绿色协调度和绿色发展度的区域分布格局，体现区域整体的"浅绿—中绿—深绿—全绿"的绿色人居空间格局；在中观层面上以"经济空间"和"社会空间"为主导，以确定绿色发展度及绿色持续度在城市的人居建设空间基本构架、交通基础设施网络结构及产业空间上的布局，体现城区内的"浅绿—中绿"的绿色人居空间格局；在微观层面上以"社会空间"和"自然空间"为主导，确定空间建设开发模式，协调居民生产生活与自然、社会环境之间的关系，以绿色人居空间单元为单位构成浅绿型或中绿型绿色人居空间（表6-23）。

城市空间绿色发展的"层面组织"基本范式　　　　　　　　表6-23

系统层次	主导功能空间	空间组织目标	空间组织内涵	绿色人居空间格局
宏观层面	自然空间＋经济空间	界定城市山水格局；确定城市与生态环境系统的协调安全，确定绿色发展的生产力区域分布格局	绿色协调度＋绿色发展度	区域整体的"浅绿—中绿—深绿—全绿"的绿色人居空间格局

续表

系统层次	主导功能空间	空间组织目标	空间组织内涵	绿色人居空间格局
中观层面	经济空间＋社会空间	确定城市人居建设空间的基本构架、交通基础设施网络结构、产业空间布局	绿色发展度＋绿色持续度	城区内的"浅绿—中绿"的绿色人居空间格局
微观层面	社会空间＋自然空间	确定空间建设开发模式；协调居民生产生活与自然、社会环境之间的关系	绿色持续度＋绿色协调度	以绿色人居空间单元为单位构成浅绿型或中绿型绿色人居空间

（资料来源：作者制作）

层面的横向协同组织重点在于子系统之间的功能配合与协调。当系统层级增加，系统组分也会相应的催化增殖。较高层级系统的组分增加，较低层级系统的组分或原有的某些功能将增加或提升以产生相应的系统耦合，这些组分或功能就成为横向协同组织的关键"点"。城市住区内的绿色人居空间单元作为关键点是协同系统各个层面的核心，通过自然要素的生态调节、资源利用与经济循环的紧凑节能及社会化空间的圈层关联，以自然空间生态格局控制和交通—土地—功能一体化的复合空间结构在横向层面上进行有机整体组织。

2．"层间组织"机制——纵向层级组织

层间组织是为了保证城市的生态系统、经济系统、社会系统功能空间系统的有机整体性，在系统的各层级间，功能空间系统具有内在的组织逻辑，以保证整体系统协调平衡。

功能空间组织的层级性表明作为实体空间子系统都具有与结构对应的层级，以适应不同层面的自然生态、社会经济的功能需求。然而，在纵向的层级组织上，不同的物质空间子系统由于其主导功能的不同，具有两种组织模式。

（1）集合包容式组织模式

在城市大系统中，可以将每一层级的空间结构系统看作一个集合，高层级的系统集合内可以同时包容从基础层次到该层级新增殖的所有同类的物质空间。比如，经济空间所对应的商业服务业设施系统物质空间，在商洛城区空间结构中，可能出现从最基础的小型便利店到最大型的城市购物中心各种空间类型。

集合包容组织模式有可能出现完全包容与嵌套包容的组织方

（a）完全包容组织方式　　　　（b）嵌套包容组织方式

图6-71 集合包容式层间组织模式示意图

（图片来源：毕凌岚，城市生态系统空间形态与规划，作者改绘）

式（图6-71）。如商业服务业设施系统空间，就反映出完全包容的组织方式，而工业生产系统空间则是物质空间嵌套的包容组织，这通常是受到产业自身特点及相关性的影响，特别是循环工业模式下的城市产业布局，通过产业链延伸进行空间组织，静脉产业以嵌套包容模式进行空间布局。

研究中绿色发展的商洛城市空间结构在宏观—中观—微观三个层次的组织，正是以集合包容模式进行的纵向层级组织。绿色人居空间单元包容于微观层次的住区空间结构，微观层次的住区空间包容于中观层次的城区空间结构，三者又包容于宏观区域空间结构。这种组织机制与人居社会组织和社会需求的层级特点密切相关，构成绿色人居空间单元—住区空间紧凑宜居模式—城区空间复合流动模式—城市集群地区一体多元模式的组织体系。

（2）分枝链接式组织模式

在城市系统中，不同层级的某些功能空间通过链接方式进行物质空间的连接，形成"枝状"或"网状"的空间体系。这种组织模式不一定按照层级关系逐一链接，有些较低层级的物质空间要素可能跨越层级关系与较高层级的物质空间产生链接。从绿色发展的视角，这些空间要素可以在一定层面上形成自反馈的"循环"结构，来提高相应的空间效能。"枝状"结构是空间效能经济性最好的空间层级构成方式，这种组织方式以最小的空间规模链接最多类型的物质空间。但若是链接的输入流量过大，则会使该分枝连接的各个空间的功能发挥受到制约，因此，这些子系统的空间组织模式在超出一定流量时往往表现为各个层级相互连通的网状结构，以保证空间要素的流动性。这种要素的适应流动性使纵向组织的各类城市物质空间与城市功能耦合，成为城市运转的支撑体系，也是城市物质空间结构层间组织的关键（图6-72）。

以分枝链接模式进行纵向层级组织的物质空间子系统主要与城市代谢系统的生态要素流

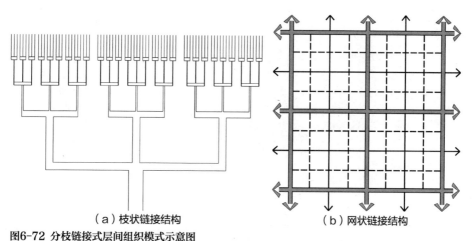

（a）枝状链接结构　　　　　　　（b）网状链接结构

图6-72 分枝链接式层间组织模式示意图
（图片来源：毕凌岚，城市生态系统空间形态与规划，作者改绘）

动性相关，包括公共管理与公共服务空间、交通运输空间、公用设施空间、景观绿地空间等类型。这些空间支撑城市各个层次的空间结构能量、物质与信息流动的功能，包括系统层面与层间的要素流传递，以此维持城市系统的动态平衡。

6.6.3 生态资本地区绿色发展的城市空间适宜模式

陕南属秦巴山地区核心区，具有优越的生态资本，但区域内城乡人居环境与生态环境保护矛盾突出，交通条件有限、公共设施不均及绿色基础设施的推广应用不足进一步阻碍了城乡人居环境的绿色发展。以商洛作为这一类型地区的典型城市，可以提炼其绿色发展空间模式的基本特点，对其他生态资本地区的城市空间绿色发展适宜模式提供参考，有效进行空间引导。

1. 区域层面"绿心多元"模式

宏观层面以生态保护为根本，通过核心生态区构建中央绿心，以周边城乡聚落为环簇的"绿心＋多元"的大尺度空间组织模式（图6-73），其内涵包括两个方面。

（1）中央绿心

以生态资本地区腹地（如秦巴山地区的秦岭、巴山）的森林、草地、水域、农田等绿色生态区域为主，包含腹地区域控制规模、数量、产业类型等的散点分布的城乡聚落（如商洛"一体两翼"地区的蟒岭三级城乡聚落体系）。该区域重点实施生态保护和生态修复，适度发展必要的休闲游憩功能，增强农业属性和生态属性；城镇地区严格控制产业类型，避免环境污染，控制城镇空间扩展规模。

生态资本地区的地理空间系统与景观生态格局确定了人居环境系统的空间发展的本底框架，区域的生态环境特征与生态要素格局构成了人居聚落与自然生态空间融合平衡发展的环境效应基础，中央绿心的空间组织模式是从人居环境整体与自然融合的角度，进行城乡复合

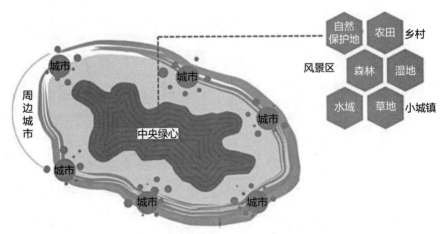

图6-73 区域层面"绿心＋多元"空间组织模式
（图片来源：中国工程院重大咨询项目"秦巴山脉绿色循环发展战略研究"课题组，作者改绘）

体与大气圈、生态圈的嵌合。这一嵌合空间体系是一个由地形、植被、土地使用以及人居聚落结构模式所共同构成的空间形态,其间包含了多种重复与类似的微观单元。在大尺度内的城乡空间发展,要依据大气层、地表层、地质层分析聚落与自然平衡发展的要素,维护和强化整体山水格局的连续性(如陕南地区的"两山、三江、一河、山环水穿"山水格局),遵循绿色发展需要进行图底关系转换,以全域空间思维保护自然生态空间,不改变原有的自然生态格局和流域本底,探寻城市与自然融合平衡的生态位。

(2)多元协同

中央绿心周边串珠状分布的城市地区,依托城镇群(如秦巴山地区的关中城镇群)呈现大分散、小集中的城乡聚落空间分布,不同中心城市之间通过高速交通线相连接。由绿色产业区空间构成增长极,有效带动外围地区的生态产业经济发展;城乡协同空间嵌入具有极化效应和辐射效应的人居聚落;在区域空间形成梯度发展的空间结构。

依托现有的城市、小城镇或乡村居民点完善与主导产业相关的生产服务性和公共服务性产业,将产业链体系中的次级链条和共生互利产业嵌入城镇用地空间,形成"镶嵌式"组团状空间格局(图6-74),使产业空间成长趋于成熟和稳定,城乡间的空间竞争与合作关系加强,实现城乡产业协同化的空间发展格局。

在此基础上,区域空间发展以生态安全为优先控制,通过不平衡发展的空间集聚形成产业经济空间的梯度布局。重点建设绿色发展城镇微集群,逐步建设城镇微集群周边地区带有

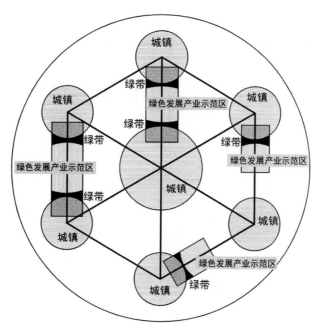

图6-74 区域层面多元协同空间的"镶嵌式"组团状模式
(图片来源:作者自绘)

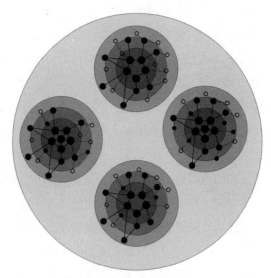

图6-75 区域空间梯度圈网状结构模式
（图片来源：作者自绘）

梯度性特征的"环城镇（群）绿色发展圈层"和"点—轴枝状绿色发展网"的区域城乡聚落空间结构（图6-75）。

2."浅绿—中绿—深绿—全绿"的人居空间建设模式

人居环境科学是一门以包括乡村、集镇、城市等在内的所有人类聚居为研究 对象的科学。以整体的观念寻找事物的相互联系，这是人居环境科学的核心[258]。本书提出的绿色人居空间结构反映了人居环境与自然生态环境的耦合，能够通过城乡规划设计协同生态保护、城乡统筹、经济循环发展等关系。

基于生态资本区域的人居空间结构体系，结合生态基础和产业条件，以绿色发展为导向，可以拓展提出"浅绿—中绿—深绿—全绿"四个程度的绿色人居空间类型，以此引导不同区域、不同规模与不同类型的人居环境建设模式。

（1）浅绿型人居空间

适用于生态资本区域范围内人口相对较多、规模较大、对生态环境干扰较大的区域中心城市（如商洛城市）。充分考虑城镇建设与山水环境的空间关系，利用沟壑、河谷、水系等自然要素划分城市组团，避免城市单中心蔓延拓展，利用快捷交通方式按照多中心、组团式的布局模式组织城市空间，形成以多个金融、商贸服务中心为核心，居住及公共服务围绕商业中心的城市组团，同时与城市外围的生态型产业园区构成相互联系的多中心城市空间结构（图6-76）。

（2）中绿型人居空间

适用于生态资本区域范围内地势相对平坦、交通条件及产业发展基础较好的 县城及小

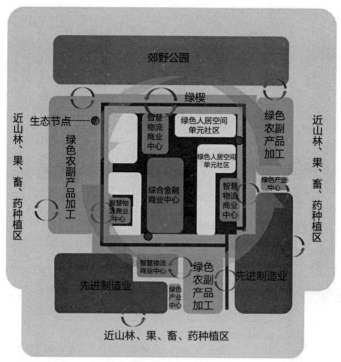

图6-76 浅绿型人居空间建设模式图
（图片来源：中国工程院重大咨询项目"秦巴山脉绿色循环发展战略研究"课题组，作者改绘）

城市（如商洛"一体两翼"地区的丹凤、洛南城市）。充分利用地形地貌，采用组团形式进行布局，通过生态绿地将城市空间进行自然切分，防止其城市蔓延发展，解决或改善城市热岛、内涝等环境问题；在城区内建设绿色产居一体的综合社区，内部提高建设密度，紧凑发展（图6-77）。

（3）深绿型人居空间

适用于地处生态保护要求相对较低，距离生态敏感区、水源保护地具有一定 距离的一般型乡镇或规模较大的乡村聚落。空间组织尽量集中、集约，可适当结合镇区现有布局规划生态农林畜药产品的绿色加工点、家庭作坊、农副产品集贸市场、电子商务园区等，充分利用地形地貌将城乡建设对生态环境的干扰降到最小（图6-78）。

（4）全绿型人居空间

适用于生态资本区域范围内的处于自然保护区、生态敏感区、水源地、国家公园区域内部等对生态具有较大干扰的部分居民点。此类居民点一般规模较小，空间分布较为分散。空间组织上引导其进行人口和建设用地的规模控制，对于自然生态极其敏感、自然灾害频发的区域，通过生态移民方式适当进行迁村并点，将相对分散的村庄向用地平坦、对外交通条件较好的村庄迁移，将迁移过后的村庄或乡镇进行生态还林或复垦；人居空间内部完善公共服

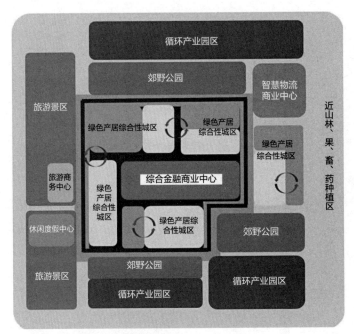

图6-77 中绿型人居空间建设模式图
（图片来源：中国工程院重大咨询项目"秦巴山脉绿色循环发展战略研究"
课题组，作者改绘）

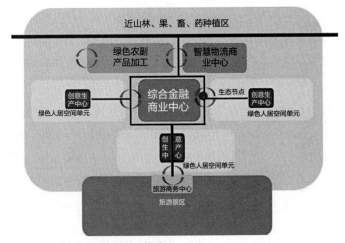

图6-78 深绿型人居空间建设模式图
（图片来源：中国工程院重大咨询项目"秦巴山脉绿色循环发展战略研究"课题组，
作者改绘）

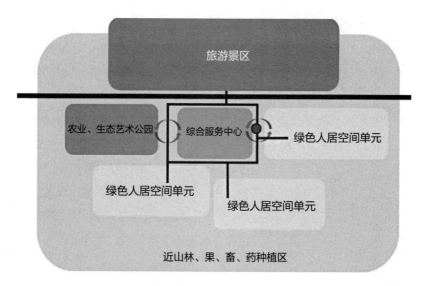

图6-79 全绿型人居空间建设模式图
（图片来源：中国工程院重大咨询项目"秦巴山脉绿色循环发展战略研究"课题组，作者改绘）

务职能，并与原有居住功能在空间上进行融合，实现保护与发展的有机结合。产业上禁止污染工业、采矿业的发展，引导农林畜药及生态服务业的绿色产业。完善排污、垃圾处理、新能源等环保类设施，通过微生物处理、太阳能利用、雨水收集等方式加强资源的循环利用，通过第一产业、第三产业的联动发展与循环利用，最大限度实现人居空间的废水、垃圾全处理、零排放（图6-79）。

生态资本地区的城乡空间具有实现绿色发展、绿色转型的优势条件，不同资源条件、发展需求的人居聚落，应考虑其保护与发展、前沿与腹地、补给与支撑、疏解与承接的特征差异，不可一概而论，通过空间组织的类型衔接与布局，实现多尺度下的互补与相宜。

6.7 本章小结

面对绿色发展目标的本质，城市空间组织的目的是构建"有序、高效、共生、可持续"发展的空间结构，使城市空间结构提升有机自组织的能力，在遵循原有城市空间结构遗传基因的前提下，城市空间的各要素协调共生，各种"流"持续动态优化。

本章在前文商洛城市空间模式要素体系建构的基础上，以自然生态环境与人居环境两大系统在空间、结构、功能的统一为出发点，本书基于绿色发展空间模式的组织特性，从层级性、差异性、整体性、时序性四个方面提出商洛城市空间模式构建原则，并提出宏观尺度商洛"一体两翼"地区城乡空间一体多元模式、中观尺度商洛城区空间复合流动模式、微观尺度商洛城市住区空间紧凑宜居模式。

宏观尺度商洛"一体两翼"地区城乡空间一体多元模式，着重在于地区的生态空间与产业经济要素的循环运行，在城市集群区域的尺度下，建立系统的空间结构，促进城市流强度的提升，增进城市的外向功能量，使城市集群区域的空间联系逐渐紧密，一体化程度持续加强；中观尺度商洛城区空间复合流动模式，建立城市自然生态空间山水格局的城市"绿色支撑基底"，保障城市自然生态环境，维护城市基本生态格局，进行交通—土地复合化的城市建设用地开发，以基质连通形成"以点带面、以线带片"的流动空间效应，促进物质流、能量流的循环，形成人工系统与自然系统的互相协调；微观尺度商洛城市住区空间紧凑宜居模式，以绿色人居空间单元为基本单位，围绕"个体栖居空间"，以"生态循环空间""经济循环空间"和"社会化空间"结构相互结合，与城市经济系统产生互动，通过自然要素的生态调节、资源利用与经济循环的紧凑节能、社会化空间的圈层关联，实现生活空间中的节能降耗和物质循环。

研究从区域、城区和城市住区层面对商洛城市"自然空间结构""经济空间结构""社会空间结构"的协同组织模式及不同层次之间功能空间层级组织模式进行整合。以"自然空间""经济空间""社会空间"三者的协同共生为组织方式，提出不同层面的城市空间模式；以绿色发展程度的差异，"浅绿—中绿—深绿—全绿"四个程度的空间格局衔接为组织方式，整合不同层次的空间结构要素及模式，实现系统关联。

以绿色发展的商洛城市空间模式研究进行拓展思考，探讨城市空间绿色发展的哲学内涵与组织机制，为生态资本优越地区的区域城乡空间和人居空间类型差异化发展提供参考与借鉴。

7 总结与展望

7.1 主要研究结论

本书依据绿色发展目标体系下城市空间模式为核心构建研究框架，确立商洛城市空间绿色发展目标体系。结合陕南秦岭地区城市空间建设的存在问题，以商洛城市空间为主体研究对象，对适合人居环境建设的绿色发展评价因子、指标权重、评价标准、因子指标与城市空间结构因素的关联度等内容，进行推导和确定。以此目标为导向，分析了商洛城市空间结构的基本特征，选取商洛"一体两翼"地区、商洛城区、商洛城市住区三个空间尺度，分别从自然空间结构、经济空间结构、社会空间结构等视角，剖析不同空间尺度下商洛城市空间的系统构成，提出绿色发展的城市空间模式。

本书通过得到的具体结论可概括为以下几个方面：

7.1.1 商洛城市空间绿色发展目标体系

通过对当前绿色发展目标体系的分析与比较，通过问题导引—因子分析—目标整合—方案决策的工作逻辑，进行商洛城市空间绿色发展目标体系的确立。

1．商洛城市建设用地发展及空间结构演化特征

通过对1990~2015年商洛城市中心城区建设用地发展情况的数据进行量化比较，对不同时期城市建设用地分布的演化情况进行比较及叠加分析，得出商洛城市中心城区空间结构演化特征：山水环境形态成为城市空间拓展的约束因素，资源要素则成为空间发展的动力条件；商洛城市的自然条件因素为城市空间的确立和发展提供了生长核空间；城市空间以"依山就势，顺水而生"的演进进程为主线，城市空间沿水系生长的特征十分明显；城市内部不同功能的过渡区呈现不同空间类型相互交错的格局，城市建设用地的边界与自然山水空间形态耦合。城市空间结构表现为外延内紧的演化特征。

2．商洛城市空间发展效能分析

对商洛城市2009~2015年城市空间发展的效能进行分析，从城市空间规模增长效能、城市土地利用效益、城市空间结构效能三个方面，采用定量分析的方法，得出结论：首先，在空间增长效能上，城市土地扩张趋向于郊区蔓延，快速经济发展背景下的城市土地粗放扩张问题开始显现。其次，2009~2015年商洛城市土地利用效益耦合度走势介于43.0~68.0之间，商洛城市社会经济的发展开始显现出对生态环境的胁迫作用；第三，商洛城市自然生态空间容量的分布极不平衡，对整体城市空间结构的控制作用发挥不足。

3．确立商洛城市空间绿色发展目标体系

围绕城市空间发展的内涵，确立商洛城市空间绿色发展目标体系由目标层、因素层和指标层构成。目标体系构成以生态环境系统目标为优先、经济系统目标为关键、社会系统目标为支撑形成3个目标层，通过"绿色协调度""绿色发展度""绿色持续度"的量化指标，多

维度建立城市空间结构组织模式和要素的协同关系。涵盖生物多样性保护、生态空间建设、城市环境安全、经济发展水平、土地集约利用、经济发展质量、人口素质水平、基础设施完善、生活模式健康、社会管理高效等10个因素层和33个单项指标，以单项指标的量化标准为考核性或引导性目标参照，对商洛城市的空间进行动态导控。

7.1.2 绿色发展目标导向的商洛城市空间结构分析

商洛城市空间绿色发展目标体系对城市空间结构的重要因素提出导控要求，通过分析商洛城市空间的量化结构与空间因素的结合关系和系统耦合对商洛城市的空间结构进行定量与定位分析，审视城市物质空间节点间的关系及其与整体结构的关系，揭示商洛城市空间结构的变化趋势与现状特征。

1. 基于定量分析的商洛城市空间结构变化趋势

综合商洛城市空间绿色发展的主要指标因子的关联度及指标数据现状2015年向规划2020年变化的趋势，对三个层次的14个指标因子的数量调整状况进行目标比对，分析城市空间数量结构的变化趋势：第一层次指标因子中，关联度为0.9703的工业用地比例呈上升趋势，且增加幅度较大，并背离了目标值；关联度为0.8731的人均绿地面积的变化趋势呈上升趋势，且顺应目标值方向变化，并达到了目标值。由此，中心城区中的工业用地数量较高，在城市空间发展中应进行调整；第二层次指标因子中，各指标因子的变化状况都呈增长趋势，达到目标值的指标因子包括建成区绿化覆盖率、人均城市建设用地面积、工业粉尘排放总量密度；而森林面积比例、建成区绿地率、耕地面积比例、住宅平均容积率趋近目标值，但未达标。这4个指标因子反映出在城市空间绿色发展中应对城市的生态空间建设与土地集约利用进行重点关注；第三层次指标因子中，各指标因子的变化趋势均为顺应目标值方向变化，建设用地面积比例、生活垃圾无害化处理率达到了目标值，工业废水排放总量密度趋近于目标值，公交站点500m范围覆盖率、5min可达公共服务设施覆盖率2个指标因子距离目标值还有差距，反映出在城市空间绿色发展中对城市公共服务设施的完善需要进行考虑。

2. 基于定位分析的商洛城市空间结构变化趋势

选择与定量分析重点指标因子相关的工业用地、绿地、居住与商业用地、公共活动空间进行空间定位分析，城市局部空间和整体空间结构关系考察城市空间发展特征。采用空间句法的技术原理，选取空间控制度、选择度、深度值和集成度指标，描述空间中节点与节点之间、节点与整体系统之间的关系，考察节点或整个结构的空间特征。结论表明：①城市整体空间以规模拓展为主，但不同方位的空间拓展内涵有差异性；②城市公共活动空间的集成度不高，商业服务业设施用地空间与居住空间的分离度较高，城市内部功能体单元的空间定位不均衡，空间互动与联系不够充分，空间结构效率有待提升；③作为生态斑块的城区内部的人工景观游憩空间及生态服务空间较为缺乏，致使城市绿地空间与其他功能用地空间的联系性减弱，城区内部功能体单元的生态流处于分割孤立状态，生态效应不高。

3. 商洛城市代谢系统结构特征

采用生态网络的量化分析方法，得出商洛城市代谢系统的内部结构与特征：①资源利用效率呈上升趋势，城市在区域空间中处于结构强中心，区域中各城市组团的协同联动尚有不足，缺乏相互之间的共生与竞争；② 2010～2016年商洛城市代谢系统中三类生态关系的总体上表现为掠夺和控制关系，城区空间为明显的单轴延伸空间结构，明显的单轴延伸空间结构使城市代谢系统生态关系以控制关系为主导，共生水平较低；③内部环境的感应度极其明显，自然空间结构是商洛城市空间发展的重要基底。通过对2010～2016年商洛城市代谢系统的流量矩阵进行分析，内部环境的感应度权重最高，城市发展对自然环境资源较为依赖。自然空间结构是城市代谢系统稳定的基底条件。

7.1.3 绿色发展的商洛城市空间结构核心要素

分析"宏观—中观—微观"三个层次的绿色发展商洛城市空间结构核心要素，为空间模式构建建立基础。由地理空间系统、人居环境系统、区域经济系统与景观生态格局的系统要素耦合构成"水平＋垂直"维度的商洛"一体两翼"地区空间结构；由自然生态基底、交通—土地复合基面与产业及基础设施基质的系统要素耦合构成"基底—基面—基质"的商洛城区空间结构；由个体栖居空间、生态循环空间、经济循环空间和社会化空间构成"节能降耗—物质循环"的商洛城市住区空间结构。

7.1.4 绿色发展目标导向的商洛城市空间模式构建原则

本书提出了商洛城市空间模式的要素体系组成，从地域环境、空间格局、空间形态3个方面对商洛城市空间模式要素进行剖析，从空间层级性、空间格局差异性、功能空间整体性、空间发展时序性4个方面提出商洛城市空间模式构建原则。

从商洛城市所处的自然地理环境出发，综合考虑自然空间结构、经济空间结构、社会空间结构的层级性，宏观层次的区域空间以资源控制性为主导，跨行政边界综合考虑商洛市域内的城市集聚区域，在商洛"一体两翼"地区范围内进行研究；中观层次以发展调控性为主导，在商洛中心城区空间范围内开展研究；微观层次以空间落实性为主导，针对商洛城区住区开展研究。

绿色发展目标的空间模式是不同层级空间构成完整的空间布局体系。商洛城市所处的秦巴山地区，包含多种生态资源条件各异的地理空间，形成了不同类型及规模的人居空间。结合生态基础和产业条件，以绿色发展程度为导向，提出"浅绿—中绿—深绿—全绿"的人居空间格局，以此引导不同区域、不同规模与不同类型的人居环境空间建设模式。

绿色发展的商洛城市空间模式以自然空间、经济空间、社会空间三个类型的功能空间进行结构组织，并在不同层面的主导功能空间有所侧重。在宏观层面区域商洛"一体两翼"地区范围内以"自然空间"和"经济空间"为主导，界定城市与生态环境系统的协调安全程度，确定绿色协调度和绿色发展度的区域分布格局；在中观层面商洛中心城区空间范围内以"经济空间"和"社会空间"为主导，确定绿色发展度及绿色持续度在城市的人居建设空间基本构架、交通基础设施网络结构及产业空间上的布局；在微观层面商洛城区住区以"社会空间"和"自然空间"为主导，确定具体的空间建设模式并协调人与自然环境、人与社会环境之间的关系，体现绿色持续度与绿色协调度的要求。

商洛城市空间模式以绿色发展"协调—发展—持续"的目标，可以确立为三个时空阶段。第一阶段为自然空间结构的整合，包括城市空间与自然环境的契合、城市山水格局的完整、生态植被的多样性格局保护、城区内山体水系与人工环境的融合、城区绿地空间系统等要素；第二阶段为自然空间与经济空间结构的耦合，包括区域城镇职能体系空间格局、城市交通网络空间结构、城市功能空间区位、城市土地利用方式等要素；第三阶段为自然空间、经济空间与社会空间结构的整体组织，包括区域内城镇体系空间格局、城市社区的空间模式、城市重要节点空间形态、城市公共服务设施配置与基础设施空间布局等要素。三个阶段的空间模式，表达了城市绿色发展空间由单一目标向多元目标的递进，空间组织由简单向复杂递进。

7.1.5 绿色发展的商洛城市空间模式

1. 商洛"一体两翼"地区空间一体多元模式

本书认为将城市置于多中心组团的城市群范围下进行协同发展和调控是绿色发展城市空间的关键之一。基于对商洛一体两翼地区的地理空间单元系统、人居环境系统、要素流与区域经济系统、景观生态格局的分析，在城市群地区的尺度下，建立系统的空间结构。考虑到地区的山地特征，其绿色发展的空间结构内不仅涉及水平维度空间关系，同时也考虑垂直维度空间关系的建立。

（1）自然生态空间的一体有序

商洛"一体两翼"地区的自然生态空间结构要素包含生态基底、生态极核、生态联系带和网状廊道，这4种结构要素通过各种自然生态要素在绿色人居空间范围内组织而成，构成绿心+环楔的空间框架，生态极核作为绿心，网状廊道及生态联系带连接生态极核和生态基底，城市（镇）的空间布局依托自然山体和河流水系环绕展开，同时，各城市（镇）通过环楔等结构性廊道引导自身的空间发展，以构建整体有序的区域空间结构。

（2）产业经济空间的一体循环

本书提出了商洛"一体两翼"地区农林业、制造加工业、新兴加工业、服务业绿色产业链模式，构建农林业、制造加工业、新兴加工业及服务业之间的生态产业链网，各类特色产业之间相互渗透与转化，实现三次产业之间的融合发展。

结合商洛"一体两翼"地区自然生态价值的转化目标，提出了水平维度与垂直空间维度的6种空间融合模式，可以促进自然生态空间的物质与能量在立体维度的流动与循环，有利于自然生态空间持续高效地发挥其生态效益，实现区域产业经济空间的良性循环发展。

（3）城乡空间的一体多元模式

商洛"一体两翼"地区的绿色发展强调城乡一体融合，构成兼具生态、生产、生活功能的人居空间，依托城乡流动网络促进各种"流"无障碍流动，围绕不同节点发展城市（镇）及综合服务社区、绿色产业社区和农村社区，各类节点在多中心聚集功能的基础上，通过生态位势产生要素流动，串联组合形成区域整体。

多元一体的城乡空间与自然生态空间共同构成商洛"一体两翼"地区的整体空间结构，区域中的城乡空间在自然生态空间框架下，依托生态极核和生态基质环绕布局，城乡节点通过生态联系带和网状生态廊道来引导自身的空间发展，并以绿色产业链进行功能链接与组合，形成一体多元的空间发展模式，城乡节点通过生态联系带和网状生态廊道以生态产业链进行功能链接与组合，形成五级城乡体系空间布局。

2．商洛城区空间复合流动模式

依据第4章中确立的商洛城市空间绿色发展目标，本书认为城区绿色人居空间结构构成需要从环境、资源、经济和社会等层面，考虑城市空间各功能要素绿色发展的途径，在土地利用方式、交通组织系统、产业体系、基础设施配置及社区系统方面构建城市绿色发展的空间模式。

（1）自然空间结构的生态互动

商洛城区所处的自然生态空间是由相互平行延伸的多个山脉相邻并包含带状河流谷地的环绕廊道式结构。其自然空间的生态整合通过"环状簇拥、廊道延伸、斑块整合"的"交错互动"发展模式。在城市空间与自然生态空间的边缘交界形成高复杂度的生态环境，包含更丰富的生物多样性活动概率，支持多层次的植被系统。廊道的连续性及与斑块基质的横向联系，提供更多植被、生物移动、水文过程的水平生态流动。

（2）经济空间结构的复合连通

本书从城区不同类型经济产业的空间发展模式、交通—用地一体化两个方面进行了分析。

本书认为土地制约型产业多以城市内主导的第二产业为主，在空间发展中应该通过集聚延伸模式进行功能和循环产业链的组织。可达性制约型产业多以城市内高层级的第三产业和公共服务业为主，在空间发展中应该通过中心辐射模式与城市其他功能空间进行连通。中间制约型产业以城市中的小规模工业或生产性服务业为主，在空间发展中应该通过星状联系模式与城市的其他功能空间进行复合。均匀制约型产业以中低层级的第三产业为主，在空间组织中应该通过多点分散模式与城市的社会功能空间进行复合。

在城区尺度层面上，本书认为城市空间绿色发展基面以倡导交通短路径出行模式为目标，建立交通—用地—功能的一体化复合空间模式，连接各类城市要素，以实现城市空间网络的复合连通功能，使城市的各类功能空间效应相互强化。

（3）社会空间结构的包容稳定

在城区绿色人居空间结构构成中，提出城市空间绿色发展基质正是催化高效性及创造安全、舒适的社会生活环境的关键。

将商洛城区历史文化的重要空间载体，作为历史文化展示区，以丹江、南秦河沿线为重要文化展示区域，结合水系形态与城市功能组团，构建郊野生态链、健身动步链、文化演绎链、湿地生态链、艺术展示链，构建商洛城区滨水文脉线。在城区建设用地内，采用快速公交线路及骨干公交线路作为文化展示链，结合公交主要站点，作为城区内小尺度公共活动空间，复合居民日常社会活动，并以此构成多点网状空间结构。

（4）城区整体空间的复合流动

从商洛城区空间发展的内涵来看，自然生态空间基底、交通—用地基面与催化基质共同作用，构建人工系统与自然系统互相协调的网络化复合流动空间发展格局，并在产业经济空间中以集聚延伸模式的多维产业链空间形成城区绿色发展引导区，使城市在空间拓展中，由单纯追求土地效益的单一空间扩张，转向产业、基础设施及居住功能联动、交错弹性的空间发展路径。商洛城区整体空间构成"山体成环、绿芯为核、水系为轴、沟峪成廊、功能成组成链"的结构模式。

3．商洛城市15hm²绿色人居空间单元的构建

本书通过对自然地理单元、人居单元、生态单元的特征分析，提出"绿色人居空间单元"系统构成的耦合关系。

本书认为城市道路交叉口间距成为住区绿色人居空间单元规模的主要影响因素，受城市带形空间结构的影响与制约，商洛城区道路网系统东西向道路交叉口间距较大，其均值约为487m，南北向道路交叉口间距较小，其均值约为294m，城市街区地块的平均规模约在16.3565hm²。依据商洛城市空间布局的基本特征，研究以东西向500m，南北向300m为尺度构成的街区地块（500m×300m）作为商洛城市住区绿色人居空间单元的基本规模，单元面积为15.0hm²，这一单元规模处于10min生活圈居住区范围。单元的基本结构特征表现为，物质及其循环是单元的本底要素，人的生活需求和行为活动带来的人与自然—经济—社会的互动是单元的功能协同要素。

4．商洛城市住区空间紧凑宜居模式

商洛城市住区绿色人居空间单元的建构围绕"个体栖居空间"，以"社会空间"和"自然空间"结构为依托相互结合，并与城市经济系统产生互动，以实现生活空间中的节能降耗

和物质循环。本书通过对个体栖居空间、人与自然交融空间、社会化空间、经济系统互动空间的分析，提出商洛城市住区绿色人居空间单元自然空间生态调节、经济空间紧凑节能、社会空间圈层关联的空间模式。

（1）自然要素的生态调节

研究选取商洛城区5个典型住区，分别从热环境、风环境、生态过程维持、垂直绿化4各方面提出自然空间生态调节的空间结构。本书认为商洛城区内住区的绿地率提高对居住环境热环境会产生一定的影响，但过高的绿地率对热舒适度的影响并不显著，其指标应以30%～40%为宜。在住区绿地率为30%的相同条件下，不同绿地形式并不会引起室外温度的大幅度变化，点式绿地形式和条带状绿地形式对居住环境的日平均气温变化影响差异一般在0.4℃以内。条带状式绿地对热舒适指标的改善作用主要平行于人行道走向，点式绿地则能够改变热舒适指标在纵深方向上的分布状况。依据商洛城市住区滨水依山的区位特征，住区内沿板式住宅建筑或连续界面应增加滨水近山的通透空间，增加住区内的风环境补偿空间。

商洛城市住区的生态过程维持需要考虑其雨水径流及自然植被特征，在住区自然空间结构中注重不同功能类型绿地的设置，在二维平面上构成以休闲游憩绿地、雨洪设施绿地及自然留存绿地三种功能综合配置的人与自然交融空间。雨洪设施绿地规模可占住区总用地比例的5%～8%，住区的垂直绿化率以不低于50%为宜。

（2）资源利用与经济循环的紧凑节能

本书研究提出商洛城市绿色人居空间单元以中度兼容模式为主，住宅用地比例为50%，其他功能土地利用方式比例为50%，依据不同比例的土地混合方式构成多种用地平衡类型。通过住区内部交通与城市3D交通系统的衔接，构建"十字＋网络"状的慢行交通空间，串联住区内的公共服务设施与自然空间，划分通勤性慢行路径及休闲游憩性慢行路径，构建绿色出行导向的交通体系；并通过水资源循环利用、绿色能源利用、固体废弃物的回收再利用、农业植入的物质循环代谢4个方面，提出结合住区内的垃圾站和雨水处理设施，增设堆肥、沼气生产等功能设施，建设住区的物质循环与中转综合设施，完善住区绿色人居空间单元的物质代谢系统，从物质空间、代谢循环、居民参与等多方面实现循环再生导向的资源利用模式，体现"生产""生态""生活"紧凑一体的特性。

（3）社会化空间的圈层关联

本书以500m×300m的基本单元规模，通过生活圈概念构建商洛城市住区绿色人居空间单元的社会空间模式，构成居民日常居住环境社会活动需求的空间范围，从住区居民行为需求角度进行社会化空间的供给，这一单元规模以5min邻里社会化空间供给为基础，并处于10min基层社会化空间的涵盖范围。其中，5min邻里社会化空间为散点共享型空间布局，整合各类日常社会需求，步行可达距离不超过300m，通过功能混合或共享集约建设用地，提高邻里社会化空间的服务供给效率。10min基层社会化空间为斑条集中型空间布局，设置社会化需求设施，步行可达距离不超过500m，结合公交站点在城市街道或住区中心进行空间布局，利用城区公共交通网络提高基层社会化空间的扩展服务。以5min邻里社会化空间和10min基层社会化空间为框架，在住区中构建300m和500m设施圈层，针对不同年龄居住人群的活动规律和设施的使用需求，将高关联度的社会化空间邻近布局或整合布局。同时将住区绿色人居空间单元视为居住、生活、服务、工作等多功能复合的有机整体，复合嵌入式就业空间，适度促进职住平衡，降低城市通勤消耗，减少城市生态足迹。

5．绿色发展的商洛城市空间模式体系框架

本书从层面与层间组织机制对商洛城市空间模式进行剖析，从区域层面、城区层面和城市住区层面对商洛城市"自然空间结构""经济空间结构""社会空间结构"的协同组织模式及不同层次之间功能空间层级组织模式进行整合。以不同空间尺度下"自然空间""经济空间""社会空间"三者的协同共生为组织方式，提出不同层面的城市空间模式；以绿色发展程度的差异，"浅绿—中绿—深绿—全绿"四个程度的空间格局衔接为组织方式，整合不同层次的空间结构要素及模式，实现系统关联。

7.2 研究创新点

7.2.1 通过"绿色协调度""绿色发展度""绿色持续度"内涵的量化指标建立城市空间绿色发展目标体系

目前，国内外针对"绿色发展"在国家、省际、城市等不同层面上提出了发展目标和指标体系，一些地方根据地区实际情况也在探索适宜的绿色发展目标，基于经济增长、政府管理层面的目标体系研究发展已相对成熟。本书在此基础上，构建针对城市空间适宜性理念和整体综合特征的绿色发展目标体系；并以商洛城市空间为对象，有针对性地对适合人居环境建设的绿色发展评价因子、指标权重、评价标准、因子指标与城市空间结构因素的关联度等内容，进行推导和确定。

与现有的诸多城市绿色发展指标比较，研究构建的指标体系弥补了现有指标体系中城市空间内容的匮乏，特别针对城乡生态空间协同、土地资源保护、绿色建筑、绿色发展社区等内容进行了完善，在城市空间的"绿色协调度""绿色发展度""绿色持续度"三个方面，从城市生态环境质量层面、城市经济发展"数量"层面和城市社会进步的时间层面提出城市空间相关指标，为城市空间管控目标提供参考。

7.2.2 依据绿色发展程度构建"浅绿—中绿—深绿—全绿"的人居空间格局

绿色发展目标的空间模式是不同层级空间构成完整的空间布局体系。商洛城市所处的秦巴山区，包含多种生态资源条件各异的地理空间，以此为基础形成了不同类型及规模的人居空间。在此基础上，结合生态基础和产业条件，以绿色发展程度为导向，提出"浅绿—中绿—深绿—全绿"的人居空间格局，以此引导不同区域、不同规模与不同类型的人居环境绿色发展模式。以商洛城市绿色人居空间单元为基础，依据沿山滨水的自然空间特征，分别提出沟峪开放中绿型绿色人居空间住区模式及岸线楔入浅绿型绿色人居空间住区模式。此外，以"浅绿—中绿—深绿—全绿"四个程度的空间格局衔接为组织方式，通过集合包容层间组织，整合不同层次的空间单元尺度要素及模式，实现系统关联。提出结合"层面"与"层间"的空间组织机制，构建了多空间尺度下的城市空间模式体系框架，以求通过相应的系统构成和空间模式，探索生态敏感区城市空间多层次绿色发展的新思路、新途径，从而明确绿色发展理念与城市空间结合的可能性。

7.2.3　带形小城市15hm²绿色人居空间单元构建

本书引入系统的"单元"组织理念，从生态学、人类聚居学基础理论出发，遵循系统性和整体性的观点，将绿色发展体系中的功能空间整合在物质空间层面上，在微观住区尺度下建立商洛城市绿色人居空间单元。

本书认为城市道路交叉口间距成为住区绿色人居空间单元规模的主要影响因素，受城市带形空间结构的影响与制约，商洛城区道路网系统东西向道路交叉口间距较大，其均值约为487m，南北向道路交叉口间距较小，其均值约为294m，城市街区地块的平均规模约在16.3565hm²。依据商洛城市空间布局的基本特征，研究以东西向500m，南北向300m为尺度构成的街区地块（500m×300m）作为商洛城市住区绿色人居空间单元的基本规模，单元面积为15.0hm²，单元规模处于10min生活圈居住区范围。这一绿色人居空间单元具有系统的循环互动特性，使其空间结构和格局包含相对完整的生态链（网），服务人居生活的基础功能，并实现物质流、能量流的相对循环，商洛绿色人居空间单元由个体栖居空间、生态循环空间、经济循环空间和社会化空间共同构建，为人居环境视角下研究绿色发展问题提供了空间组织形式及规划管控的探索。

7.3　研究不足与展望

本书的研究仍存在一定不足和局限性。首先，因调研资料与数据采集的局限性，在进行城市空间定量与定位分析，以及城市代谢网络的生态关系分析中可能存在一定误差，这些客观限制尽管不影响对研究对象系统特征与规律的剖析，但在后续的研究中可对其进一步精确和深化。其次，关于商洛城市空间绿色发展目标体系的确立，主要以专家决策进行指标因子的初选和精选，虽然对指标进行了量化研究与测算，但相关结论的普适性价值受到一定限制，后续研究可采用较为客观的大数据调研进行优化。再次，本书主要集中于绿色发展理念与城市空间的结合，初步提出了"绿色人居空间单元"的构建，但对这一体系在城乡规划实践中的应用诠释不足，例如针对空间规划体系的生产、生活、生态空间开发管制规划内容，以及可能由此引出的规划建设管控指标体系及管控路径缺少探索。最后，城市空间发展始终是一个动态变化的复杂过程，本书提出的绿色发展商洛城市空间模式仅能解决城市在转型过程中的主要矛盾，随着城市空间的不断演进，其模式也将产生变化。此外，在课题研究过程中还有一些具体问题由于工作量与时间等原因尚待进一步研究和解决。例如，研究的出发点是以自上而下的规划干预思维探讨了城市空间发展的体系框架建构，但对于自下而上式的微观城市生活空间公众参与绿色发展模式未能展开全面分析，可作为后续研究的重点内容之一。

新的全球背景与发展诉求下，绿色发展理念为研究人居环境科学的哲学内涵和空间组织逻辑提出了新的要求与思路，为城乡规划、国土空间规划的价值建构、内容拓展和效用评价提供了新的视角与目标。但是，绿色发展理念主要聚焦于思想理念的分散研究，尚缺少统一的学科定位和分析框架，并不能解决当代城市规划与设计中存在的所有问题；此外，城市空间绿色发展的目标体系也不一定代表城市空间的最优结果，影响城市空间发展的变量要素众多，空间模式的解也是多元的。因此，绿色发展空间的研究应进行多学科交叉融合的探索，城市生态学、城市地理学、城市经济学、城市社会网络分析等各种不同学科背景的研究视角、研究方法与技术手段的综合应用将为新发展模式下探索人居环境空间研究及相关决策提供有益的借鉴。

参考文献

[1] 恩格斯. 自然辩证法[M]. 北京：人民出版社，1971：216.

[2] 曼纽·卡斯特尔. 网络社会的崛起[M]. 夏铸久，王志弘等译. 北京：社会科学文献出版社，2001：504.

[3] 蕾切尔·卡逊. 寂静的春天[M]. 吕瑞兰，李长生译. 上海：上海译文出版社，2008：294.

[4] 梅雪芹. 历史学与环境问题研究[J]. 北京师范大学学报（社会科学版），2008，207（3）：52-60.

[5] 鱼晓惠. 西北黄土高原地区小城市有机生长规划方法研究[D]. 西安：长安大学，2007.

[6] 胡鞍钢，周绍杰. 绿色发展：功能界定、机制分析与发展战略[J]. 中国人口. 资源与环境，2014，24（1）：14-20.

[7] Pushpam K. The Economics of Ecosystems and Biodiversity: Ecological and Economic Foundations [R]. Nairobi: UNEP/Earth print, 2012.

[8] Pearce D W, Hamilton K, Atkinson G. Measuring sustainabledevelopment: Progress on indicators [J]. Environment and Development Economics, 1996(1): 85-101.

[9] 杨灿，朱玉林. 国内外绿色发展动态研究[J]. 中南林业科技大学学报（社会科学版），2015，9（6）：43-50.

[10] The BP Group. BP Statistical Review of World Energy[R]. BP, 2011.

[11] 2018年年末中国常住人口城镇化率为59. 58% 户籍人口城镇化率为43. 3%［EB/OL］中国经济网，2019-02-28.

[12] 中国社会科学院城市发展与环境研究所. 中国城市发展报告（2012）[R]. 北京，2012.

[13] 国土部：应以"用地极限"控城镇化规模［EB/OL］. 新华网，2013-04-01.

[14] 张晓强. 中国绿色发展战略路径[J]. 政策瞭望，2010（7）：49-50.

[15] Khalid S. Al-hagla. Sustainable urban development in historical areas using the tourist trail approach: A case study of the Cultural Heritage and Urban Development (CHUD) project in Saida, Lebanon [J]. Cities, 2010, 27(4): 234-248.

[16] 霍艳丽，刘彤. 生态经济建设:我国实现绿色发展的路径选择[J]. 企业经济，2011（10）：63-66.

[17] Pearce D W, Atkinson G. Capital theory and the measurement of sustainable

development: an indicator of weak sustainability [J]. Ecological Economics, 1993, 8(2): 103-108.

[18] 赵峥，张亮亮. 绿色城市：研究进展与经验借鉴[J]. 城市观察，2013（04）：161-168.

[19] 郑德凤，臧正，孙才志. 绿色经济、绿色发展及绿色转型研究综述[J]. 生态经济，2015，31（2）：64-68.

[20] 中华人民共和国国家发展和改革委员会. 中华人民共和国国民经济和社会发展第十二个五年规划纲要[M]. 北京：人民出版社，2011：1-9.

[21] 胡鞍钢. 中国创新绿色发展[M]. 北京：中国人民大学出版社，2012：14-16.

[22] 刘纯彬，张晨. 资源型城市绿色转型内涵的理论探讨[J]. 中国人口·资源与环境，2009，19（5）：6-10.

[23] 季铸. 中国300个省市绿色经济与绿色GDP指数：绿色发展是中国未来的唯一选择[J]. 中国对外贸易，2012（2）：24-33.

[24] 张叶，张国云. 绿色经济[M]. 北京：中国林业出版社，2010：9-10.

[25] 杨朝飞，里杰兰德. 中国绿色经济发展机制和政策创新研究[M]. 北京：中国环境科学出版社，2012：15-18.

[26] 张春霞. 绿色经济发展研究[M]. 北京：中国林业出版社，2002：16-19.

[27] 孙伟，周磊."十二五"时期我国发展绿色经济的对策思考[J]. 湖北社会科学，2012（8）：81-84.

[28] 苏立宁，李放. 全球绿色新政与我国绿色经济政策改革[J]. 科技进步与对策，2011，28（8）：95-99.

[29] 曹东，赵学涛，杨威杉. 中国绿色经济发展和机制政策创新研究[J]. 中国人口·资源与环境，2012，22（5）：48-54.

[30] Gordon D. Green cities: ecologically sound approaches to urban space [M]. Montreal: Black Rose Books, 1990.

[31] United Nations Environment Programme. Towards a green economy: Pathways to sustainable development and poverty eradication [EB/OL]. [2014-11-15]. http://www.unep.org/greeneconomy/Portals/88/documents/ger/ger_final_dec_2011/Green%20EconomyReport_Final_Dec2011.pdf.

[32] Simpson R, Zimmermann M. The economy of green cities: A world compendium on the green urban economy [M]. Dordrecht: Springer, 2013.

[33] Beatley T. Green urbanism: Learning from European cities [M]. Island Press, 2000.

[34] Kahn M E. Green cities: Urban growth and the environment [M]. Cambridge Univ Press, 2006.

[35] UN-Habitat, UNEP. Sustainable cities programme 1990–2000: A decade of United Nations support to broad-based participatory management of urban development [R]. Nairobi: UN-Habitat, 2001.

[36] Hammer S, Kamal-Chaoui L, Robert A, et al. Cities and green growth: A conceptual framework [R]. Paris: OECD Publishing, 2011: 29.

[37] Beatley T. Green urbanism: Learning from European cities [M]. Washington: Island Press, 2000: 4.

[38] 卡恩·马修. 绿色城市：城市发展与环境的动态关系[J]. 城市发展研究，2011，18（10）：2-13.

[39] Stanford Program on Regions of Innovation and Entrepreneurship. Smart green cities [EB/OL]. (2013-08-01)[2014-12-07]. http://sprie.gsb.stanford.edu/research/smart_green_cities.

[40] Stanford Program on Regions of Innovation and Entrepreneurship. Innovations for smart green city: What's working, What's Not and What's Next [EB/OL]. (2012-06-27)[2014-12-07]. http://sprie.gsb.stanford.edu/events/innovations_for_smart_green_city_whats_working_whats_not_and_whats_next/.

[41] Earth Day Network. What does a green city mean to you? [EB/OL]. [2014-12-07]. http://www.earthday.org/greencities/learn/.

[42] Wells W. What is green urbanism? [EB/OL]. (2010-10-01)[2014-12-11]. http://www.planetizen.com/node/46245.

[43] 欧阳志云，赵娟娟，桂振华等. 中国城市的绿色发展评价[J]. 中国人口·资源与环境，2009，19（5）：11-15.

[44] 李萌，李学锋. 中国城市时代的绿色发展转型战略研究[J]. 社会主义研究，2013（1）：54-59.

[45] 余猛. 绿色城市的指标构建与经济效益[J]. 城市环境设计，2008（3）：116.

[46] 张梦，李志红. 绿色城市发展理念的产生、演变及其内涵特征辨析[J]. 生态经济，2016，32（5）：207.

[47] 王如松. 绿色城市的科学内涵和规划方法[J]. 中国绿色画报，2008（11）：24-25.

[48] 赵峥. 绿色城市：研究进展与经验借鉴[J]. 城市观察，2013（4）：162-164.

[49] 袁文华，李建春，刘呈庆，吴美玉. 城市绿色发展评价体系及空间效应研究[J]. 华东经济管理，2017，31（5）：19-27.

[50] 邵全，肖洋，刘娜. 绿色北京指标体系的构建与评价研究[J]. 生态经济，2015，31（6）：92-102.

[51] 王淼. 绿色城市评价指标体系研究[D]. 大连：东北财经大学，2015.

[52] 范兴月. 绿色城市指标体系的构建及评价[J]. 广西科技师范学院学报，2018，33（1）：134-137.

[53] 张登国，高原. 家庭碳排放视角下的中国绿色城市建设研究[J]. 山西财经大学学报，2011，33（3）：16-25.

[54] Steffen Lehmann，胡先福. 绿色城市废弃物的循环利用及其长远影响[J]. 建筑技术，2014，45（11）：966-968.

[55] Steffen Lehmann，胡先福. 绿色城市规划法则及中国绿色城市未来展望[J]. 建筑技术，2014，45（10）：917-921.

[56] 孙瑛. 绿色城市社区内部交通系统规划策略研究[J]. 特区经济，2014（6）：115-117.

[57] 高菲，张均，曾九利. 成都市绿色城市发展与规划探索[J]. 规划师，2017（增刊 2）：77-80，99.

[58] 王嫒钦. 基于文化基因的乡村聚落形态研究——以苏州市陆巷村、林屋村、澄墩村为例[D]. 苏州：苏州科技学院，2009.

[59] 朱勍. 城市研究中生命视角的引入[J]. 城市规划学刊，2008（2）：24-30.

[60] Gottdiener M. New Urban Sociology [M]. NY: McGraw-Hill. 1994.

[61] 李明术. 近现代武汉水运对城市空间演变影响规律研究（1861—2009年）[D]. 武汉：华中科技大学，2011：4.

[62] 谢浩. 区域经济非均衡发展研究综述[J]. 理论界，2014（10）：31-35.

[63] 段进. 城市空间发展论[M]. 南京：江苏科学技术出版社，2006.

[64] Narisra Limtanakool, Tim Schwanen, Martin Dijst. Developments in the Dutch Urban System on the Basis of Flows[J] . Regional Studies，2009, 43(2): 179-196.

[65] 李瑞，冰河. 快速城市化背景下城市群和城市群脉的空间发展模式[J]. 武汉大学学报（工学版），2005，38（1）：148-152.

[66] 史雅娟，朱永彬，冯德显，王发曾，熊文. 中原城市群多中心网络式空间发展模式研究[J]. 地理科学，2012，32（12）：1430-1437.

[67] 卓玛措，罗正霞，马占杰，李春花. 青海省区域发展空间模式研究[J]. 青海民族学院学报（社会科学版），2008，34（2）：95-100.

[68] 陈玮玮，杨建军. 浙中城镇群体空间发展模式[J]. 现代城市研究，2006（4）：59-63.

[69] 刘健. 区域·城市·郊区——北京城市空间发展的重新审视[J]. 北京规划建设，2004（2）：64-67.

[70] 李国平，刘霄泉，孙铁山. 北京建设世界城市的市域空间发展模式研究[J]. 北京联合大学学报（人文社会科学版），2010，8（3）：5-15.

[71] 熊世伟. 创新上海城市空间发展模式的新思考[J]. 现代经济探讨，2006（4）：84-87.

[72] 周艺怡，范小勇，沈佶. 天津滨海新区多中心空间发展模式初探[J]. 城市，2009（10）：30-34.

[73] 陈宇. 天津市海河中游地区城市功能及空间发展模式研究[D]. 天津：天津大学，2011.

[74] 穆江霞. 西安土地集约利用的城市空间发展模式研究[D]. 西安：西安建筑科技大学，2007.

[75] 邢兰芹. 基于可持续发展的西安城市空间结构研究[D]. 西安：西北大学，2012.

[76] 朱楠，石秦. 新型城镇化战略下西安空间发展模式新动向[J]. 规划师，2014，30（1）：106-110.

[77] 张中华，张沛，余侃华. 城乡交错区一体化发展的空间模式解构研究——以西安为例[J]. 创新，2017，11（1）：29-40.

[78] 钱晨佳，吴志城. 西宁市中心地区空间发展模式探讨[J]. 规划师，2003，19(1)：52-55.

[79] 魏广君，董伟. 大连城市空间发展模式及内涵研究[J]. 华中建筑，2012（12）：77-79.

[80] 吴文英. 福州城市空间结构形态发展[J]. 闽江学院学报，2007，28（2）：99-104.

[81] 郑雪玉. 福州中心城区空间发展模式探讨[J]. 福建建筑，2010，145（7）：13-14+2.

[82] 王艳玲. 区域整体观与小城镇空间发展规划研究[D]. 杭州：浙江大学，2006.

[83] 张瑞平. 西部城镇空间发展模式研究[J]. 科技信息，2008（31）：519.

[84] 杨荣南，张雪莲. 对城市空间扩展的动力机制与模式研究[J]. 地域研究与开发，1997，16（2）：1-5.

[85] 张庭伟. 1990年代中国城市空间结构的变化及其动力机制[J]. 城市规划，2001，25（7）：7-14.

[86] 石崧. 城市空间结构演变的动力机制分析[J]. 城市规划汇刊，2004，149（1）：50-52.

[87] 吴佳莉. 城乡接合部空间拓展的动力机制和发展模式研究——以柳州市为例[D]. 武汉：华中农业大学，2008.

[88] 成受明. 山地城市空间扩展动力机制及扩展模式研究[D]. 重庆：重庆大学，2003.

[89] 孙斌栋，石巍，宁越敏. 上海市多中心城市结构的实证检验与战略思考[J]. 城市规划学刊，2010（1）：58-63.

[90] 王士君，王永超，冯章献. 吉林省中部地区中心地空间关系分析[J]. 地理科学进展，2012，31（12）：1628-1635.

[91] 王颖，孙斌栋，乔森，周洪涛. 中国特大城市的多中心空间战略：以上海市为例[J]. 城市规划学刊，2012（2）：17-23.

[92] 姚宏. 西康铁路沿线秦巴山地自然资源优化配置研究[D]. 西安：陕西师范大学，2000.

[93] 姜明全，陈建新. 发展秦巴山区特色经济初探[J]. 陕西农业科学（农村经济版），2000（12）：12-14.

[94] 席恒，郑子健. 秦巴山区区域社会可持续发展的问题与对策[J]. 西北大学学报（哲学社会科学版），2000（2）：136-141.

[95] 朱葛劲，朱创业，庞筑丹. 基于增长极效应理论的秦巴地区旅游竞合分析[J]. 资源开发与市场，2008，24（11）：1042-1043+1037.

[96] 张景群，康永祥，延利锋. 陕西秦巴山区旅游开发SWOT分析与发展战略研究[J]. 生态经济（学术版），2008（1）：312-317.

[97] 严江. 四川贫困地区可持续发展研究[D]. 成都：四川大学，2005.

[98] 陈秋玲. 秦巴经济走廊生态环境整治与预警系统的构建[J]. 上海大学学报（社会科学版），2003，20（3）：55-60.

[99] 何家理. 秦巴山区生态环境建设的基本经验与问题研究[J]. 唐都学刊，2005，21（3）：53-57.

[100] 段德罡，徐岚. "5·12"震后秦巴山区的城乡建设应对[J]. 西安建筑科技大学学

报（自然科学版），2008，40（5）：720-726.

[101] 孙若兰. 基于综合防灾减灾的陕南山区县域城乡空间布局策略研究——以陕西省丹凤县为例[D]. 西安：西安建筑科技大学，2010.

[102] 曹世臻. 陕南小城镇公共安全规划研究——以略阳县城综合防灾专项规划为例[D]. 西安：西安建筑科技大学，2010.

[103] 张研. 陕南地区特色小城镇形象营造方法初探[D]. 西安：长安大学，2010.

[104] 许娟. 秦巴山区乡村聚落规划与建设策略研究[D]. 西安：西安建筑科技大学，2011.

[105] 李胜坤，张毅，闫欣，牛利强，汪洋洋，曹娟. 基于GIS的秦巴山区乡村聚落空间格局研究——以湖北省竹溪县为例[A]. 见：第五届海峡两岸经济地理研讨会摘要集[C]. 南京：第五届海峡两岸经济地理研讨会，2014-06-27.

[106] 李晓娟，陈磊钦. 新常态背景下乡村人居环境优化策略——基于秦巴山区城乡统筹示范区实践研究. [A]. 见：新常态：传承与变革——2015中国城市规划年会论文集（13山地城乡规划）[C]. 贵阳：2015中国城市规划年会，2015-09-19.

[107] 闫杰. 秦巴山地乡土聚落及当代发展研究[D]. 西安：西安建筑科技大学，2015.

[108] 蔡晓兰. 秦巴山地城镇化发展路径研究——以柞水县为例[D]. 杨凌：西北农林科技大学，2011.

[109] 余琪，杨培峰，宋平. "边城"突围：秦巴腹心区域中心城市发展路径研究[J]. 小城镇建设，2015，316（10）：46-53.

[110] 张宇钰. 秦巴山地小城市生态城市规划建设研究——以安康市为例[D]. 杨凌：西北农林科技大学，2012.

[111] 卡比力江·吾买尔，宁奂文，小出治. 新型城镇化背景下的四川省秦巴山区空间发展战略研究[J]. 国土资源科技管理，2016，33（6）：73-85.

[112] 徐德龙，潘云鹤，李伟，刘旭，徐南平，钟志华，侯立安. 秦巴山脉绿色循环发展战略[J]. 中国工程科学，2016（5）：1-9.

[113] 鱼晓惠，周庆华. 基于绿色循环理念的秦巴山地区发展模式研究[A]. 见：秦巴山脉绿色循环发展战略研究[C]. 西安：中国工程科技论坛——秦巴论坛，2016-9-11-13.

[114] 吴左宾，敬博，郭乾，李炬，魏阿妮. 秦巴山脉绿色城乡人居环境发展研究[J]. 中国工程科学，2016（5）：60-67.

[115] 雷会霞，敬博. 秦巴山脉国家中央公园战略发展研究[J]. 中国工程科学，2016（5）：39-45.

[116] 周庆华，牛俊蜻. 秦巴山脉周边城市地区协同发展研究[J]. 中国工程科学，2016（5）：10-16.

[117] 受明，李宸强，陈春华. 基于分型理论的四川秦巴山区城镇体系研究[J]. 国土资源科技管理，2016，33（6）：108-114.

[118] 梁超. 秦巴山地住区规划设计方法研究[D]. 西安：长安大学，2017.

[119] Yu Xiaohui, Lin Gaorui, Yang Ruhui. Spatial pattern classification of agricultural-production rural settlements in Hanzhong area[J]. Agro Food Industry Hi-Tech. 2016,

27(6): 113-118.

[120] Yu Xiaohui, Yang Ruhui, Lin Bo. Small Valley Urban Spatial Form in Hanjiang River Basin[J]. Open House International, 2018, 43(1): 11-15.

[121] 余咪咪. 新型城镇化背景下安康移民搬迁安置区营建模式及策略研究[D]. 西安：西安建筑科技大学，2017.

[122] 王学军. 大力推进生态文明建设，实现绿色循环低碳发展［EB/OL］. 中国人大网，2013-09-27.

[123] Bertalanffy L v. The History and Status of General System Theory. In: Klir G J. Trends in General Systems Theory. [M]. New York: Wiley, 1972, 26.

[124] 章肖明. 道萨迪亚斯和"人类聚居科学"[D]. 北京：清华大学，1986：16.

[125] （英）A·麦肯齐等. 生态学[M]. 孙儒泳等译. 北京：科学出版社，2001.

[126] 张光明，谢寿昌. 生态位概念演变与展望[J]. 生态学杂志，1997，16（6）：46-51.

[127] 云正明，刘金铜等. 生态工程[M]. 北京：气象出版社，1998：29.

[128] 沈满洪. 生态经济学（第二版）[M]. 北京：中国环境出版社，2016：13.

[129] 龙妍，黄素逸，刘可. 大系统中物质流、能量流与信息流的基本特征[J]. 华中科技大学学报（自然科学版），2008，36（12）：87-90.

[130] 沈满洪. 生态经济学（第二版）[M]. 北京：中国环境出版社，2016：112.

[131] 张效莉. 人口、经济发展与生态环境系统协调性测度及应用研究[D]. 成都：西南交通大学，2007：20.

[132] 方创琳等. 中国新型城镇化发展报告[M]. 北京：科学出版社，2014.

[133] Fang Chuanglin, Liu Xueqin. The analysis on the coupling relationship between urbanization and eco-environment and the eco-environmental guarantee [J]. Journal of Geographical Sciences, 2009(19): 95-106.

[134] 郎铁柱，钟定胜. 环境保护与可持续发展[M]. 天津：天津大学出版社，2005：20-29.

[135] 任继愈. 中国哲学发展史[M]. 北京：人民出版社，1985：583.

[136] 冯之浚. 循环经济与绿色发展[M]. 杭州：浙江教育出版社，2013：8.

[137] 马克思. 1844年经济学——哲学手稿[M]. 北京：人民出版社，1972.

[138] 李斌. 绿色发展中的政府角色定位探究[J]. 经济论坛，2013（6）：143-145.

[139] 中国社会科学院工业经济研究所课题组，李平. 中国工业绿色转型研究[J]. 中国工业经济，2011（4）：5-14.

[140] 胡鞍钢，周绍杰. 绿色发展：功能界定、机制分析与发展战略[J]. 中国人口·资源与环境，2014，24（1）：14-20.

[141] 齐建国. 循环经济与绿色发展——人类呼唤提升生命力的第四次技术革命[J]. 经济纵横，2013（1）：43-53.

[142] 黎祖交. 关于绿色发展与生态系统保护和修复的几个观点[J]. 林业经济，2018（9）：3-5.

[143] 陈贻安. 关于社会发展与生态规律的思考[J]. 北京交通管理干部学院学报，

2006，16（2）：3-9.

[144] 周琳琳. 基于多规融合的中小城镇绿色生态城市规划研究[D]. 哈尔滨：哈尔滨工业大学，2018.

[145] 李明，汪锋，田超. 欧洲生态城市发展的成功经验及其对中国的借鉴意义[J]. 特区经济，2016（5）：48-50.

[146] 沈瑶. 日本怎样建设生态城市[J]. 今日国土，2010（10）：34-36.

[147] 北九州市环境局，北九州市生态工业园区[EB/OL].（2010-09-25）[2010-09-06]. http://www.city.kitakyushu.jp/~k2602010/sesaku/ecotown.html.

[148] 环境省《环境基本计划》[EB/OL].（2018-04-17）[2018-06-01]. http://www.env.go.jp/press/files/jp/108982.pdf.

[149] 李国庆. 日本的地方环境振兴：地方循环共生圈的理念与实践[J]. 日本学刊，2018（5）：142-158.

[150] 甄霖，杜秉贞，刘纪远，孙传谆，张强. 国际经验对中国西部地区绿色发展的启示：政策及实践[J]. 中国人口·资源与环境，2013，23（10）：8-16.

[151] 石敏俊，刘艳艳. 城市绿色发展：国际比较与问题透视[J]. 城市发展研究，2013，20（5）：140-145.

[152] 李迅，董珂，谭静，许阳. 绿色城市理论与实践探索[J]. 城市发展研究，2018，25（7）：7-17.

[153] 康艺馨. "存量规划"视角下的"绿色城市"建设模式研究[J]. 广东土地科学，2017，16（3）：11-18.

[154] 高菲，张均，曾九利. 成都市绿色城市发展与规划探索[J]. 规划师，2017（增刊2）：77-80+99.

[155] 路江涛. 特色产业导向下的商洛"一体两翼"地区绿色空间布局研究[D]. 西安：西安建筑科技大学，2016：4.

[156] 卫莹. 基于气候适应性的商洛城市绿色空间规划策略研究[D]. 西安：长安大学，2019：23.

[157] 毕凌岚. 生态城市物质空间系统结构模式研究[D]. 重庆：重庆大学，2004.

[158] 杨亮洁. 基于图形图像信息特征的城市动力学研究[D]. 北京：中国地质大学，2005.

[159] 成亮. 西北地区河谷型城市空间发展模式研究[D]. 西安：西安建筑科技大学，2010.

[160] 张勇强. 城市空间发展自组织研究——深圳为例[D]. 南京：东南大学，2003.

[161] 成亮. 西北地区河谷型城市空间发展模式研究[D]. 西安：西安建筑科技大学，2010.

[162] A. B. Gallion. the Urban Pattern. VanNostrand[M]. Van Nostrand Reinhold Company. 1983.

[163] 杨亮洁. 基于图形图像信息特征的城市动力学研究[D]. 北京：中国地质大学，2005.

[164] 张沛，程芳欣，田涛. "城市空间增长"相关概念辨析与发展解读[J]. 规划师，

2011（04）：104-108.

[165] 吕阳. 豫南地域文化背景下信阳传统村镇聚落空间模式研究[D]. 郑州：郑州大学，2015.

[166] 成亮. 甘南藏区乡村聚落空间模式研究[D]. 武汉：华中科技大学，2016.

[167] 陈勇. 生态城市新概念及其规划设计方法研究[D]. 重庆：重庆建筑大学，1996.

[168] 邓清华. 城市空间结构的历史演变[J]. 地理与地理信息科学，2005，21（06）：78-80.

[169] 贾雁岭. 我国城市扩张的特性及效率分析[J]. 建筑经济，2017，38（02）：19-25.

[170] 许熙巍. 生态安全目标导向下天津市中心城区用地优化研究[D]. 天津：天津大学，2012.

[171] 郭军华，幸学俊. 中国城市化与生态足迹的动态计量分析[J]. 华东交通大学学报，2009，26（10）：131-134.

[172] 李向阳. 中国城镇化的难题及其破解[J]. 兰州商学院学报，2013，29（3）：61-70+81.

[173] 毕凌岚. 生态城市物质空间系统结构模式研究[D]. 重庆：重庆大学，2004.

[174] 赵晨. 城市发展的空间竞争机制[J]. 新建筑，1997（01）：1-3.

[175] John H Holland. Hidden order : how adaptation builds complexity[J]. Leonardo, 1995, 29(03).

[176] Castells M. The Rise of the Network Society[M]. Cambridge, MA: Blackwell, 1996.

[177] 张雁. 基于生态足迹的商洛市可持续发展研究[J]. 商洛学院学报，2016，30（4）：56-59.

[178] 许月卿. 基于生态足迹的北京市土地生态承载力评价[J]. 资源科学，2007，29（5）：37-42.

[179] 张雁. 基于生态足迹的商洛市可持续发展研究[J]. 商洛学院学报，2016，30（4）：56-59.

[180] 商州市地方志编纂委员会. 商州市志[M]. 北京：中华书局，1998.

[181] 陆大道，宋林飞. 中国城市化发展模式：如何走向科学发展之路[J]. 苏州大学学报（哲学社会科学版），2007（2）：6-12.

[182] 杨晓坤. 西安城市空间形态紧凑度研究[D]. 西安：西安建筑科技大学，2011.

[183] 梁红梅，刘卫东，林育欣，刘勇. 土地利用效益的耦合模型及其应用[J]. 浙江大学学报（农业与生命科学版），2008，34（2）：230-236.

[184] 陈云川，朱明仓，王帆飞等. 我国城市经营的现状和特征——以四川省为例[J]. 河南工业大学学报（社会科学版），2006（2）：11-16.

[185] 张洪波. 低碳城市的空间结构组织与协同规划研究[D]. 哈尔滨：哈尔滨工业大学，2012.

[186] BenjaminK. Sovacool, Marilyn A. Brown. Twelve metropolitan carbon footprints: A preliminary comparative global assessment [J]. Energy Policy，2010，38：4856-4869.

[187] United Nations. Indicators of Sustainable Development Framework and

Methodologies[M]. New York: United Nations, 1996.

[188] 冯之浚. 循环经济与绿色发展[M]. 杭州：浙江教育出版社，2013：43.

[189] 李晓西，潘建成. 中国绿色发展指数的编制——《2010中国绿色发展指数年度报告——省际比较》内容简述[J]. 经济研究参考，2011（2）：36-64.

[190] 李一琼. 城市绿色发展评估研究——以苏州市和无锡市为例[J]. 苏州科技学院学报（自然科学版），2016，33（02）：74.

[191] 王婉晶，赵荣欣，揣小伟，高珊. 绿色南京城市建设评价指标体系研究[J]. 地域研究与开发，2012，31（2）：62-65.

[192] 杜芸芝. 基于PRED的厦门绿色城市协调发展评价研究[D]. 福州：福建农林大学，2010.

[193] 朱斌，姚琴琴. 福建省绿色城市发展的综合评价与思路分析[J]. 发展研究，2013（11）：24-31.

[194] 北京市发展和改革委员会，北京长城企业战略研究所. 北京市"十二五"时期绿色北京发展建设规划[EB/ OL]. (2011- 12-12)［2012-01-20］. http://zhengwu. Beijing.gov.cn/ghxx/sewgh/t1198652.htm.

[195] GB 50137—2011. 城市用地分类与规划建设用地标准[S]. 北京：中华人民共和国住房和城乡建设部，2011.

[196] 中华人民共和国住房和城乡建设部，中华人民共和国环境保护部. 全国城市生态保护与建设规划（2015—2020年）[R]. 北京：中华人民共和国住房和城乡建设部、中华人民共和国环境保护部，2016.

[197] 中华人民共和国住房和城乡建设部. 海绵城市建设技术指南[R]. 北京：中华人民共和国住房和城乡建设部，2014.

[198] 姜全新. 大连航运指数体系研究[D]. 大连：大连理工大学，2009：23-25.

[199] 刘思峰. 灰色系统理论的产生与发展[J]. 南京航空航天大学学报，2004，36（2）：267-272.

[200] 邓聚龙. 灰色系统理论与应用进展的若干问题[M]. 武汉：华中理工大学出版社，1996，1-10.

[201] Liu Sifeng, Lin Yi. An introduction to grey systemstheory[M]. Grove City: IIGSS Academic Publisher, 1998, 1- 23.

[202] 邓聚龙. 灰色系统理论教程[M]. 武汉：华中理工大学出版社，1990：1-20.

[203] 刘思峰. 灰色系统理论的产生与发展[J]. 南京航空航天大学学报，2004，36（2）：267-272.

[204] 刘思峰，谢乃明. 灰色系统理论及其应用[M]. 北京：科学出版社，2008：44-52.

[205] 王曾珍. 城市交通承载力评价模型研究[D]. 北京：中国地质大学，2017.

[206] 张妍，郑宏媚，陆韩静. 城市生态网络分析研究进展[J]. 生态学报，2017，37（12）：4258-4267.

[207] Bodini A, Bondavalli C. Towards a sustainable use of water resources: A whole-ecosystem approach using network analysis[J]. International Journal of Environment and Pollution, 2002, 18(5): 463-485.

[208] Zhang Y, Yang Z F, Yu X Y. Ecological network and emergy analysis of urban metabolic systems: Model development, and a case study of four Chinese cities[J]. Ecological Modelling, 2009, 220(11): 1431-1442.

[209] Fath B. D., Patten B. C. Review of the Foundations of Network Environ Analysis[J]. Ecosystems, 1999(2), 167-179.

[210] 郑诗赏, 石磊. 基于生态网络的山东省能源代谢网络分析[J]. 环境保护前沿, 2016, 6（6）: 159-170.

[211] 王奇, 叶文虎. 人与环境系统的物质流模型研究[J]. 生态经济, 2002（11）: 28-33.

[212] 郑诗赏. 基于生态网络分析的山东省能源代谢网络研究[D]. 北京: 清华大学, 2016.

[213] 路江涛. 特色产业导向下的商洛"一体两翼"地区绿色空间布局研究[D]. 西安: 西安建筑科技大学, 2016.

[214] 陈晓红, 宋玉祥. 基于经济地域运动理论的城乡一体化研究[J]. 生产力研究, 2007（5）: 20-22.

[215] 修春亮, 魏冶. "流空间"视角的城市与区域结构[M]. 北京: 科学出版社, 2015, 190-191.

[216] 姜博, 修春亮, 陈才. 辽中南城市群城市流分析与模型阐释[J]. 经济地理, 2008（5）: 853-856+861.

[217] Jiang B, Claramunt C. Topological analysis of urban street networks [J]. Eevironment and planning, 2004(31): 151-162.

[218] 潘海啸. 低碳城市交通与土地使用5D模式[J]. 建设科技, 2010（17）: 30-32.

[219] Eric J. Miller, John Douglas Hunt. Microsimulating urban systems[J]. Computers, Environment andUrban Systems, 2004(28): 12-14.

[220] 吕斌, 孙婷. 低碳视角下城市空间形态紧凑度研究[J]. 地理研究, 2013, 32（6）: 1057-1067.

[221] 王磊. 城市产业结构调整与城市空间结构演化——以武汉市为例[J]. 城市规划汇刊, 2001（3）: 55-58+80-82.

[222] 车生泉. 城市绿色基础设施与雨洪调控[J]. 风景园林, 2011（5）: 157.

[223] Catharine Ward Thompson. Urban open space in the 21st century [J]. Landscape and Urban Planning, 2002（60）: 59-72.

[224] 刘军. 基于生态经济效率的适应性城市产业生态转型研究[D]. 兰州: 兰州大学, 2006.

[225] 国家发展改革委 住房城乡建设部关于印发城市适应气候变化行动方案的通知[EB/OL].（2016-2-4）. http://www.ndrc.gov.cn/zcfb/zcfbtz/201602/t20160216_774721.html.

[226] 国家发展改革委 住房城乡建设部关于印发气候适应型城市建设试点工作的通知[EB/ OL].（2017- 2-21）. http://www.ndrc.gov.cn/gzdt/201702/t20170224_839169.html.

[227] 周丹. 商洛近44a高温天气气候特征及指标分析[A]. //第33届中国气象学会年会

S11 大气成分与天气、气候变化及环境影响[C]. 西安：第33届中国气象学会年会，2016-11-2-4.

[228] 赵小宁. 近53a商洛地区四季变化特征分析[J]. 安徽农学通报，2015，21（11）：137-140.

[229] He X , Miao S , Shen S , et al. Influence of sky view factor on outdoor thermal environment and physiological equivalent temperature[J]. International Journal of Biometeorology, 2015, 59(3): 285-297.

[230] 张洪波. 低碳城市的空间结构组织与协同规划研究[D]. 哈尔滨：哈尔滨工业大学，2012：144.

[231] Arieh Bitan. The high climatic quality city of the future[J]. Atmospheric Environment, 1992, 26B (3): 313-329.

[232] R. Giridharan, S. S. Y. Lau, S. Ganesan, et al. Lowering the outdoor temperature in high-rise high-density residential developments of coastal HongKong: The vegetation influence [J]. Building and Environment, 2007.

[233] Limor Shashua-Bar, Milo E. Hoffman, Yigal Tzamir, Integrated thermal effects of generic built forms and vegetation on the UCL microclimate [J]. Building and Environment, 2006,(41): 343-354.

[234] 黄杉. 城市生态社区规划理论与方法研究[M]. 北京：中国建筑工业出版社，2012：142.

[235] 张亚鸽，穆根胥，金光，周阳，刘建强，朱红玉. 商洛市浅层地热能资源评价[J]. 节能，2018，37（9）：45-47.

[236] 张洪波. 低碳城市的空间结构组织与协同规划研究[D]. 哈尔滨：哈尔滨工业大学，2012：112.

[237] 李晓西. 中国：绿色经济与可持续发展[M]. 北京：人民出版社，2012.

[238] Denise Pumain, Lena Sanders. Ecopolis: Architecture and cities for a changing climate [M]. Springer Netherlands, 2009：341.

[239] 王成新，姚士谋，王书国. 现代化城市的生态枢纽建设实证分析[J]. 地理研究，2007（1）：149-158.

[240] 黄田. 数字化技术在长株潭绿心生态规划中的应用研究[D]. 长沙：湖南农业大学，2011.

[241] 湖南省长株潭"两型社会"建设改革试验区领导协调委员会办公室. 长株潭城市群生态绿心地区总体规划（2010—2030年）[DB/OL]，2010.

[242] 魏阿妮，吴左宾. 生态先导·经济共荣:山地城市产业空间布局初探——以陕西商洛"一体两翼"地区为例[C]. 中国城市规划学会、沈阳市人民政府. 规划60年：成就与挑战——2016中国城市规划年会论文集（14山地城乡规划）. 中国城市规划学会、沈阳市人民政府:中国城市规划学会，2016：355-365.

[243] 吴良镛. 人居环境科学导论[M]. 北京：中国建筑工程出版社，2001：314.

[244] 吴良镛. 人居环境科学导论[M]. 北京：中国建筑工程出版社，2001：48.

[245] 毕凌岚. 生态城市物质空间系统结构模式研究[D]. 重庆：重庆大学，2004.

[246] 黄裕霞，柯正谊，何建邦，田国良. 面向GIS语义共享的地理单元及其模型[J]. 计算机工程与应用，2002（11）：118-122.

[247] Herbert Sukopp, Sabine Weiler. Biotopemapping and nature conservation strategies in urban areas of the federal republic of Germany[J]. Landscape and Urban Planning, 1988, 15(1-2): 39-58.

[248] 王孟本. "生态单元"概念及其应用[A]. //生态学与全面协调可持续发展——中国生态学会第七届全国会员代表大会论文摘要荟萃[C]绵阳：中国生态学会第七届全国会员代表大会，2016-9-20-24.

[249] 中华人民共和国住房和城乡建设部.《城市居住区规划设计标准》（GB 50180—2018）[S]. 2018-12-01.

[250] 中华人民共和国住房和城乡建设部.《城市居住区规划设计标准》（GB 50180—2018）[S]. 2018-12-01.

[251] 冯采芹，王兆荃. 绿化在城市碳氧平衡中的作用[J]. 环境工程，1987，（04）：60-65.

[252] Website of Juniata College [DB/OL]，http://www.juniata.edu/,sited in 2009.

[253] R. G. Steadman. The Assessment of Sultriness. Part I: A Temperature-Humidity Index Based on Human Physiology and Clothing Science[J]. Journal of Applied Meteorology, 1979, 18: 861-873.

[254] 陈卓伦. 绿化体系对湿热地区建筑组团室外热环境影响研究[D]. 广州，华南理工大学，2010：186.

[255] 陈卓伦. 绿化体系对湿热地区建筑组团室外热环境影响研究[D]. 广州，华南理工大学，2010：187.

[256] 张亚鸽，穆根胥，金光，周阳，刘建强，朱红玉. 商洛市浅层地热能资源评价[J]. 节能，2018，37（09）：45-47.

[257] 人民日报社. 中共中央国务院关于建立国土空间规划体系并监督实施的若干意见[EB/ OL]. (2019-5-23)[2019-05-24]. https://baijiahao.baidu.com/s?id=1634354956437437528&wfr=spider&for=pc.

[258] 吴良镛. 人居环境科学导论[M]. 北京：中国建筑工业出版社，2001：13.

后 记

本书是在笔者博士论文的基础上修改、完善而成。

衷心感谢导师周庆华教授对我的培养、鼓励与切实的指导。博士学习期间，导师为我创造了诸多研究、学习的机会，使我参与到多个项目的研究工作中，本课题正是源自其主持的中国工程院重大咨询研究项目。拜读于周老师门下，在学习和研究工作中，深切感受到恩师治学态度的严谨与专注，学术造诣的深厚与精湛，思维逻辑的缜密与活跃。研究初始，老师敏锐的思想与独特创新的视角为我指明了方向；研究过程中，老师渊博的学识和耐心的指导使主题持续得到深化；研究攻坚阶段，老师不辞劳苦的屡次言传身教，给了我奋进冲关的坚定。恩师的培育与教诲、支持与帮助，使我不断深切感受到思于广博、查于细微的治学精神，预于理论、究于实践的求索之道。

感谢武联教授、李志民教授、陈晓键教授、岳邦瑞教授、黄明华教授、李昊教授、黄勇教授在研究过程中给予的指导，他们的学术智慧和思想火花是珍贵的馈赠，使研究得以深化和完善，令我受益匪浅，感念颇深。

感谢中国工程院重大咨询研究（2015-ZD-05）项目组和《中国传统建筑解析与传承——陕西卷》书稿编写组对研究的支持与帮助。感谢这些科研团队的全体成员，尤其是林高瑞、朱瑜葱等同事，以及魏燕燕、卫莹、陈治金、王镭、乔颖名、任禹庚等小伙伴，他们的工作为我提供了丰富的研究资料。

感谢商洛市自然资源局及商洛市城市规划勘测院的相关领导与工作人员，在研究资料收集及问卷调查中提供的协助。

感谢为此书出版而付出辛劳的中国建筑工业出版社的编辑。

更要特别感谢我的父亲、母亲对我的辛勤培养和照顾；感谢人生伴侣林高瑞在我学术道路上的陪伴与鼓励，在我迷茫困惑时的交流与探讨；感谢我的女儿，她的勤奋与自律，促使我不甘懈怠。家人给我的爱，是我坚实的倚靠和执著的力量，令我自信前行。

2021年6月